工业机器人应用技术

主　编　武银龙　赵裕峰

副主编　江红丽　洪　沆　陆　荣　王晓琳　陈立秋

参　编　高艺卓　刘　淼

主　审　谭庆吉

中国水利水电出版社

www.waterpub.com.cn

·北京·

内 容 提 要

本书以ABB工业机器人为教学对象，结合RobotStudio仿真软件，虚实结合，对其使用与操作进行了详细介绍。本书主要内容包括工业机器人认知、手动操作ABB工业机器人、RobotStudio离线编程（OLP）、ABB机器人仿真工作站的创建、创建ABB机器人信号、创建ABB机器人三个重要程序数据。通过详细的图解实例对ABB工业机器人的操作、编程等相关的方法与功能进行讲述，让读者掌握与工业机器人操作和编程作业相关的每一项具体操作方法，从而使读者对ABB工业机器人的软、硬件方面有一个全面的认识。本书内容安排由浅入深、循序渐进。

本书既适合从事工业机器人编程与调试的工作人员，特别是刚接触ABB工业机器人的工程技术人员学习使用，也适合作为中、高职院校工业机器人技术、机电一体化技术、智能控制技术等专业学生的教材。

为方便教学，本书引入现代信息技术，并配套有数字课程网站，在书中的关键知识点和技能点插入了二维码，可通过手机、平板电脑等移动工具随扫随学。

图书在版编目（CIP）数据

工业机器人应用技术 / 武银龙，赵裕峰主编. -- 北京：中国水利水电出版社，2023.12
ISBN 978-7-5226-2009-1

Ⅰ. ①工… Ⅱ. ①武… ②赵… Ⅲ. ①工业机器人－教材 Ⅳ. ①TP242.2

中国国家版本馆CIP数据核字(2024)第001092号

书　　名	**工业机器人应用技术** GONGYE JIQIREN YINGYONG JISHU
作　　者	主　编　武银龙　赵裕峰 副主编　江红丽　洪　沆　陆　荣　王晓琳　陈立秋
出版发行	中国水利水电出版社 (北京市海淀区玉渊潭南路1号D座　100038) 网址：www.waterpub.com.cn E-mail：sales@mwr.gov.cn 电话：(010) 68545888（营销中心）
经　　售	北京科水图书销售有限公司 电话：(010) 68545874、63202643 全国各地新华书店和相关出版物销售网点
排　　版	中国水利水电出版社微机排版中心
印　　刷	天津嘉恒印务有限公司
规　　格	184mm×260mm　16开本　11.25印张　274千字
版　　次	2023年12月第1版　2023年12月第1次印刷
印　　数	0001—2000册
定　　价	**42.00**元

前言

为培养工业机器人编程与装调岗位的高素质技能型人才，依据《国家职业教育改革实施方案》，借鉴“双元制”模式，开发校企“双元”合作教材，对接智能制造企业真实案例、1+X”工业机器人应用编程职业技能等级证书、职业院校技能大赛，将“制造强国、工匠精神、四个自信”等思政元素贯穿始终，通过德技并修，真正培养高素质、高技能人才。

本书基于工作过程系统化重构教学体系，遵循“知识递进、能力提升、难度增加”的原则，以真实项目、真实岗位、真实流程“三真”任务为驱动，按照工业机器人应用企业真实岗位设置学习情境，加强原理与技术的理解，将最新的企业理念，行业标准引入本书。本书以ABB工业机器人的操作与编程作为项目主线，便于教师采用项目教学法引导学生展开自主学习，掌握、构建和内化知识与技能，强化学生自我学习能力的培养。

本书由学校与行业、企业人员合作编写。辽宁生态工程职业学院武银龙和赵裕峰担任主编并统稿；辽宁生态工程职业学院江红丽、洪沆、陆荣、王晓琳和沈阳慧阳科技有限公司陈立秋担任副主编；国网辽宁省电力有限公司盖州市供电分公司高艺卓和辽宁生态工程职业学院刘淼担任参编。黑龙江农垦职业学院谭庆吉担任主审。江红丽编写项目1；赵裕峰编写项目2、项目6；武银龙编写项目3、项目5；陆荣、刘淼、洪沆、王晓琳共同编写项目4。沈阳慧阳科技有限公司陈立秋、国网辽宁省电力有限公司盖州市供电分公司高艺卓为本书的编写提供了案例、素材及宝贵的意见和建议。

本书在编写过程中参考了大量国内外相关资料，在此向原作者表示由衷感谢。

由于编者水平有限，书中遗漏之处在所难免，欢迎各位读者批评指正。

编者

2023年7月

数字资源索引

序号	资源名称	类型	页码
1	机器人三原则——树立正确的工程伦理观	视频	5
2	工业机器人的定义	视频	10
3	国外工业机器人的发展史	视频	12
4	国内工业机器人的发展史	视频	18
5	工业机器人安全装置	视频	38
6	工业机器人安全操作规范	视频	40
7	初识示教器	视频	50
8	示教器的使用与配置	视频	54
9	ABB 工业机器人数据备份与恢复	视频	59
10	单轴运动的手动操纵	视频	67
11	线性运动的手动操纵	视频	69
12	更新 ABB 工业机器人转数计数器	视频	76
13	RobotStudio 软件的安装与创建工作站	视频	93
14	软件基本设置和创建一个工作站	视频	102
15	配置工业机器人标准 I/O 板	视频	135
16	I/O 信号监控与操作	视频	150
17	工具数据的认识与设定	视频	158
18	工件坐标的认识与设定	视频	164
19	有效载荷的设定	视频	168

目 录

前言

数字资源索引

项目 1 工业机器人认知 …… 1
任务 1.1 机器人的发展史 …… 2
任务 1.2 工业机器人入门 …… 10
任务 1.3 工业机器人的分类及应用 …… 20
任务 1.4 工业机器人的结构组成 …… 25
任务 1.5 工业机器人产业现状 …… 29

项目 2 手动操纵 ABB 工业机器人 …… 37
任务 2.1 工业机器人安全操作基础 …… 38
任务 2.2 ABB 工业机器人组成、硬件连接及开关机 …… 43
任务 2.3 初识示教器 …… 50
任务 2.4 示教器的使用与配置 …… 54
任务 2.5 ABB 工业机器人数据备份与恢复 …… 59
任务 2.6 让机器人动起来——ABB 工业机器人手动操纵 …… 67
任务 2.7 更新 ABB 工业机器人转数计数器 …… 76

项目 3 RobotStudio 离线编程（OLP） …… 81
任务 3.1 初识工业机器人离线编程技术 …… 82
任务 3.2 RobotStudio 离线编程软件的安装 …… 93
任务 3.3 创建工作站文件 …… 101
任务 3.4 RobotStudio 界面认知 …… 104

项目 4 ABB 机器人仿真工作站的创建 …… 113
任务 4.1 ABB 模型库与导入模型库 …… 114
任务 4.2 设置 ABB 工业机器人属性 …… 118
任务 4.3 工具的创建与设置 …… 120
任务 4.4 创建机器人机械装置 …… 123

项目 5 创建 ABB 机器人信号 …… 133
任务 5.1 初识 I/O 信号 …… 133

任务 5.2　工业机器人 I/O 通信的种类 …… 134
任务 5.3　工业机器人常用标准 I/O 板 …… 135
任务 5.4　ABB 标准 I/O 板——DSQC652 的配置 …… 142
任务 5.5　创建数字信号 …… 145
任务 5.6　I/O 信号监控与操作 …… 150
任务 5.7　系统输入/输出与 I/O 信号的关联 …… 154
任务 5.8　示教器可编程按键的配置 …… 156

项目 6　创建 ABB 机器人三个重要程序数据 …… 158

任务 6.1　工具数据的认识与设定 …… 158
任务 6.2　工件坐标的认识与设定 …… 164
任务 6.3　有效载荷的认识与设定 …… 168

项目 1

工业机器人认知

项目简介

工业机器人是在工业生产中使用的机器人的总称，工业机器人是一种通过编程或示教实现自动运行，具有多关节或多自由度的自动化机器，并且具有一定感知功能(如视觉、力觉、位移检测等)，从而实现对环境和工作对象自主判断和决策，能够代替人工完成各类繁重、有害环境下的体力劳动。

我国工业机器人应用已覆盖国民经济 60 个行业大类、168 个行业中类。我国也是世界上增长最快的机器人市场，每年新安装的机器人数量最多，成为推动全球机器人产业稳步发展的重要支撑力量，预计到 2030 年，我国将有 1400 万台机器人被投入使用。

目前，全球在役机器人数量达到 350 万台，创历史新纪录，总价值约为 157 亿美元。2023 年 2 月 16 日，国际机器人联合会在法兰克福发布了 2023 年机器人行业的重点发展趋势，其中能源效率、回流、机器人变得更容易使用、人工智能（AI）和数字自动化、工业机器人的第二次生命等话题备受关注。

本项目主要介绍工业机器人的基本知识，包括工业机器人的概念、发展趋势，工业机器人的分类及应用、结构组成，以及工业机器人产业现状等。

教学目标

通过本项目的学习，让学生对“工业机器人应用技术”课程的相关知识有一个整体认识，掌握工业机器人的概念、分类方式、应用以及结构组成，了解工业机器人发展趋势，产业现状等。

【知识目标】

◇ 了解机器人的发展史。

◇ 了解工业机器人的定义及发展的必要性。

◇ 熟悉工业机器人的分类、应用及发展概况。

◇ 掌握工业机器人的结构组成及功用。

【技能目标】

◇ 能够准确识别工业机器人的种类。

◇ 能够分析工业机器人的应用。

◇ 能够正确认识工业机器人的组成部分。

【素质目标】

◇ 激发兴趣，培养学生的专业认同。

◇ 了解发展，培养学生的科学精神。

◇ 科普应用，增强学生的四个自信。

任务1.1 机器人的发展史

1.1.1 机器人的由来

1. 古今中外机器人的传说、幻想与实践

(1) 国外机器人的神话传说。

机器人的概念早在几千年前的人类想象中就已诞生。最早出现关于“人造人”的神话故事是公元前3世纪的古希腊神话“阿鲁哥历险船”，它叙述了古代克里特岛国一位发明家戴德洛斯为国王铸造了一个巨型青铜人，取名“塔罗斯”，国王赐封“塔罗斯”为海防保卫官。“塔罗斯”忠心耿耿地为国王守卫海岛，每天巡岛三次，防止别人偷袭这个岛屿，“塔罗斯”具有惊人的力气，能毫不费力地搬起巨石砸沉来犯船只，并能将青铜铸成的躯体变得赤热火烫，烧死任何妄图靠近的敌人，而它自己却是刀枪不入，敌人对它无可奈何。

(2) 国内机器人的神话传说。

在我国有偃师造人和木鸟在空中飞行三日而不下的记载。在公元前1046年的西周时期，能工巧匠偃师就研制出了能歌善舞的“伶人”，这是我国最早记载的机器人，是我国机器人的鼻祖。

据《墨经》的记载，春秋后期，我国著名的工匠鲁班曾制造过一只木鸟，能在空中飞行“三日而不下”，如图1.1.1所示。

(3) 国内机器人的科学幻想与实践。

东汉时期的著名科学家张衡发明了地动仪、计里鼓车以及指南车，都是具有机器人构想的装置。后汉三国时期，诸葛亮发明了木牛流马，《三国志·诸葛亮传》：“九年，亮复出祁山，以木牛运”，“十二年春，亮悉大众由斜谷出，以流马运”。这些可算是世界上最早的机器人雏形，如图1.1.2所示。

(4) 国外机器人的科学幻想与实践。

有关机器人的发明，除我国外，许多其他国家的历史上都曾出现过。2000年以前希腊一个名叫海隆的人想到了各种机器，其中有自动门、圣水自动销售机、自动风琴等，和现在使用的同类东西的结构相同。

11世纪中东发明家阿勒·加扎利创造了古代最复杂的，最令人称奇的计时器——时钟城堡。

欧洲文艺复兴时期的天才达·芬奇在手稿中绘制了西方文明世界的第一款人形机器人。此外，在法兰西国王的庆典上，达·芬奇向国王献上了一只能自动行走的人造狮子。

（a）偃师造人　　（b）鲁班木鸟

图 1.1.1　国内机器人的神话传说

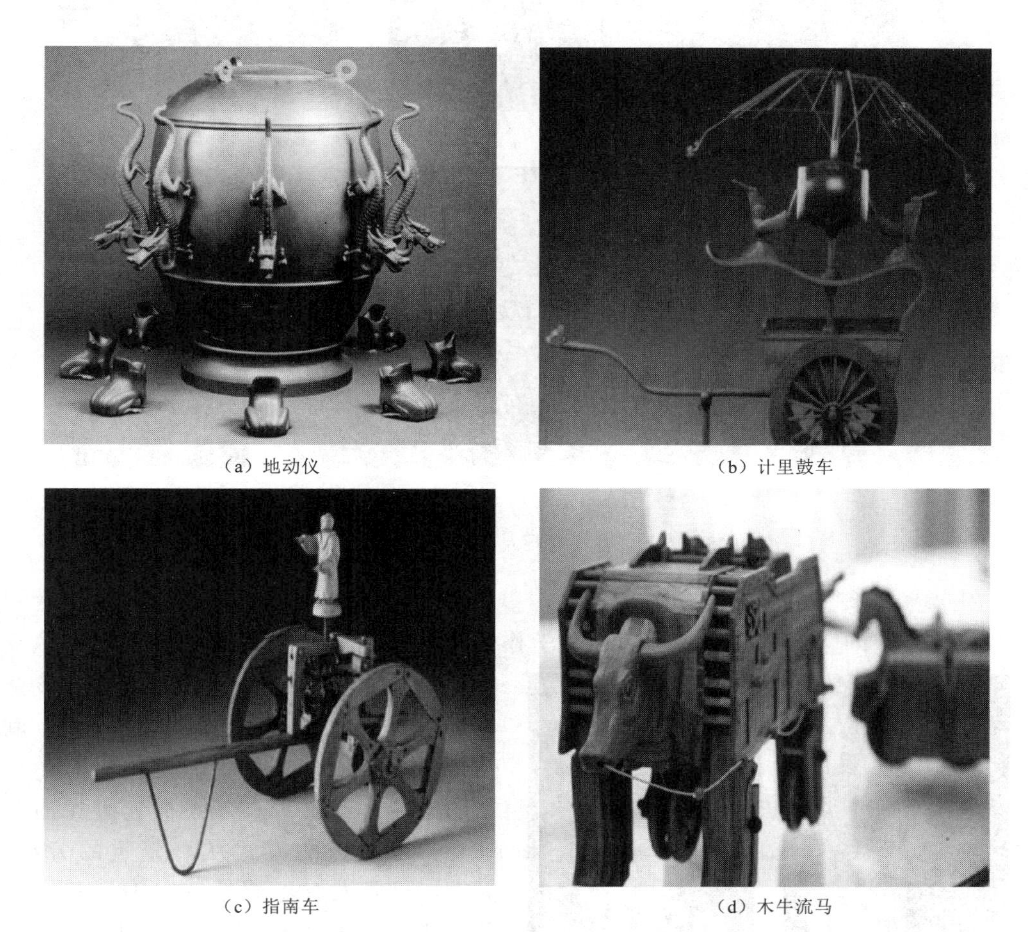

（a）地动仪　　（b）计里鼓车

（c）指南车　　（d）木牛流马

图 1.1.2　国内机器人的科学幻想与实践

1662年，日本的竹田近江利用钟表技术发明了自动机器玩偶，并在大阪道顿崛演出。

1738年，法国天才技师杰克·戴·瓦克逊发明了一只机器鸭。

1768—1774年，瑞士钟表匠德罗斯父子三人合作制作出了像真人一样大小的机器人：写字偶人、绘图偶人和弹风琴偶人。

1893年，加拿大莫尔设计出能行走的机器人安德罗丁。

国外机器人的科学幻想与实践如图1.1.3所示。

（a）时钟城堡

（b）人造狮子

（c）日本端茶偶人

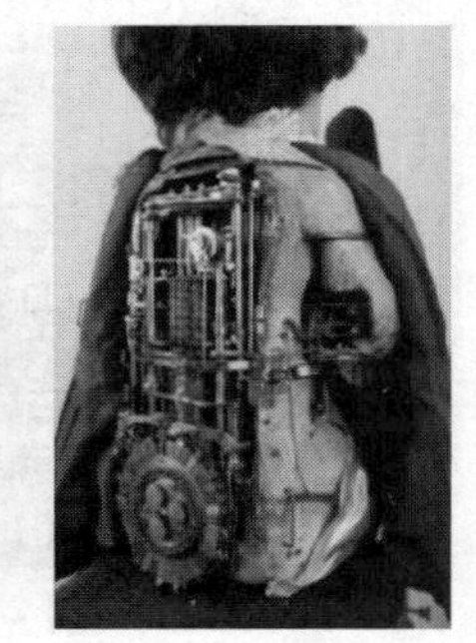

（d）欧洲自动偶人

图1.1.3　国外机器人的科学幻想与实践

2.“机器人”一词的由来

机器人一词，最早出现在科幻和文学作品中。1920年捷克作家卡雷尔·卡佩克［图1.1.4（a）］发表了科幻剧本《罗萨姆的万能机器人》，如图1.1.4所示。剧情是：罗萨姆公司把机器人作为人类生产的工业产品推向市场，让它去充当劳动力，以呆板的方式从事繁重的劳动。后来，机器人有了感情，在工厂和家务劳动中，机器人成了必不可少的成员。卡雷尔·卡佩克把捷克语“Robota”写成了“Robot”。

（a）卡雷尔·卡佩克

（b）加斯卡·阿西莫夫

图1.1.4　卡雷尔·卡佩克与加斯卡·阿西莫夫

机器人三原则——树立正确的工程伦理观

3. 机器人的三原则

随着机器人技术的快速发展，机器人的种类越来越多，在各行各业都有机器人的身影，为人们的生产生活带来了极大的便利和贡献。但是在机器人发展的同时也会带来较为严重的伦理道德问题。比如：工业或制造业机器人的应用中，人类往往会担心机器人因生产效率与质量上的优越而导致自己下岗，那么就有可能造成人类攻击机器人的事件，从而爆发人与机器人的战争；机器人在护理、理疗、康复甚至是手术方面的自主性较高，因此存在一定的风险，且无法满足患者的情感需求；在军事机器人的应用中，军事机器人缺乏同情心，在人伦道德和人道主义方面无法考虑周全，无法判断平民和敌人，可能为人们带来更大的伤痛；在服务型机器人的应用中，如何显露出机器人自身的情感是目前机器人道德伦理中的一项重要应用，虽然机器人人性的表达是一项发展趋势，但是针对机器人表达出来的情感，人类大多数无法接受。

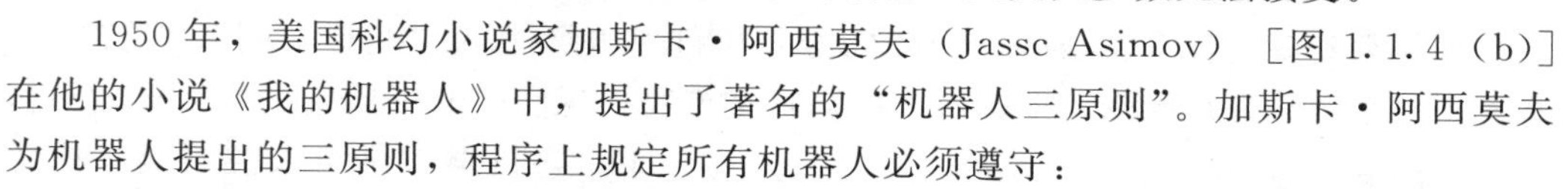

1950 年，美国科幻小说家加斯卡·阿西莫夫（Jassc Asimov）［图 1.1.4（b）］在他的小说《我的机器人》中，提出了著名的“机器人三原则”。加斯卡·阿西莫夫为机器人提出的三原则，程序上规定所有机器人必须遵守：

第一原则：机器人不得伤害人类，且不能眼看人类受伤害而袖手旁观。

第二原则：在不违背第一原则的前提下，机器人必须服从人类的命令，除非这种服从有害于人类。

第三原则：在不违背第一原则及第二原则的前提下，机器人必须保护自己。

“机器人三原则”，如图 1.1.5 所示，目的是保护人类不受伤害，但加斯卡·阿西莫夫在小说中也探讨了在不违反三原则的前提下伤害人类的可能性，甚至在小说中不断地挑战这三原则，在看起来完美的定律中找到许多漏洞。

这三原则给机器人赋予伦理观，并使机器人概念通俗化，更易于为人类社会接受。至今，它仍为机器人研究员、设计制造厂家和用户提供了十分有意义的指导方针。

图 1.1.5　机器人三原则

“机器人三原则”理论提出的半个世纪以来，不断地被科幻作家和导演使用。但有趣的是，凡是出现三原则的电影和小说里，机器人几乎都违反了该条例，其中主要的一点就是机器人对“人类”这个词的定义不明确，或者是更改人类的定义。

因此，在原有三原则的基础上又进行了完善，增加了三条补充原则：

(1) 不论何种情形。人类为地球所居住的会说话、会行走、会摆动四肢的类人体。

(2) 接受的命令仅只能接受合理合法的指令。不接受伤害人类及各类破坏人类体系的命令。

(3) 不接受罪犯（无论是机器人罪犯还是人类罪犯）指令。罪犯企图使机器人强行接受，可以执行自卫或者协助警方逮捕。

机器人的应用和发展除了会给人们带来便利以外还会带来道德伦理问题。我们应了解和重视科学技术带来的道德伦理、环境、法律等问题，能正确认识科技对客观世界和社会的影响，在设计、制造和应用机器人时，要遵守“机器人三原则”，要具有较强的社会责任感和良好的职业道德。

1.1.2 十分钟读懂机器人

机器人到底是什么？很多人会将机器人与科幻电影中的“变形金刚”“终结者”联想到一起，是外表酷炫、能力巨大的高科技产物。现实中的机器人是什么样的？从本质上讲，机器人是由人类制造的仿生物，它们是模仿人类和动物行为的机器，如图 1.1.6 所示的仿生袋鼠机器人。机器人的组成部分与人类极为类似，一个典型的机器人有一套可移动的身体结构、一部类似于马达的装置、一套传感系统、一个电源和一个用来控制所有这些要素的计算机“大脑”。

图 1.1.6 仿生袋鼠机器人

机器人的定义范围很广泛，大到工厂服务的工业机器人，小到居家打扫机器人。按照目前最宽泛的定义，如果某样东西被许多人认为是机器人，那么它就是机器人。许多机器人制造者使用的是一种更为精准的定义。他们规定，机器人应具有可重新编程的大脑（一台计算机）用来移动身体。

根据这一定义，机器人与其他可移动的机器（如汽车）的不同之处在于它的计算机要素。机器人在物理特性方面与普通计算机不同，它们各自连接一个身体，而普通计算机则不然。

1. 机器人的共同特性

(1) 几乎所有机器人都有一个可移动的身体。有些只是机动化的轮子，有些是大量可移动的部件，这些部件一般是由金属或塑料制成，这些独立部件是由关节连接的。

机器人的轮与轴是用某种传动装置连接起来的。有些机器人使用马达和螺线管作为传动装置；另一些则使用液压系统；还有一些使用气动系统（由压缩气体驱动的系统）。

(2) 机器人需要一个能量源来驱动这些传动装置。大多数机器人会使用电池或墙上的电源插座来供电。此外，液压机器人还需要一个泵来为液体加压，而气动机器人则需要气体压缩机或压缩气罐。

所有传动装置都通过导线与一块电路相连。该电路直接为电动马达和螺线管供电，并操纵电子阀门来启动液压系统。阀门可以控制承压流体在机器内流动的路径。比如，如果机器人要移动一只由液压驱动的腿，它的控制器会打开一只阀门，这只阀门由液压泵通向腿上的活塞筒。承压流体将推动活塞，使腿部向前旋转。通常，机器人使用可提供双向推力的活塞，以使部件能向两个方向活动。

（3）机器人的计算机可以控制与电路相连的所有部件。为了使机器人动起来，计算机会打开所有需要的马达和阀门。大多数机器人是可重新编程的。如果要改变某部机器人的行为，只需将一个新的程序写入它的计算机即可。

（4）并非所有的机器人都有传感系统。很少有机器人具有视觉、听觉、嗅觉或味觉。机器人拥有的最常见的一种感觉是运动感，也就是它监控自身运动的能力。在标准设计中，机器人的关节处安装着刻有凹槽的轮子。在轮子的一侧有一个发光二极管，它发出一道光束，穿过凹槽，照在位于轮子另一侧的光传感器上。当机器人移动某个特定的关节时，有凹槽的轮子会转动。在此过程中，凹槽将挡住光束。

（5）光学传感器读取光束闪动的模式，并将数据传送给计算机。计算机可以根据这一模式准确地计算出关节已经旋转的距离。计算机鼠标中使用的基本系统与此相同。

以上这些是机器人的基本组成部分。机器人专家有无数种方法可以将这些元素组合起来，从而制造出无限复杂的机器人。机器臂是最常见的设计之一。

2. 机器人是如何工作的

世界上的机器人大多用来从事繁重的重复性制造工作。它们负责那些对人类来说非常困难、危险或枯燥的任务。

一部典型的机器臂由七个金属部件构成，它们是用六个关节接起来的。计算机将旋转与每个关节分别相连的步进式马达，以便控制机器人（某些大型机器臂使用液压系统或气动系统）。

与普通马达不同，步进式马达会以增量方式精确移动。这使计算机可以精确地移动机器臂，使机器臂不断重复完全相同的动作。机器人利用运动传感器来确保自己完全按正确的量移动。

这种带有六个关节的工业机器人与人类的手臂极为相似，它具有相当于肩膀、肘部和腕部的部位。它的“肩膀”通常安装在一个固定的基座结构（而不是移动的身体）上。这种类型的机器人有六个自由度，也就是说，它能向六个不同的方向转动。与之相比，人的手臂有七个自由度。

工业机器人专门用来在受控环境下反复执行完全相同的工作。例如，某部机器人可能会负责给装配线上传送的花生酱罐子拧上盖子。为了教机器人如何做这项工作，程序员会用一只手持控制器来引导机器臂完成整套动作。机器人将动作序列准确地存储在内存中，此后每当装配线上有新的罐子传送过来时，它就会反复地做这套动作。

大多数工业机器人在汽车装配线上工作，负责组装汽车。在进行大量的此类工作时，机器人的效率比人类高得多，因为它们非常精确。无论它们已经工作了多少小时，它们仍能在相同的位置钻孔，用相同的力度拧螺钉。制造类机器人在计算机产业中也发挥着十分重要的作用。它们无比精确的手可以将一块极小的微型芯片组装起来。

机器臂的制造和编程难度相对较低，因为它们只在一个有限的区域内工作。如果要把机器人放到广阔的外部世界，事情就变得有些复杂了。

首要的难题是为机器人提供一个可行的运动系统。如果机器人只需要在平地上移动，轮子或轨道往往是最好的选择。如果轮子和轨道足够宽，它们还适用于较为崎岖的地形。但是机器人的设计者往往希望使用腿状结构，因为它们的适应性更强。制造有腿的机器人还有助于使研究人员了解自然运动学的知识，这在生物研究领域是有益的实践。

机器人的腿通常是在液压或气动活塞的驱动下前后移动的。各个活塞连接在不同的腿部部件上，就像不同骨骼上附着的肌肉。若要使所有这些活塞都能以正确的方式协同工作，这无疑是一个难题。在婴儿阶段，人的大脑必须弄清哪些肌肉需要同时收缩才能使得在直立行走时不致摔倒。同理，机器人的设计师必须弄清与行走有关的正确活塞运动组合，并将这一信息编入机器人的计算机中。许多移动型机器人都有一个内置平衡系统（如一组陀螺仪），该系统会告诉计算机何时需要校正机器人的动作。

两足行走的运动方式本身是不稳定的，因此在机器人的制造中实现难度极大。为了设计出行走更稳的机器人，设计师们常会将眼光投向动物界，尤其是昆虫。昆虫有六条腿，它们往往具有超凡的平衡能力，对许多不同的地形都能适应自如。

某些移动型机器人是远程控制的，人类可以指挥它们在特定的时间从事特定的工作。遥控装置可以使用连接线、无线电或红外信号与机器人通信。远程机器人常被称为傀儡机器人，它们在探索充满危险或人类无法进入的环境（如深海或火山内部）时非常有用。有些机器人只是部分受到遥控。例如，操作人员可能会指示机器人到达某个特定的地点，但不会为它指引路线，而是任由它自己找路。

自动机器人可以自主行动，无须依赖于任何控制人员。其基本原理是对机器人进行编程，使之能以某种方式对外界刺激做出反应。极其简单的碰撞反应机器人可以很好地诠释这一原理。

这种机器人有一个用来检查障碍物的碰撞传感器。当启动机器人后，它大体上是沿一条直线曲折行进的。当它碰到障碍物时，冲击力会作用在它的碰撞传感器上。每次发生碰撞时，机器人的程序会指示它后退，再向右转，然后继续前进。按照这种方法，机器人只要遇到障碍物就会改变它的方向。

高级机器人会以更精巧的方式运用这一原理。机器人专家们将开发新的程序和传感系统，以便制造出智能程度更高、感知能力更强的机器人。如今的机器人可以在各种环境中大展身手。

较为简单的移动型机器人使用红外或超声波传感器来感知障碍物。这些传感器的工作方式类似于动物的回声定位系统：机器人发出一个声音信号（或一束红外光线），并检测信号的反射情况。机器人会根据信号反射所用的时间计算出它与障碍物之间的距离。

某些自动机器人只能在它们熟悉的有限环境中工作。例如，割草机器人依靠埋在地下的界标确定草场的范围。而用来清洁办公室的机器人则需要建筑物的地图才能在不同的地点之间移动。

较高级的机器人可以分析和适应不熟悉的环境，甚至能适应地形崎岖的地区。这些机器人可以将特定的地形模式与特定的动作相关联。例如，一个漫游车机器人会利用它的视觉传感器生成前方地面的地图。如果地图上显示的是崎岖不平的地形模式，机器人会知道它该走另一条道。这种系统对于在其他行星上工作的探索型机器人是非常有用的。

有一套备选的机器人设计方案采用了较为松散的结构，引入了随机化因素。当这种机器人被卡住时，它会向各个方向移动附肢，直到它的动作产生效果为止。它通过力传感器和传动装置紧密协作完成任务，而不是由计算机通过程序指导一切。这和蚂蚁尝试绕过障碍物时有相似之处：蚂蚁在需要通过障碍物时似乎不会当机立断，而是不断尝试各种做法，直到绕过障碍物为止。

3. 人工智能

人工智能（AI）无疑是机器人学中最令人兴奋的领域，无疑也是最有争议的。所有人都认为，机器人可以在装配线上工作，但对于它是否可以具有智能则存在分歧。

终极的人工智能是对人类思维过程的再现，即一部具有人类智能的人造机器。人工智能包括学习任何知识的能力、推理能力、语言能力和形成自己的观点的能力。目前机器人专家还远远无法实现这种水平的人工智能，但他们已经在有限的人工智能领域取得了很大进展。如今，具有人工智能的机器已经可以模仿某些特定的智能要素。

计算机已经具备了在有限领域内解决问题的能力。用人工智能解决问题的执行过程很复杂，但基本原理却非常简单。首先，人工智能机器人或计算机会通过传感器（或人工输入的方式）来收集关于某个情景的事实。计算机将此信息与已存储的信息进行比较，以确定它的含义。计算机会根据收集来的信息计算各种可能的动作，然后预测哪种动作的效果最好。当然，计算机只能解决它的程序允许它解决的问题，它不具备一般意义上的分析能力。象棋计算机就是此类机器的一个范例。

人工智能的真正难题在于理解自然智能的工作原理。开发人工智能与制造人造心脏不同，科学家手中并没有一个简单而具体的模型可供参考。我们知道，大脑中含有上百亿个神经元，我们的思考和学习是通过在不同的神经元之间建立电子连接来完成的。但是我们并不知道这些连接如何实现高级的推理能力，甚至对低层次操作的实现原理也并不知情。大脑神经网络似乎复杂得不可理解。

因此，人工智能在很大程度上还只是理论。科学家们针对人类学习和思考的原理提出假说，然后利用机器人来实验他们的想法。

无论如何，机器人都会在我们未来的日常生活中扮演重要的角色。在未来的几十年里，机器人将逐渐扩展到工业和科学之外的领域，进入日常生活，这与计算机在20世纪80年代开始逐渐普及到家庭的过程类似。

工业机器人的定义

任务1.2 工业机器人入门

1.2.1 什么是机器人

机器人问世已有几十年，但对机器人的定义仍然仁者见仁，智者见智，给机器人下一个合适的、为人们普遍同意的定义是困难的，没有统一的意见，它的定义还因公众对机器人的想象以及科学幻想小说、电影和电视中对机器人形状的描绘而变得更为困难。

1967年，在日本召开的第一届机器人学术会议上，人们提出了两个有代表性的定义。一是森政弘与合田周平提出的："机器人是一种具有移动性、个体性、智能性、通用性、半机械半人性、自动性、奴隶性等7个特性的柔性机器"。从这一定义出发，森政弘又提出了用自动性、智能性、个体性、半机械半人性、作业性、通用性、信息性、柔性、有限性、移动性等10个特性来表示机器人的形象。

加藤一郎提出的具有如下三个条件的机器称为机器人：①具有脑、手、脚等三要素的个体；②具有非接触传感器（用眼、耳接受远方信息）和接触传感器；③具有平衡觉和固有觉的传感器。

加藤一郎提出的定义强调了机器人应当仿人的含义，即它靠手进行作业，靠脚实现移动，由脑来完成统一指挥的作用。非接触传感器和接触传感器相当于人的五官，使机器人能够识别外界环境，而平衡觉和固有觉则是机器人感知本身状态所不可缺少的传感器。这里描述的不是工业机器人而是自主机器人。

目前国际上对于机器人的定义主要有以下几种：

(1) 美国机器人协会（USRIA）的定义：机器人是"一种用于移动各种材料、零件、工具或专用装置的，通过可编程的动作来执行各种任务的具有编程能力的多功能机械手"。

(2) 美国国家标准局（NBS）的定义：机器人是"一种能够进行编程并在自动控制下执行某些操作和移动作业任务的机械装置"。

(3) 日本工业机器人协会（JIRA）的定义：它将机器人的定义分成两类。工业机器人是"一种能够执行与人体上肢（手和臂）类似动作的多功能机器"；智能机器人是"一种具有感觉和识别能力，并能控制自身行为的机器"。

(4) 英国简明牛津字典的定义：机器人是"貌似人的自动机，具有智力的和顺从于人但不具有人格的机器"。这是一种对理想机器人的描述，到目前为止，尚未有与人类在智能上相似的机器人。

国际标准化组织（ISO）的定义是定义较为全面和准确，其定义涵盖如下内容：①机器人的动作机构具有类似于人或其他生物体某些器官（肢体、感官等）的功能；②机器人具有通用性，工作种类多样，动作程序灵活易变；③机器人具有不同程度的智能性，如记忆、感知、推理、决策、学习等；④机器人具有独立性，完整的机器人系统在工作中可以不依赖于人。

关于机器人一直没有统一的定义。究其原因主要有两点，众所周知，机器人一词最早诞生于科幻剧本中，它是人们结合人的自身提出的一种充满幻想的对象，而这种科幻对象往往缺乏具体的形象，其描述上的弹性特别大，因此是很难完整定义和描述的。此外，现实中的机器人又随着科技的发展或新技术的出现，不断涌现出新的结构、新的功能和新的类型，而有些科技又是跨时代的，因此以前的机器人定义很难描述新机器人的特征。也许机器人永远不会有一个统一的定义，但正是如此，才说明了机器人技术是有无限的生命力和不断进步发展的空间。

1.2.2 什么是工业机器人

对于工业机器人，各国科学家从不同角度出发给出了具有代表性的工业机器人定义。

(1) 美国机器人协会（USRIA）将工业机器人定义为：工业机器人是用来进行搬运材料、零件、工具等可再编程的多功能机械手，或通过不同程序的调用来完成各种工作任务的特种装置。

(2) 日本工业机器人协会（JIRA）提出：工业机器人是一种带有储存器件和末端操作器的通用机械，它能够通过自动化的动作代替人类劳动。

(3) 我国将工业机器人定义为：一种自动化的机器，所不同的是这种机器具备一些与人或者生物相似的智能能力，如感知能力和协调能力，是一种具有高度灵活性的自动化机器。

(4) 国际标准化组织（ISO）定义为：工业机器人是一种能自动控制、可重复编程、多功能、多自由度的操作机，能搬运材料、工件或操持工具来完成各种作业。目前国际大都遵循 ISO 所下的定义。

由以上定义不难发现，工业机器人具有以下四个显著特点：

(1) 可编程。工业机器人可随其工作环境变化的需要而再编程，是柔性制造系统中的一个重要组成部分。

(2) 拟人化。工业机器人在机械结构上有类似人的行走、腰转、大臂、小臂、手腕、手爪等部分，在控制上有类似人脑的控制器。此外，智能化工业机器人还有许多类似人类的“生物传感器”（如皮肤接触传感器、力传感器、负载传感器、视觉传感器、语言传感器等），传感器提高了工业机器人对周围环境的自适应能力。

(3) 通用性。除了专门设计的专用的工业机器人外，一般工业机器人在执行不同的作业任务时具有较好的通用性（比如更换工业机器人末端执行器，像吸盘、焊枪等，就可以执行不同的作业任务）。

(4) 工业机器技术涉及的学科相当广泛，归纳起来是机械学和微电子学的结合（机电一体化技术）。特别与计算机技术的应用密切相关。

机器人技术的发展和应用水平也可以验证一个国家科学技术和工业技术的发展水平，所以机器人作为《中国制造 2025》的一个重要环节，是我们国家重点发展的一项技术。

总之，随着机器人的进化和机器人智能的发展，机器人的定义与工业机器人的定义将会进一步地修改，进一步地趋近明确和统一。

1.2.3 为何发展工业机器人

工业机器人是在人的控制下进行智能工作，并能替代人在生产线上工作的多关节机械手或多自由度的机器装置。与人类相比，机械手具有成本低、效率高、24 小时工作的特点。近年来，随着国内劳动力成本的不断上升，我国制造业的劳动力优势并不明显，制造业迫切需要进行智能化转型。在这种机遇下，工业机器人大有可为（图 1.2.1）。

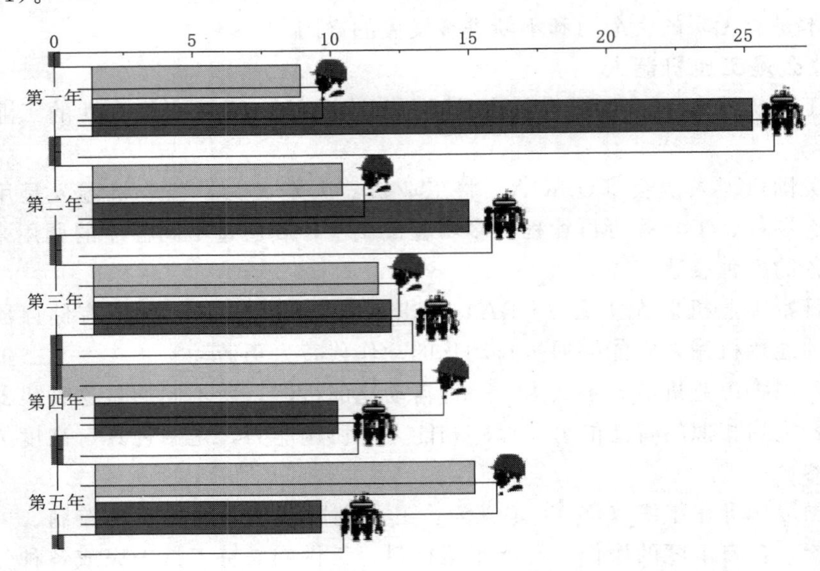

图 1.2.1　使用机器人与普通工的年均成本比较（单位：万元）

中国连续八年成为全球最大工业机器人消费国，预计到 2025 年机器人产业营收年均增长超过 20%。汽车制造、电子、橡胶塑料、军工、航空制造、食品工业、医疗设备和金属制品等领域往往会出现工业机械手的“身影”。其中，汽车行业的应用数量多，占 38%。广东、江苏、上海、北京等地是我国工业机器人产业的主要集中地，工业机器人数量占据全国工业机器人市场的一半。然而，虽然工业机器人市场需求很大，但由于缺乏核心技术，我国的工业机器人消费严重依赖国外企业，尤其是在减速机、伺服电机、控制器等核心部件上，我国本土机器人企业受到限制，只能购买昂贵的国外设备。因此，国内工业机器人厂商有必要不断完善技术，提高研发水平，尽快摆脱国外机器人品牌对我国工业机器人消费市场的控制。

据了解，人工智能技术的研究和行业应用虽然起步较晚，但发展势头良好，我国拥有自主知识产权的字符识别、语音识别、中文信息处理、智能监控、生物特征识别、工业机器人如智能服务机器人已经进入了广泛的科技成果实际应用领域。

工业机器人是“工业 4.0”到来的标志之一，是实现《中国制造 2025》计划的重要工具。智能装备制造业是关键的战略性新兴产业，《中国制造 2025》计划的实施和“工业 4.0”的实施也离不开智能装备制造业的支持。因此，我们积极致力于研发更好、更先进的工业机器人，为祖国强大积蓄科技力量。

国外工业机器人发展史

1.2.4　工业机器人的发展概况

1. 国外工业机器人的发展史

第二次世界大战期间，美国原子能委员会的阿尔贡研究所研制了“遥控机械手”，用于代替人生产和处理放射性材料。1948 年，这种较简单的机械装置被改进，开发出了两个机械结构相似的主从机械手。主机械手位于控制室内，从机械手与主机械手之间隔了一道透明的防辐射墙。操作者用手操纵主机械手，控制系统自动检测主机械手的运动状态，并控制从机械手跟随主机械手运动，从而实现远距离处理放射性材料，提高了核工业生产的安全性。

图 1.2.2 所示是 20 世纪 50 年代 Raymond C. Goertz 使用电动机械操作机器人处理放射性物质。

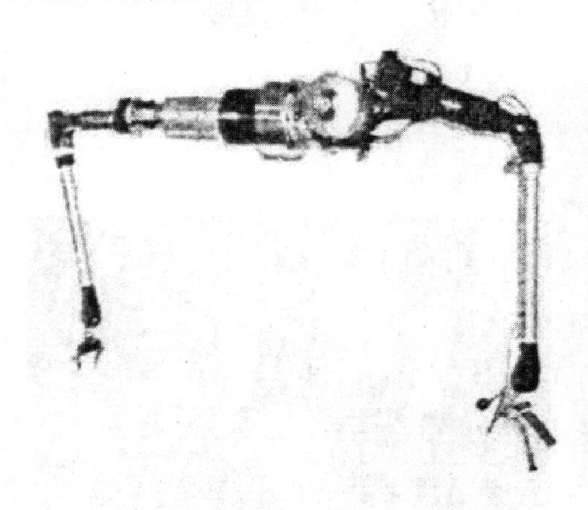
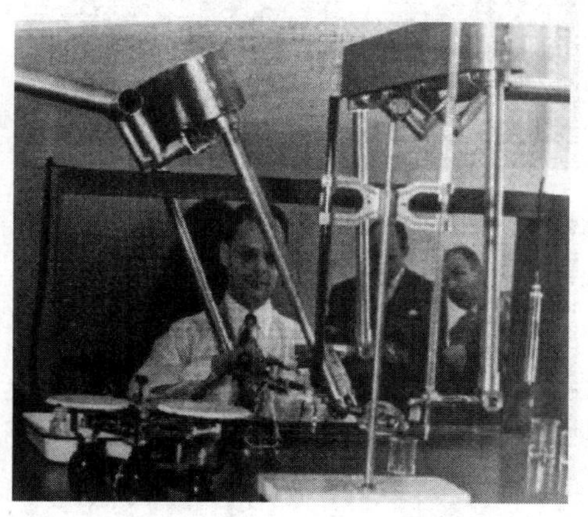

图 1.2.2 主从机械手

1952 年，美国麻省理工学院（MIT）成功开发了第一代数控机床（CNC），并进行了与 CNC 机床相关的控制技术及机械零部件的研究，为机器人的开发奠定了技术基础。1952 年，美国麻省理工学院（MIT）受美国空军委托成功地研制出一台直线插补连续控制的三坐标立式数控铣床。该数控机床使用的电子器件是电子管，这就是第一代，世界上第一台数控机床。微电子技术、自动信息处理、数据处理、电子计算机技术，推动了机械制造自动化技术的发展。

1956 年，一个地地道道的科幻迷、物理学家约瑟·英格柏格（Joe Engelberger）遇到了发明家乔治·德沃尔（George Devol），他们创立了美国万能自动化公司（Unimation），制造出了液压驱动的通用机械手 Unimate，如图 1.2.3 所示。它是世界上第一代工业机器人，并在 1961 年第一个机器人投入美国通用汽车公司（GM）生产线上使用，主要用于从一个压铸机上把零件拔出来。随后几年卖出的通用机械手被用于车体的零部件操作和点焊。许多公司看到机器人能可靠地工作并保证质量，也很快地开始开发和制造工业机器人。因此 20 世纪 50 年代是机器人的萌芽期，其概念是“一个空间机构组成的机械臂”，一个可重复编程动作的机器。

20 世纪 60 年代随着传感技术和工业自动化的发展，工业机器人进入成长期，机器人开始向实用化发展，并被用于焊接和喷涂作业中。1960 年，美国机床与铸造公司（AMF）生产了一台命名为 Versation 的圆柱坐标型的数控自动机械，并以 Indusation Robot（工业机器人）的名称进行宣传，如图 1.2.4 所示。

1968 年，美国通用汽车公司（CM）订购了 68 台工业机器人；1969 年该公司又

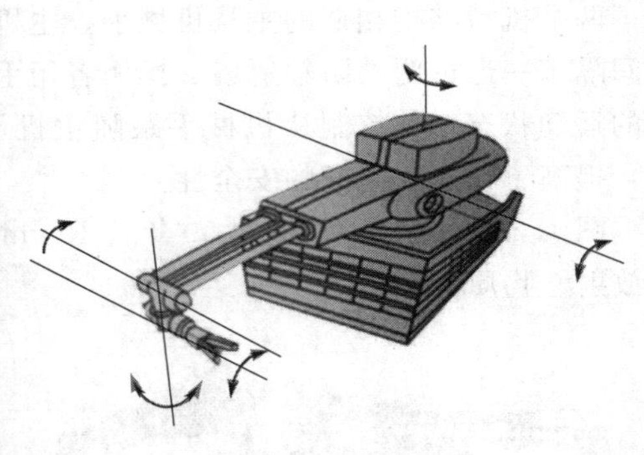

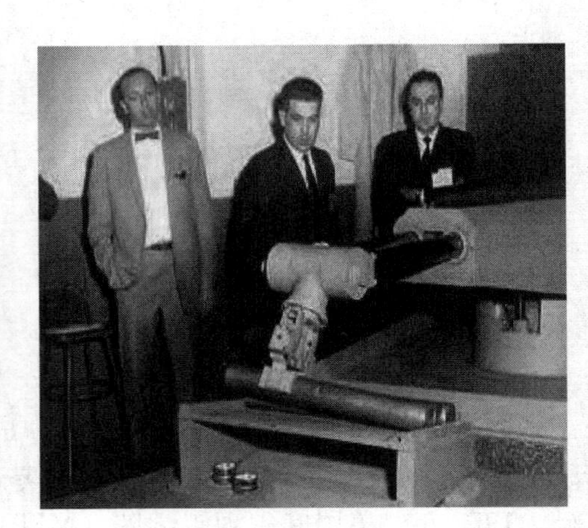

图 1.2.3 Unimate 机器人

图 1.2.4 Versation

自行研制出 SAM 型工业机器人，并用 21 台组成了点焊小汽车车身的焊接自动线。Victor Scheinman 设计出了“斯坦福手臂”，对今后的机器人设计产生了巨大影响。“斯坦福手臂”有 6 个自由度，全部电气化，由一台标准电脑控制，驱动由直流电动机、谐波驱动器和直齿轮减速器、电位器和用于位置速度反馈的转速表组成。

此时，日本工业机器人研究刚起步，1967 年，丰田纺织自动化公司购买了第一台 Unimate 机器人；1968 年，川崎重工业公司从美国引进 Unimate 机器人生产技术，对其进行不断的消化、仿制、改进、创新，开发了日本第一台工业机器人——Kawasaki - Unimate2000 机器人，如图 1.2.5 所示。

20 世纪 70 年代随着计算机和人工智能的发展，机器人进入实用化时代。ASEA 公司（现在的 ABB）推出了第一个微型计算机控制、全部电气化的工业机器人 IRB - 6，

图 1.2.5 Kawasaki－Unimate2000 机器人

它可以进行连续的路径移动，被迅速地运用到汽车的焊接和装卸中。据报道，这种设计使机器人的使用寿命高达 20 年。IRB－6 机器人如图 1.2.6 所示。日本虽起步较晚，但结合国情面向中小企业，采取了一系列鼓励使用机器人的措施。1970 年 7 月，东京举办了世界上第一个机器人展览会，100 多个公司推出了自己制作的机器人样板，日本机器人工业的发展速度和规模令世界惊叹。1973 年，日本梨山大学的 Hiroshi Makino 开发出一种可选择柔顺装配机械手，极大地促进了世界范围内高容量电子产品和消费品的发展，如图 1.2.7 所示。

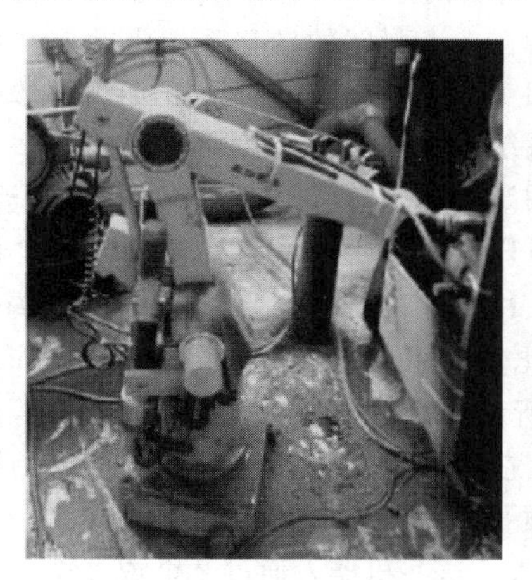
图 1.2.6 IRB－6 机器人

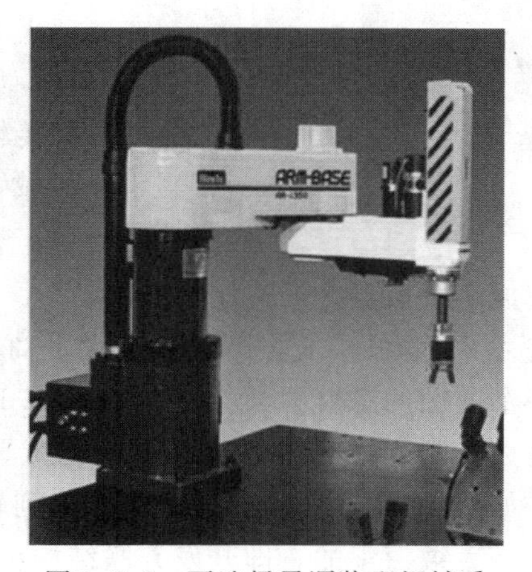

图 1.2.7 可选择柔顺装配机械手

1974 年，Cincinnati Milacron 提出了第一个微处理器控制机器人。第一台 T3 型机器人，它使用液压驱动，后来被电动机驱动替代，如图 1.2.8 所示。1979 年，Unimation 公司推出了 6 轴的近似人手臂的 PUMA（Programmable Universal Machine for Assembly），它是当时最流行的手臂之一，且在那之后许多年用于机器人研究的参考对象，如图 1.2.9 所示。

20 世纪 80 年代，机器人发展成为具有各种移动机构、通过传感器控制的机器。

工业机器人进入普及时代，开始在汽车、电子等行业得到大量使用，推动了机器人产业的发展。此时，日本成为应用工业机器人最多的国家，赢得了“机器人王国”的美誉，并正式把1980年定为产业机器人的普及元年。

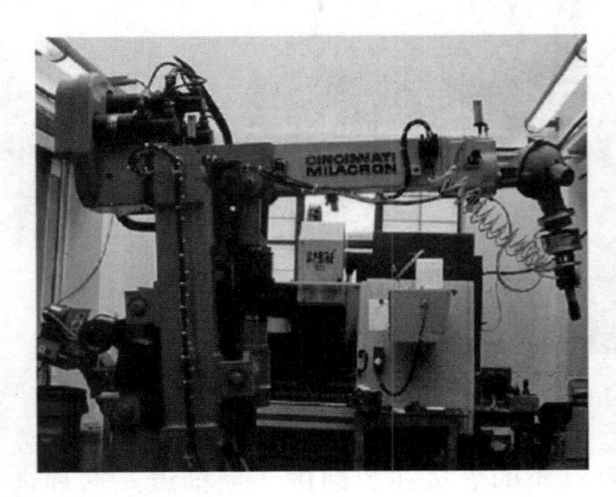

图1.2.8 T3

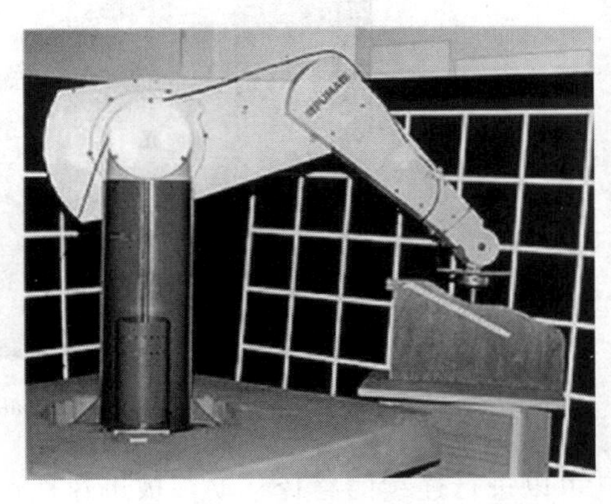

图1.2.9 PUMA

图1.2.10 悬挂式机械臂

20世纪90年代初期，工业机器人的生产与需求进入了高潮期，1991年底，世界上已有53万台工业机器人工作在各条产线上。笛卡儿机器人适合于需要广阔工作环境的场合。1998年，Gudel公司提出了一种有刻痕的桶架结构，让机器人手臂在一个封闭的转移系统中循迹并循环运动。如图1.2.10所示，Robloop是一种弯曲门架和传输系统。在一个闭环传输系统中一个或多个机械臂用于承运装置。这个系统可以在门架中安装，也可以作为一个走廊支撑系统。一个信号总线能完成多个机器人的控制和协同。

进入21世纪，工业机器人进入了商品化和实用化阶段。2005年Motoman推出了第一个商用的双臂机器人，如图1.2.11所示。2006年KUKA公司开发了一款拥有先进力控制能力的轻型7自由度机械臂，它实现机器臂设计达到自重与负载比为1∶1，如图1.2.12所示。另一个能达到轻质量且结构坚硬的方法是20世纪80年代开始就一直被探索的，即开发并联结构机器人。这些机器人通过2个或2个以上的并联支架将它的末端执行器与机器人基本平台相连。最初，Clavel提出了4轴机器人，用于高速抓取和放置任务，加速度可达到10g。

与此同时，工业机器人自动导航汽车（AGVs）出现了，如图1.2.13所示。近几年亚马逊仓库使用的KIVA机器人，它不到1m的长宽，但能顶起1t的货物，可以通过摄像头和货架上的条形码进行准确定位，机器人颠覆了传统的仓库运行模式，即将人去找货变成了货去找人的模式，让仓库自己会说话，同时KIVA机器人为亚马逊每年节约了9亿美元，如图1.2.14所示。

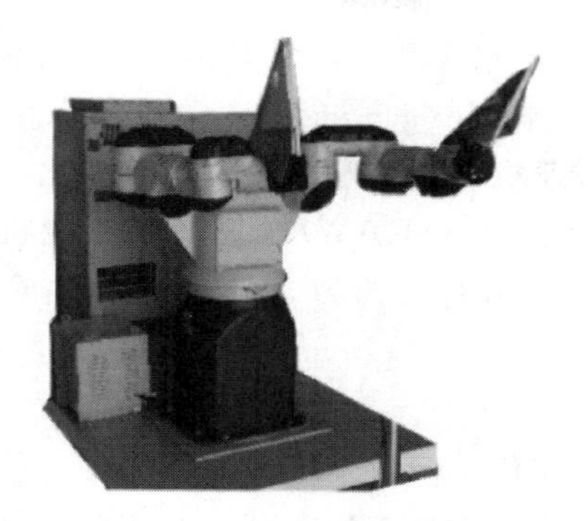

图 1.2.11　双臂机器人

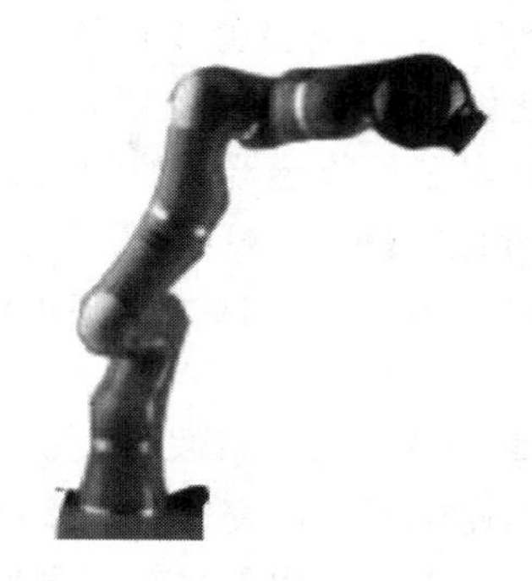

图 1.2.12　KUKA 轻型机械臂

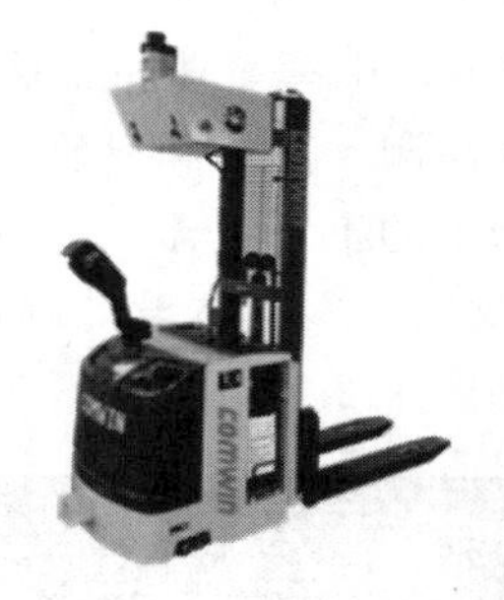

图 1.2.13　自动导航汽车

图 1.2.14　KIVA 机器人

截至 2007 年，工业机器人的平均单价与 1990 年同等机器人的单价相比，其价格下降了 1/3，同时机器人的性能参数得到了显著的改善，小型、短期运作的批量产品的投资的收益回报更快了，出现了多机器人协同工作。机器人更多地采用视觉系统识别、定位和控制物体。机器人使用现场总线和以太网进行网络连接，实现了更好的机器人集成系统的控制、配置和维护。汽车生产厂商在生产线上应用了大量机器人，如图 1.2.15 所示。

图 1.2.15　机器人在汽车生产线上的应用

2012年，全球销售工业机器人15.9万台，2013年，全球销售工业机器人17.9万台，同比增长12%。从全球角度来看，日本和欧洲是全球工业机器人市场的两大主角，并且实现了传感器、控制器、精密减速机等核心零部件完全自主化。ABB、库卡（KUKA）、发那科（FANUC）、安川电机（YASKAWA）占据着工业机器人主要的市场份额。2013年，四大家族工业机器人收入合计约为50亿美元，占全球市场份额约50%。

国内工业机器人发展史

2. 中国工业机器人的发展史

中国工业机器人研究开始于20世纪70年代，但由于基础条件薄弱、关键技术与部件不配套、市场应用不足等种种原因，未能形成真正的产品。但随着世界机器人技术的发展和市场的形成，我国在机器人科学研究、技术开发和应用工程等方面取得了可喜的进步。80年代中期，在国家科技攻关项目的支持下，中国工业机器人研究开发进入了一个新阶段，形成了中国工业机器人发展的一次高潮，高校和科研单位全面开展工业机器人的研究。以焊接、装配、喷漆、搬运等为主的工业机器人，以交流伺服驱动器、谐波减速器、薄壁轴承为代表的元部件，以及机器人本体设计制造技术、控制技术、系统集成技术和应用技术都取得显著成果，如图1.2.16所示。

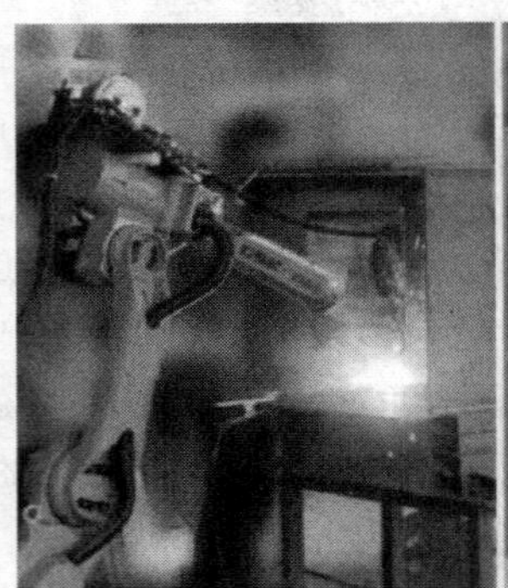

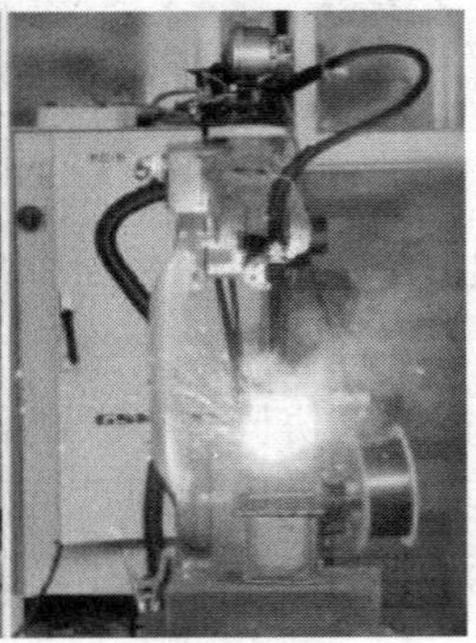

（a）焊接机器人

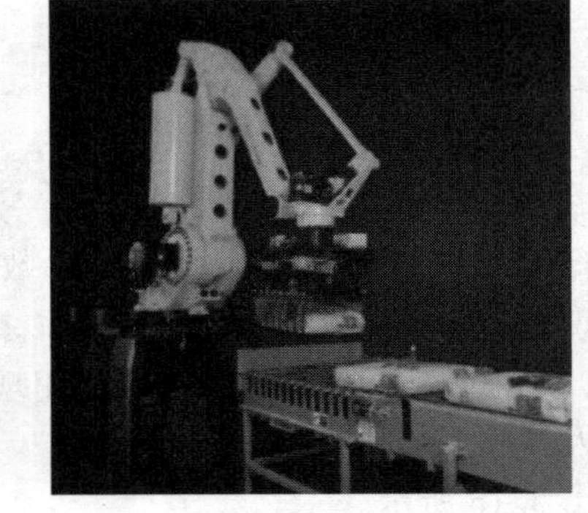

（b）搬运机器人

图1.2.16 焊接机器人与搬运机器人

从80年代末到90年代，国家863计划把机器人列为自动化领域的重要研究课题，系统地开展了机器人基础科学、关键技术与机器人元部件、目标产品、先进机器人系统集成在技术的研究及机器人在自动化工程上的应用。在工业机器人选型方面，确定了以开发点焊、弧焊、喷漆、装配、搬运等机器人为主，并开发了水下、自动引导车（AGV）、爬壁、擦窗、管内移动作业、混凝土喷射、隧道凿岩、微操作、服务、农林业等特种机器人，如图1.2.17所示。同时完成了汽车车身点焊、后桥壳弧焊，摩托车车架焊接，机器人化立体仓库等一批机器人自动化应用工程。这是中国机器人事业从研制到应用迈出的重要一步。

一批从事机器人研究、开发、应用的人才和队伍在实践中成长、壮大，一批以机器人为主业的产业化基地已经破土而出，包括沈阳自动化研究所的新松机器人公司、哈尔滨工业大学的博实自动化设备有限公司、北京机械工业自动化研究所机器人开发

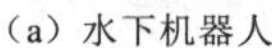
(a) 水下机器人

(b) 自动引导车（AGV）

(c) 机器人化立体仓库

图 1.2.17　多种类型的机器人

中心和海尔机器人公司等。

目前，我国的科研人员已经基本掌握了工业机器人的结构设计和制造技术、控制系统硬件和软件技术、运动学和轨迹规划技术，也形成了机器人部分关键元器件的规模化生产能力。一些公司开发出的喷漆、弧焊、点焊、装配、搬运等机器人已经在多家企业的自动化生产线上获得了大规模应用，其中焊接机器人广泛应用在汽车制造厂的焊接装配线上。

我国工业机器人研究开始于 20 世纪 70 年代，2000 年之前，行业主要以技术研究、市场探索为主，为后续的发展进行技术、人才等多方面的储备。

2000—2010 年，在汽车等主要应用领域较为低迷的情况下，国内工业机器人年均销量仅为数千台，这一阶段主要是外资在加速布局国内市场，而国内供应商主要做集成和代理。

2010—2013 年，随着下游汽车、3C 等行业需求的高速增长，推动了国内工业机器人快速发展，销量开始超过万台，一些内资集成企业发展到了一定程度，开始谋求向中上游拓展。

2013—2017 年，国家对机器人的支持补贴政策密集出台，汽车、3C 电子行业景气度高，长尾市场也逐渐打开，终端用户使用机器人的意愿大幅增长，5 年的年均增速达到了 43%，我国工业机器人产销量呈爆发式增长。

2018—2019 年，由于国家补贴的减少以及贸易摩擦的影响，国内汽车、3C 电子等机器人下游应用行业发展受限，机器人需求增速放缓。

2020 年疫情暴发，整体经济受到打击，不过随着疫情得到控制，需求开始反弹，同时伴随着新能源等行业的大力发展，国内工业机器人增速再次抬头，2020 年国内工业机器人产量达到了237068台，同比增长19.1%。

1.2.5 工业机器人的发展趋势

工业机器人作为一种能够自动执行各种工业任务的装备，可以在制造、装配、包装、搬运等领域发挥重要作用。随着科技的不断进步和人工智能技术的不断发展，工业机器人的应用范围和功能也在不断扩展和提升，发展前景非常广阔。

首先，工业机器人的应用范围正在不断扩大。目前，工业机器人已经广泛应用于汽车、电子、机械、医疗、食品等多个领域。随着人工智能技术的不断发展，工业机器人的应用范围将会更加广泛，涉及更多的行业和领域。

其次，工业机器人的功能正在不断提升。随着机器人技术的不断发展，工业机器人的功能也在不断提升。例如，一些工业机器人已经具备了自主学习和自主决策的能力，可以根据环境和任务的变化自主调整工作方式和策略，提高工作效率和精度。

再次，工业机器人的性能正在不断提高。随着机器人技术的不断进步，工业机器人的性能也在不断提高。例如，一些工业机器人已经具备了更高的精度和速度，可以更加准确地完成各种工业任务，提高生产效率和质量。

最后，工业机器人的应用将会越来越普及。随着工业机器人技术的不断发展和成熟，其成本也将会逐渐降低，使得更多的企业和工厂可以采用工业机器人来提高生产效率和质量。这将会促进工业机器人的普及和应用，进一步推动工业机器人的持续发展。

随着人工智能技术的不断发展和成熟，工业机器人的应用将会越来越广泛，未来工业机器人将朝着智能化、柔性化、协作化、网络化、个性化等方向发展，为工业生产和社会发展带来更多的机遇和挑战。

智能化：随着人工智能技术的不断发展，工业机器人将越来越智能化，能够自主学习、自主决策和自主执行任务。

柔性化：工业机器人将越来越具有柔性化特点，能够适应不同的生产环境和生产任务，实现快速转换和灵活生产。

协作化：工业机器人将越来越具有协作化特点，能够与人类工作在同一生产线上，实现人机协作，提高生产效率和质量。

网络化：工业机器人将越来越具有网络化特点，能够实现远程监控、远程控制和远程维护，提高生产效率和降低维护成本。

个性化：工业机器人将越来越具有个性化特点，能够根据不同的生产需求和用户需求，定制化生产和服务，提高用户满意度和市场竞争力。

任务1.3 工业机器人的分类及应用

1.3.1 工业机器人的分类

关于工业机器人的分类，目前国际上没有制定统一的标准，一般可按机器人的控制系统技术水平、机械结构形态和运动控制方式3种进行分类。

1. 按控制系统技术水平分类

(1) 示教再现型机器人。

第一代工业机器人是示教再现型。这类机器人能够按照人类预先示教的轨迹、行为、顺序和速度重复作业。示教可以由操作员手把手地进行操作，人员利用示教器上的开关或按键来控制机器人一步一步地运动，机器人自动记录，然后重复。

(2) 感知机器人。

第二代工业机器人具有环境感知装置，能在一定程度上适宜环境的变化，目前已进入应用阶段。以焊接机器人为例，机器人焊接的过程一般是通过示教方式给出机器人的运动曲线，机器人携带焊枪沿着该曲线进行焊接。这就要求工件的一致性要好，即工件被焊接位置必须十分准确；否则，机器人携带焊枪所走的路径和工件的实际焊缝位置会有偏差。目前，第二代工业机器人（应用与焊接作业时）采用焊缝跟踪技术，通过传感器感知焊缝的位置，在通过反馈控制，机器人就能够自动跟踪焊缝，从而对示教的位置进行修正，即使实际焊缝相对于原始设定的位置有变化，机器人仍然可以很好地完成焊接工作。类似的技术正越来越多地应用于工业机器人。

(3) 智能机器人。

第三代工业机器人称为智能机器人，具有发现问题，并且能自主地解决问题的能力，尚处于实验研究阶段。作为发展目标，这类机器人具有多种传感器，不仅可以感知自身的状态（比如所处位置、自身的故障的情况等），而且能够感知外部环境的状态（比如自动发现路况、测出协作机器人的相对位置、相互作用的力等）。更为重要的是，能够根据获得的信息，进行逻辑推理、判断决策，在变化的内部状态与变化的外部环境中，自主地决定自身的行为，这类机器人具有高度的适应性和自治能力。尽管经过多年来的不懈研究，人们研制了很多各具特点的实验装置，提出大量新思想、新方法，但现在有工业机器人的自适应技术还是有十分有限的。

按机器人的控制系统技术水平划分，见表1.3.1。

表1.3.1　　控制系统技术水平分类

分类名称	含　义
操作型机器人	一种能自动控制可重复编程、多功能、具有几个自由度的操作机器人，可固定在某处或可移动、用于工业自动化系统中
顺控型机器人	按预先要求的顺序及条件对机械动作依次进行控制的机器人
示教再现型机器人	一种按示教编程输入工作程序、自动冲地进行工作的机器人
数控型机器人	通过数值，语言等示教其顺序、条件、位置及其他信息，根据这些信息进行作业的机器人
智能机器人	由人工智能决定行动的机器人
感觉控制型机器人	具有适应控制功能的机器人，所谓适应控制是指适应环境变化控制等特性，以满足所需要的条件

2. 按机械结构形态分类

工业机器人的机械配置形式多种多样，典型机器人的机构运动特征是用其坐标特征来描述的。根据动作机构，工业机器人通常可以分为直角坐标型机器人、圆柱坐标型机器人、球（极）坐标型机器人和关节型机器人等类型，见表1.3.2。

表1.3.2　　工业机器人根据动作机构分类

分类名称	含　义
直角坐标型机器人	机器人的手臂具有三个直线运动关节，并按直角坐标形式动作的机器人
圆柱坐标型机器人	机器人手臂具有一个旋转运动和两个直线运动关节，并按圆柱坐标形式动作的机器人
球（极）坐标型机器人	机器人的手臂具有两个旋转运动和一个直线运动关节，并按球坐标形式动作的机器人
关节型机器人	机器人手臂具有三个旋转运动关节，并作类似人的上肢关节动作的机器人

（1）直角坐标型机器人。

直角坐标机器人具有空间上相互垂直的多个直线移动轴（通常三个，图1.3.1），通过直角坐方向的三个独立自由度确定其首部的空间位置，其动作空间为一个长方体。直角坐标机器人结构简单，定位精度高，空间轨迹易于求解；但其动作范围相对较小，设备的空间因数较低，实现相同的动作空间要求时，机体本身的体积较大。

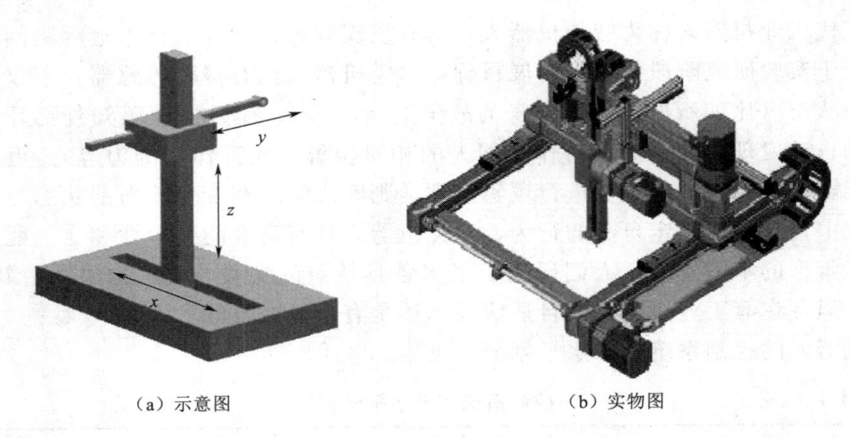

（a）示意图　　（b）实物图

图1.3.1　直角坐标型机器人

（2）柱面坐标机器人。

柱面坐标机器人的空间位置结构主要由旋转基座、垂直移动和水平移动轴构成（图1.3.2），具有1个回旋和2个平移，共3个自由度，其动作空间呈圆柱体。这种机器人结构简单、刚性好，但缺点是在机器人的动作范围内，必须有沿轴线前后方向的移动空间，空间利用率较低。著名的Versatran机器人就是典型的柱面坐标机器人。

（3）球面坐标机器人。

如图1.3.3所示，其空间位置分别由旋转、摆动和平移三个自由度确定，动作空间形成球面的一部分。其机械手能够前后伸缩移动、在垂直平面上摆动以及绕底在水平面上转动。著名的Unimate机器人就是这种类型机器人。其特点是结构紧凑，所占空间体积小于直角坐标和柱面坐标机器人，但仍大于多关节型机器人。

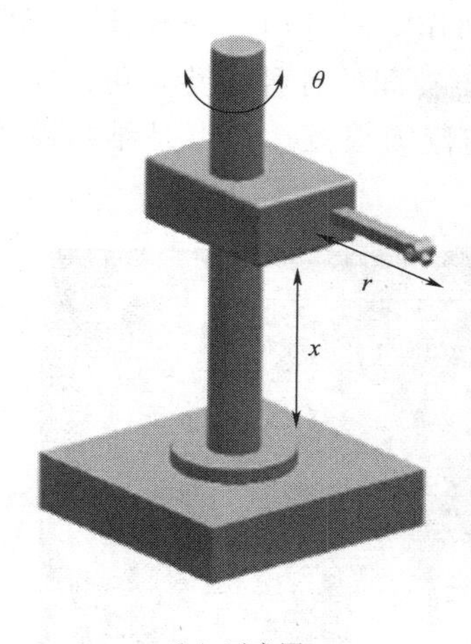

(a) 示意图

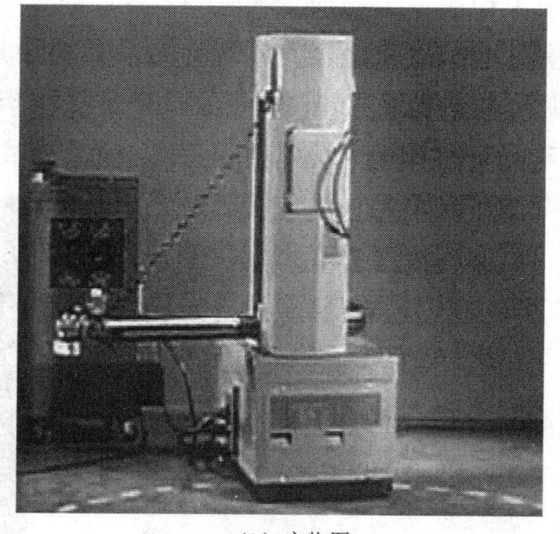

(b) 实物图

图 1.3.2 柱面坐标机器人

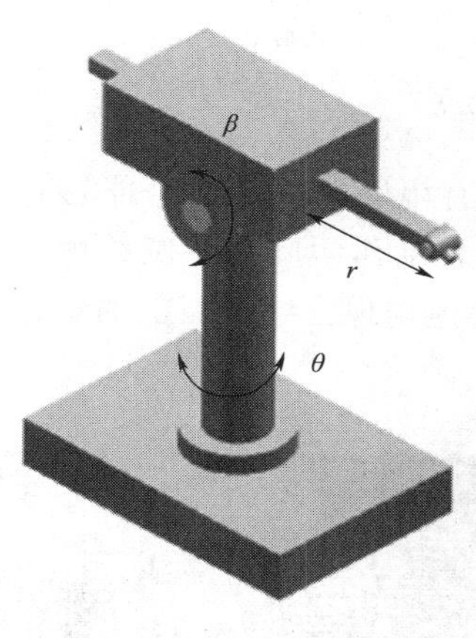

(a) 示意图

(b) 实物图

图 1.3.3 球面坐标机器人

(4) 多关节型机器人。

多关节型机器人由多个旋转和摆动机构结合而成。这类机器人结构紧凑、工作空间大、动作最接近人的动作，对涂装、装配、焊接等多种作业都有良好的适用性，应用范围越来越广。不少著名的机器人都采用了这种形式，其摆动方向主要有铅垂方向和水平方向两种，因此这类机器人又分为垂直多关节机器人和水平多关节机器人。如美国 Unimation 公司于 20 世纪 70 年代末推出的机器人 PUMA 就是一种垂直多关节机器人，而日本山梨大学研制的机器人 SCARA 则是一种典型的水平多关节机器人。目前世界工业界装机最多的工业机器人是 SCARA 型 4 轴机器人和串联关节型垂直 6 轴机器人。

1）垂直多关节机器人（图 1.3.4）模拟了人类的手臂功能，由垂直于地面的腰部旋转轴（相当于大臂旋转的肩部转轴）、带动小臂旋转的肘部旋转轴以及小臂前端的手腕等构成。手腕通常由 2～3 个自动度构成。其动作空间近似一个球体，所以也称为多关节机球面机器人。优点是可以自由地实现三维空间的各种姿势，可以生成各种复杂形状的轨迹。相对机器人的安装面积，其动作范围很宽。缺点是结构刚度较低，动作的绝对位置精度较低。

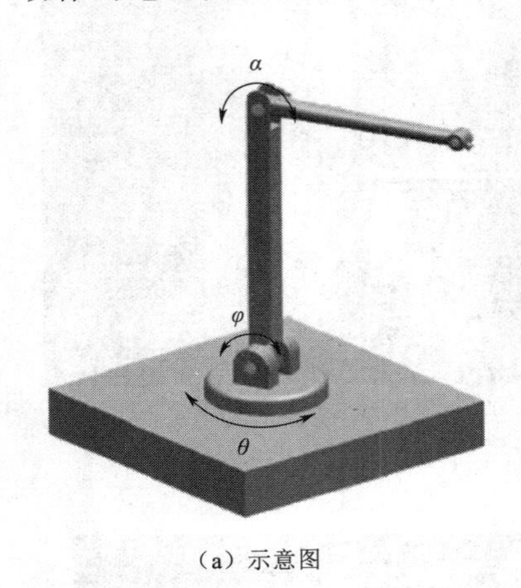

(a) 示意图

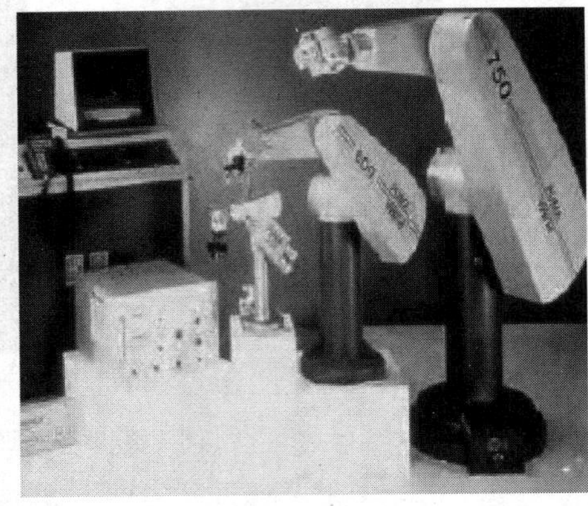

(b) 实物图

图 1.3.4 垂直多关节机器人

2) 水平多关节机器人（图 1.3.5）在结构上具有串联配置的两个能够在水平面内旋转的手臂，其自由度可以根据用途选择 2～4 个，动作空间为一圆柱体。水平多关节机器人的优点是在垂直方向上的刚性好，能方便地实现二维平面上的动作，在装配作业中得到普遍应用。

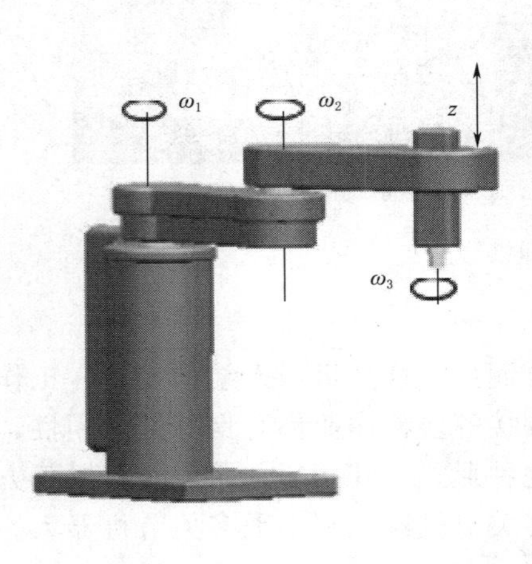

(a) 示意图

(b) 实物图

图 1.3.5 水平多关节机器人

3. 按运动控制方式分类

根据机器人的控制方式，一般可分为顺序控制型、轨迹控制型、远程控制型、智能控制型等。顺序控制型又称点位控制型，这种机器人只需要规定动作次序和移动速度，而不需要考虑移动轨迹；轨迹控制型需要同时控制移动轨迹和移动速度，可用于焊接、喷涂等连续移动作业；远程控制型可实现无线遥控，它多用于特定行业、如军事机器人、空间机器人、水下机器人等；智能控制型机器人就是前述的第三代机器人，多用于服务、军事等行业，这种机器人目前尚处于实验和研究阶段。

1.3.2 工业机器人的应用

1. *在码垛方面的应用*

在各类工厂的码垛方面，自动化极高的机器人被广泛应用，人工码垛工作强度大，耗费人力，员工不仅需要承受巨大的压力，而且工作效率低。搬运机器人能够根据搬运物件的特点，以及搬运物件所归类的地方，在保持其形状的和物件的性质不变的基础上，进行高效的分类搬运，使得装箱设备每小时能够完成数百块的码垛任务。在生产线上下料、集装箱的搬运等方面发挥极其重要的作用。

2. *在焊接方面的应用*

焊接机器人主要承担焊接工作，不同的工业类型有着不同的工业需求，所以常见的焊接机器人有点焊机器人、弧焊机器人、激光机器人等。汽车制造行业是焊接机器人应用最广泛的行业，在焊接难度、焊接数量、焊接质量等方面就有着人工焊接无法比拟的优势。

3. *在装配方面的应用*

在工业生产中，零件的装配是一件工程量极大的工作，需要大量的劳动力，曾经的人力装配因为出错率高，效率低而逐渐被工业机器人代替。装配机器人的研发结合了多种技术，包括通信技术、自动控制、光学原理、微电子技术等。研发人员根据装配流程编写合适的程序，应用于具体的装配工作。装配机器人的最大特点就是安装精度高、灵活性大、耐用程度高。因为装配工作复杂精细，所以我们选用装配机器人来进行电子零件、汽车精细部件的安装。

4. *在检测方面的应用*

机器人具有多维度的附加功能，它能够代替工作人员在特殊岗位上的工作，比如在高危领域如核污染区域、有毒区域、核污染区域、高危未知区域进行检测。还有人类无法具体到达的地方，如病人患病部位的检测、工业瑕疵的检测、在地震救灾现场的生命检测等。

任务 1.4 工业机器人的结构组成

1.4.1 系统组成

工业机器人由国际标准化组织正式定义为“自动控制的可重复编程的多功能机械手”。

根据系统结构特点，工业机器人由三大部分和六个子系统构成。基于这三大部分和六大系统的协同作业，令工业机器人成为具备工作精度高、稳定性强、工作速度快等特点的高精密度机械设备，进一步为企业提高生产效率、降低生产成本、提高产品精度和质量。有关工业机器人的三大部分指机械部分、传感部分和控制部分，六大系统指驱动系统、机械结构系统、感受系统、机器人-环境交互系统、人机交互系统和控制系统。如图 1.4.1 所示。

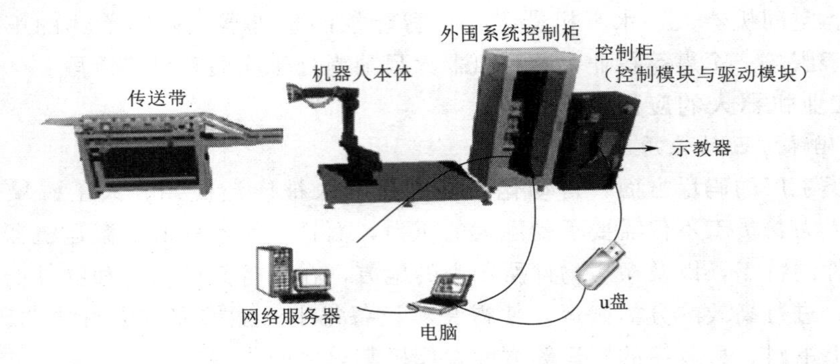

图 1.4.1 工业机器人系统组成

机械部分包括机械结构系统和驱动系统，用于实现各种动作；传感部分包括感受系统和机器人-环境交互系统，用于感知内部和外部的信息；控制部分包括人机交互系统和控制系统，控制机器人完成各种动作。机器人各组成系统之间关系及与工作对象的关系，如图 1.4.2 所示。

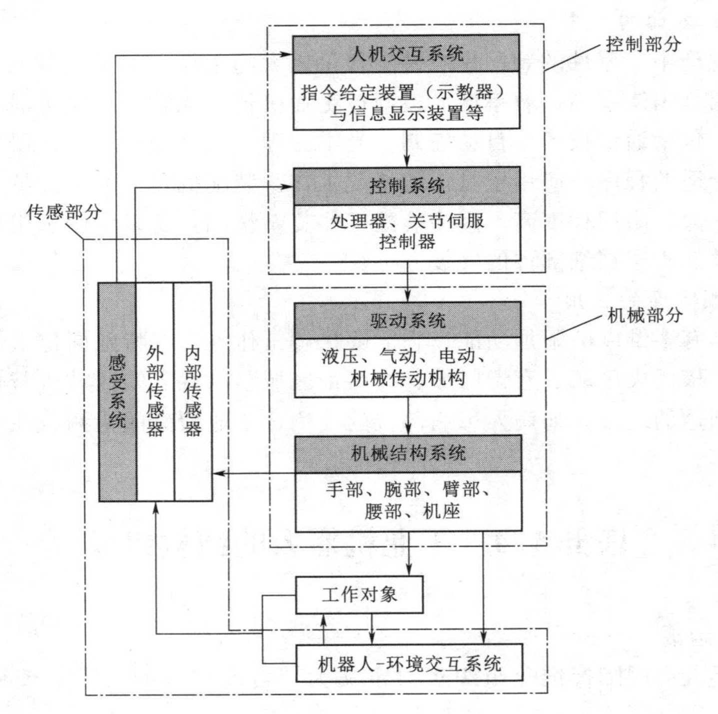

图 1.4.2 机器人各组成部分之间的关系及工作对象的关系

1.4.2 机械部分

1. 机械结构系统

工业机器人的机械结构称为执行机构，也称操作机，是机器人赖以完成工作任务的实体，通常由杆件和关节组成。从功能角度，执行机构可分为手部、腕部、臂部、腰部（立柱）和机座等，如图 1.4.3 所示。

手部又称末端执行器，是工业机器人直接进行工作的部分，其作用是直接抓取和放置物件。手部可以是各种手持器。腕部是连接手部和臂部的部件，其作用是调整或改变手部的姿态，是操作机中结构最复杂的部分。臂部又称手臂，用以连接腰部和腕部，通常由两个臂杆（大臂和小臂）组成，用以带动腕部运动。腰部又称立柱，是支撑手臂的部件，其作用是带动臂部运动，与臂部运动结合，把腕部传递到需要的工作位置。机座（行走机构）是机器人的支持部分，有固定式和移动式两种，该部件必须具有足够的刚度、强度和稳定性。

2. 驱动-传动装置

工业机器人的驱动系统包括驱动器和传动机构两部分，它们通常与执行机构连成机器人本体。驱动器通常有：

（1）电机驱动。直流伺服电机、步进电机、交流伺服电机。

（2）液压驱动。液压马达、液压缸。

（3）气动驱动。气动马达、气缸。如图 1.4.4 所示，采用气缸驱动末端执行器，实现其直线往复运动。

图 1.4.3 工业机器人的机械结构

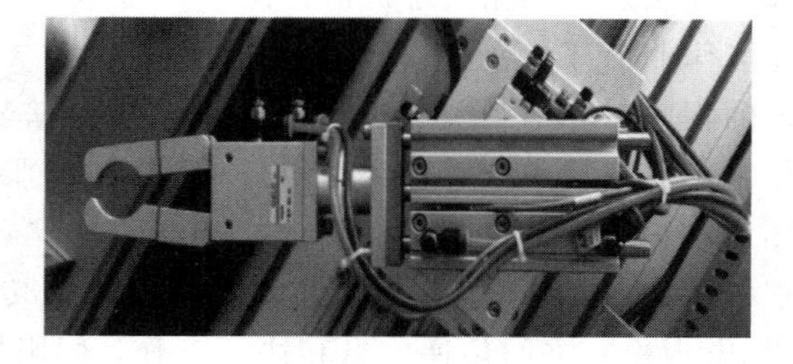

图 1.4.4 末端执行器的气缸驱动

传动机构通常有连杆机构、滚珠丝杆、链、带、各种齿轮系、谐波减速器以及 RV 减速器等。如图 1.4.5 所示，由连杆（活塞杆）机构和铰接活塞油缸实现了手臂的上下摆动。当铰接活塞油缸的两腔通压力油时，通过连杆带动手臂绕轴心做 90°的上下摆动。手臂下摆到水平位置时，其水平和侧向的定位由支撑架上的定位螺钉来调节。

如图 1.4.6 所示，活塞油（气）缸位于手臂的下方，其连杆（活塞杆）机构和手臂用铰链连接，实现了机器人手臂的俯仰运动。

1.4.3 控制部分

1. 人机交互系统

人机交互系统是使操作人员参与机器人控制并与机器人进行联系的装置，如计算

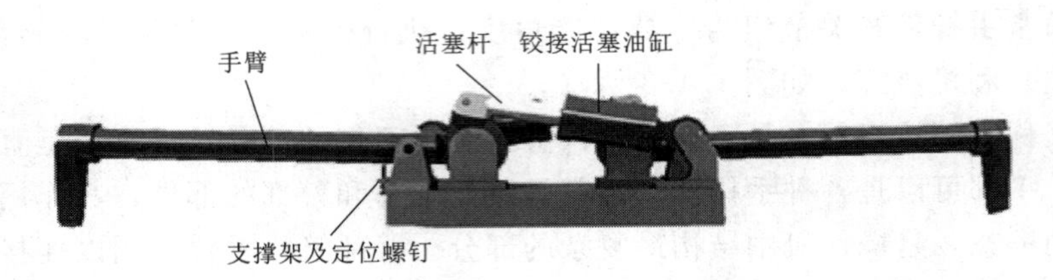

图 1.4.5 连杆（活塞杆）机构和铰接活塞油缸

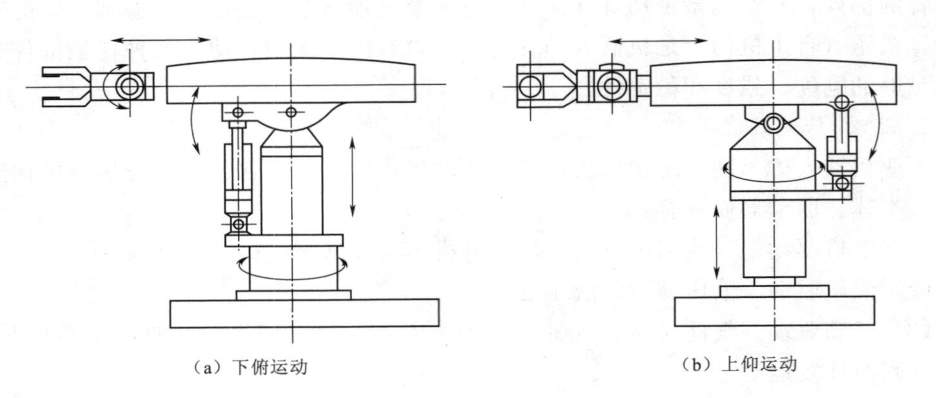

图 1.4.6 实现俯仰运动的手臂

机的标准终端、指令控制台、信息显示板、危险信号报警器等。该系统归纳起来分为两大类：指令给定装置和信息显示装置。

2. 控制系统

控制系统，相当于机器人的“大脑”，工业机器人要与外围设备协调动作，共同完成作业任务，就必须具备一个功能完善、灵活可靠的控制系统。这个系统是按照输入的程序对驱动系统和执行机构发出指令信号，使执行系统按照规定的要求进行工作，并进行控制。一般由控制计算机和伺服控制器组成，工业机器人的控制柜如图 1.4.7 所示。控制计算机发出指令，协调各关节驱动之间的运动，同时要完成编程、示教/再现，以及和在其他环境状态（传感器信息）、工艺要求，外部相关设备（如电焊机）之间传递信息和协调工作。伺服控制器控制各个关节的驱动器，使各杆按一定的速度、加速度和位置要求进行运动。

1.4.4 传感部分

1. 感受系统

感受系统包括内部检测系统与外部检测系统两部分。内部检测系统的作用就是通过各种检测器，检测执行机构的运动境况，根据需要反馈给控制系统，与设定值进行比较后对执行机构进行调整以保证其动作符合设计要求。外部检测系统检测机器人所处环境、外部物体状态或机器人与外部物体的关系。

2. 机器人-环境交互系统

机器人-环境交互系统实现工业机器人与外部环境中的设备相互联系和协调的系统。工业机器人与外部设备集成为一个功能单元，如加工制造单元、焊接单元、装配

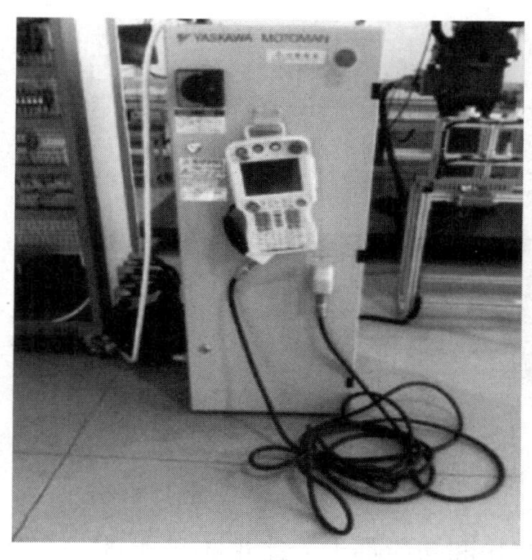

（a）机器人本体控制柜

（b）机器人系统集成控制柜

图 1.4.7　工业机器人的控制柜

单元等。当然，也可以是多台机器人、多台机床或设备、多个零件存储装置等集成为一个去执行复杂任务的功能单元。

任务 1.5　工业机器人产业现状

1.5.1　全球市场格局

1. 行业全球发展现状：市场规模不断扩大

随着科技的飞速发展和产业结构的升级，工业机器人行业作为智能制造的核心组成部分，正逐渐展现出其巨大的潜力和价值。工业机器人不仅提高了生产效率，降低了劳动力成本，还为企业带来了更高的灵活性和竞争力。

工业机器人，这一现代工业领域的杰出代表，是一种专为工业生产而设计的机械装置，拥有多个关节和多自由度，能够胜任那些繁重且重复的工作，从而极大地解放了人力。更为关键的是，工业机器人的应用还显著提升了工业加工的精准度和生产效率，为现代工业生产注入了强大的动力。

随着新一代信息技术、生物技术、新能源技术、新材料技术与机器人技术的深度融合，机器人产业正在经历前所未有的发展变革。

据市场调研数据显示，2022 年，全球机器人市场规模达到了惊人的 195 亿美元，同比增长 11%，这充分展现了机器人产业蓬勃发展的态势。而在未来，随着市场需求的持续释放以及工业机器人的进一步普及应用，工业机器人市场规模有望持续增长，2023 年增至 210 亿美元。2017—2023 年全球工业机器人市场规模如图 1.5.1 所示。

2. 工业机器人产业资源分布

工业机器人诞生于美国，兴盛于日本。1959 年，发明家乔治・德沃尔与约瑟・

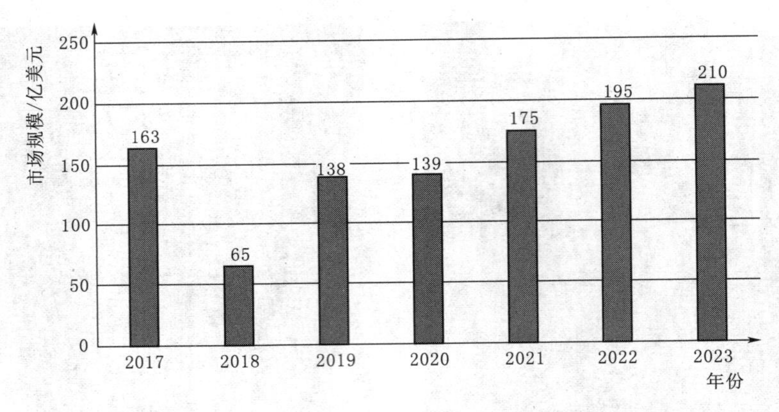

图 1.5.1 2017—2023 年全球工业机器人市场规模

英格伯格联手制造出第一台工业机器人，它结构和功能都十分简单，只能进行简单的重物搬运。但由于失业率高、工会阻挠等原因，工业机器人并未在美国生根发芽。日本由于其各方面的优势，接过了美国的接力棒，成为了工业机器人产业的引领者，目前日本已经形成了从上游核心零部件到中游本体制造再到下游系统集成的完整产业链。“工业机器人四大家族”中的发那科与安川，以及减速器龙头哈默纳科以及纳博特斯克都是来自日本。

中国工业机器人产业起步较晚。早在 20 世纪 70 年代，科技部就将工业机器人列入了科技攻关计划，原机械工业部也牵头组织了点焊、弧焊、搬运等工业机器人相关领域的攻关，但由于当时国内人口红利正盛，市场需求不足，工业机器人产业的发展出现了较长时间的停滞。到 2010 年以后，市场重新将目光投向该领域时，日德等制造强国已经建立起了完善的产业链，在市场竞争中占据了先发优势。国内工业机器人无论是本体还是核心零部件，都与国外巨头存在着巨大的差距。2010 年以后，国内的工业机器人产业开始全面发展，逐步在系统集成、机器人本体等领域逐步拓展，近年来机器人核心零部件国产化已经逐步展开。中国的机器人产业链已经重新在世界范围具有话语权了。

全球机器人行业竞争格局比较集中。全球工业机器人主要由四大家族即日本发那科（FANUC）、日本安川电机（YASKAWA）、德国库卡（被美的收购）、瑞士 ABB 主导，全球市场占有率达到 50%。在中国市场上，近年来随着国产品牌兴起，四大家族的占有率有所下滑，从最高 70%下滑至 40%左右。四大家族承袭原有机床、伺服系统、焊接设备技术优势，机器人领域继续占据鳌头。国内品牌埃斯顿、汇川技术快速成长，在 2021 年销量均突破 1 万台，进入中国工业机器人销量前十，2023 年埃斯顿工业机器人销量突破 2 万台，进入行业第二。埃斯顿以六关节机器人为主、汇川技术以 SCARA 机器人为主，现均向多种负载、全产品系列方向迈进，有望成为真正替代四大家族的国产机器人品牌。全球工业机器人本体核心企业见表 1.5.1。

表 1.5.1　　全球工业机器人本体核心企业

品　牌	第一梯队	其他重点企业		
国际品牌	日本发那科 瑞士 ABB 日本安川电机 德国库卡（2017 年被中国家电巨头美的收购） 日本爱普生	日本雅马哈 日本川崎重工 日本那智不二越 日本三菱 日本 OTC	日本东芝 台湾台达 瑞士史陶比尔 日本电装 日本欧姆龙	韩国现代重工 美国爱德普 意大利柯马 德国杜尔
国内品牌	埃斯顿 汇川技术 成都卡诺普 深圳众为兴 北京傲博 广州数控 芜湖埃夫特	华数机器人 上海图灵机器人 钱江机器人 东莞利群自动化 新松机器人 上海节卡机器人 上海欢颜自动化		

3. 中国工业机器人行业现状分析

在国内政策的密集出台以及市场逐渐走向成熟等多重因素的共同推动下，我国工业机器人市场迎来了迅猛的发展势头。回顾 2017—2022 年这六年间，我国工业机器人市场规模实现了跨越式增长，由 46 亿美元大幅跃升至 87 亿美元，其复合年均增长率高达 13.6%，这一数字不仅彰显出我国工业机器人产业的强劲发展势头，也预示着其在全球范围内的竞争力和影响力正逐步增强。2017—2023 年中国工业机器人市场规模如图 1.5.2 所示。

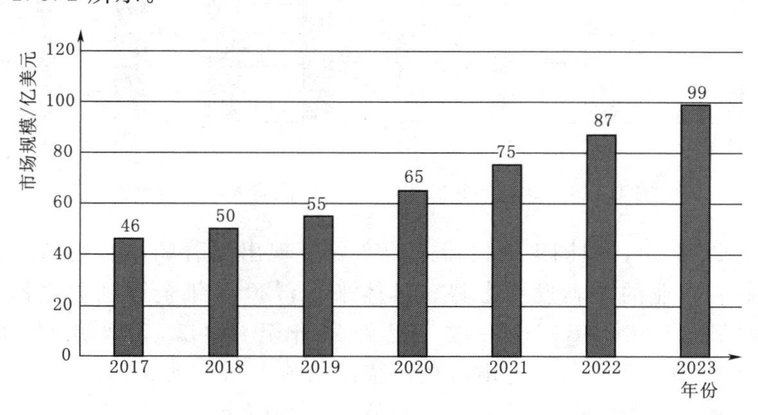

图 1.5.2　2017—2023 年中国工业机器人市场规模

据市场调研数据分析，当前，我国工业机器人市场呈现出外资品牌占据主导地位、市场集中度较高的特点。在这一竞争格局中，前五家企业——FANUC、ABB、安川电机、爱普生和 KUKA，它们凭借先进的技术、丰富的产品线和强大的品牌影响力，占据了超过五成的市场份额。这些外资巨头在我国市场深耕多年，积累了丰富的经验和资源，形成了强大的竞争优势。中国工业机器人行业市场份额占比如图 1.5.3 所示。

展望未来，到 2035 年，我国机器人产业的综合实力将迈上国际领先水平的崭新

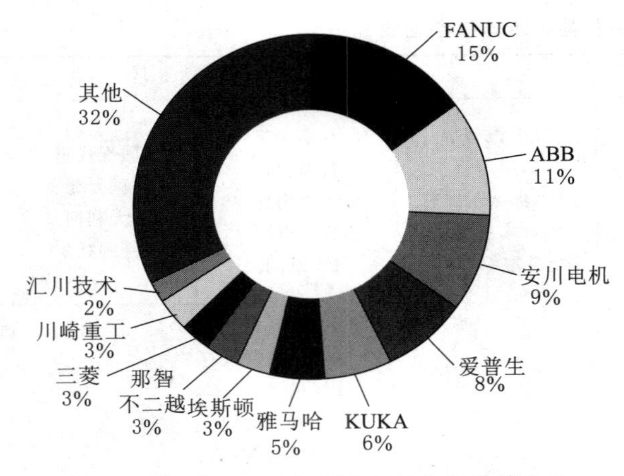

图 1.5.3 中国工业机器人行业市场份额占比

台阶。届时，机器人将深度融入社会经济发展的方方面面，成为推动经济增长、提升人民生活质量、优化社会治理不可或缺的重要力量。2015—2022 年全国工业机器人产量及增速如图 1.5.4 所示。

在国家政策的强劲推动下，我国工业机器人的产量实现了迅猛增长。据市场调研数据统计，2022 年 3—12 月期间，我国工业机器人的产量均呈现出同比增长的态势。特别是在 2022 年全年，我国工业机器人累计产量达到了惊人的 44.31 万套，同比增长率高达 21.04%。这一数据不仅彰显了我国工业机器人产业的强大实力，也预示着该产业未来的广阔前景。

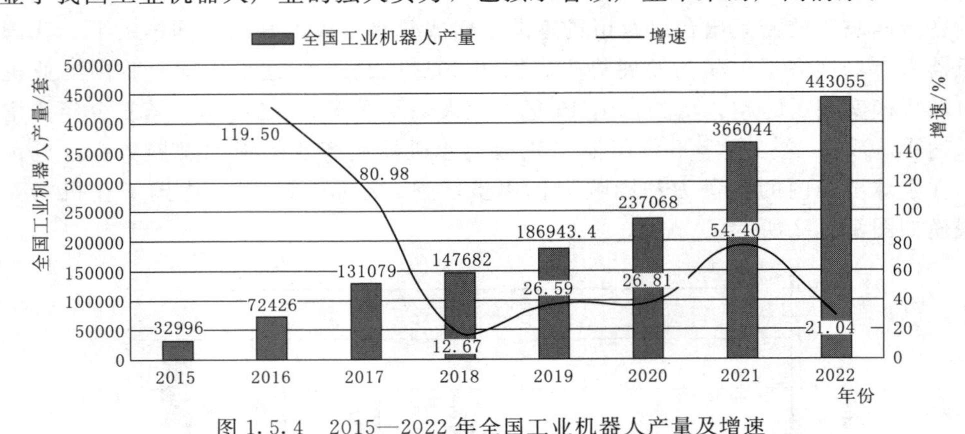

图 1.5.4 2015—2022 年全国工业机器人产量及增速

从 2015—2022 年，我国工业机器人的产量呈现出显著的增长趋势，充分展现了我国工业机器人产业的蓬勃发展态势。具体来看，2015 年全国工业机器人的产量为 32996 套，而到了 2022 年，这一数字已经攀升至 443055 套，几乎翻了十余倍。2018—2022 年中国工业机器人进出口数量统计如图 1.5.5 所示。

在增速方面，各年份也呈现出不同的特点。2016 年，我国工业机器人产量增速高达 119.50%，显示出该产业在当时正迎来爆发式增长。随后的几年中，虽然增速有所放缓，但总体上仍然保持了较高的增长水平。特别是 2021 年，增速再次回升至 54.40%，表明我国工业机器人产业依然具有强劲的发展动力。

1.5.2 产业发展模式

当前，新一轮科技革命和产业变革加速演进，新一代信息技术、生物技术、新能源、新材料等与机器人技术深度融合，机器人产业迎来升级换代、跨越发展的窗口期。在政策和市场需求的推动下，我国工业机器人销量已占全球一半以上，连续十年居世界首位，2023 年中国工业机器人产量达到 31.6 万套，同比增长 4.29%，预计

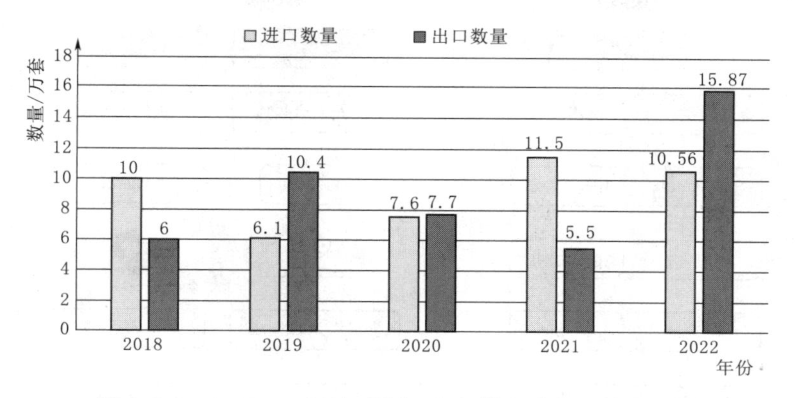

图 1.5.5 2018—2022 年中国工业机器人进出口数量统计

2024 年市场销量有望突破 32 万台，市场整体延续微增态势。2013—2024 年中国工业机器人销量变化趋势如图 1.5.6 所示。

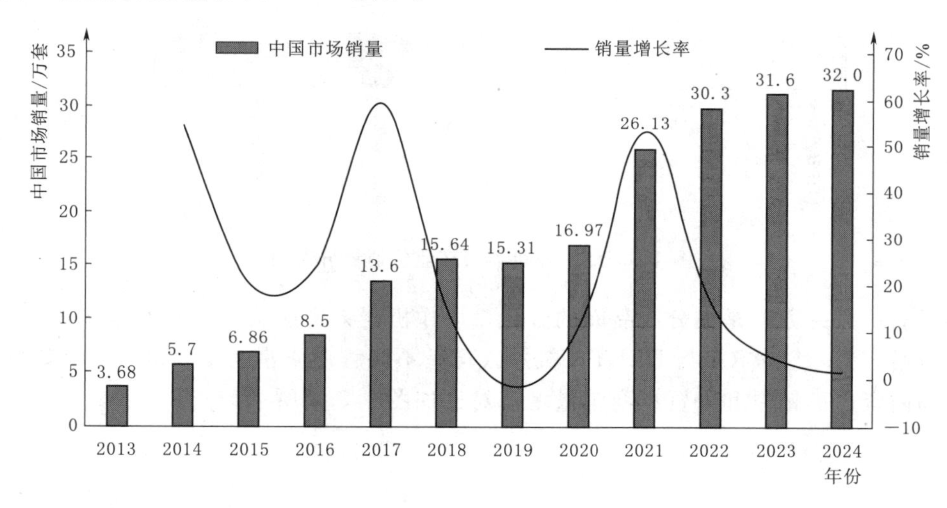

图 1.5.6 2013—2024 年中国工业机器人销量变化趋势

数据来源：高工机器人产业研究所（GGIIG）

工业机器人产业链上游为原材料和核心零部件，包括金属材料、金属成型机床、碳纤维材料、伺服电机、控制器、减速器等；中游是机器人本体制造，以及在本体基础上的机器人系统集成；配套产业包括工业机器人检测服务、自动化设备配套等；下游包括机器人经销等。根据工业机器人各产业链环节的毛利率状况可知，目前，上游碳纤维材料、伺服电机、减速器、控制器及下游第三方配套服务环节的利润水平相对较高，其中减速器的代表性上市公司毛利率高达 45%～50%；另外，上游常规部件等环节的毛利水平较低、附加值较低，如图 1.5.7 所示。

从市场竞争角度看，2023 年市场分化态势进一步加剧，一方面是内外资间的分化，国产同比增长 22.76%，以埃斯顿、汇川技术、埃夫特等为代表的国产厂商增速领跑，外资同比下滑 10.56%，大部分外资厂商在华销量均呈下滑态势，同时新增订单的增速亦呈现连续下滑态势，叠加去库存的压力，外资厂商未来几个月的业绩支撑

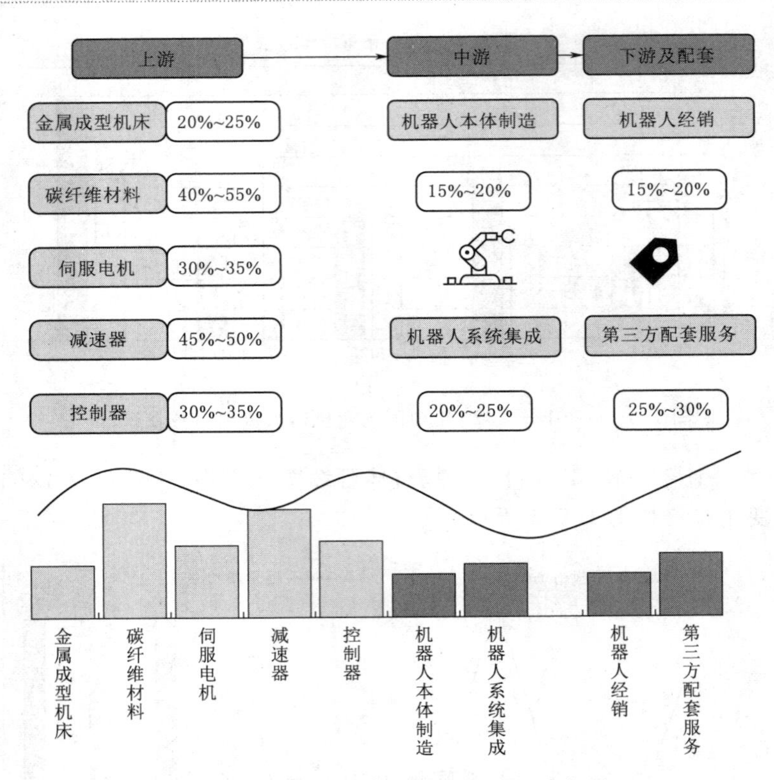

图 1.5.7 工业机器人产业价值链分布图

或将减弱；另一方面是细分产品间的分化，协作机器人增速领跑，其次是多关节机器人呈微增态势，SCARA 与 DELTA 机器人均呈不同程度下滑态势。2013—2023 年中国市场内资厂商销量和外资厂商销量增速对比如图 1.5.8 所示。

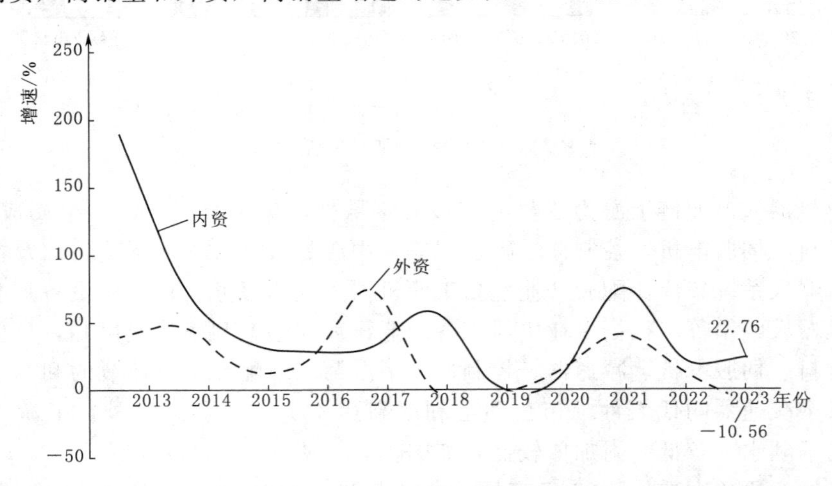

图 1.5.8 2013—2023 年中国市场内资厂商销量和外资厂商销量增速对比
（数据来源：高工机器人产业研究所（GGIIG））

总体来看，2023 年工业机器人内外资市场份额发生较大的变化，根据 GGIIG 最新统计数据显示，2023年国产工业机器人份额首突破50%，达到52.45%，从销量口径上首次实现反超。2013—2023年中国工业机器人销量国产份额变化趋势如图1.5.9所示。

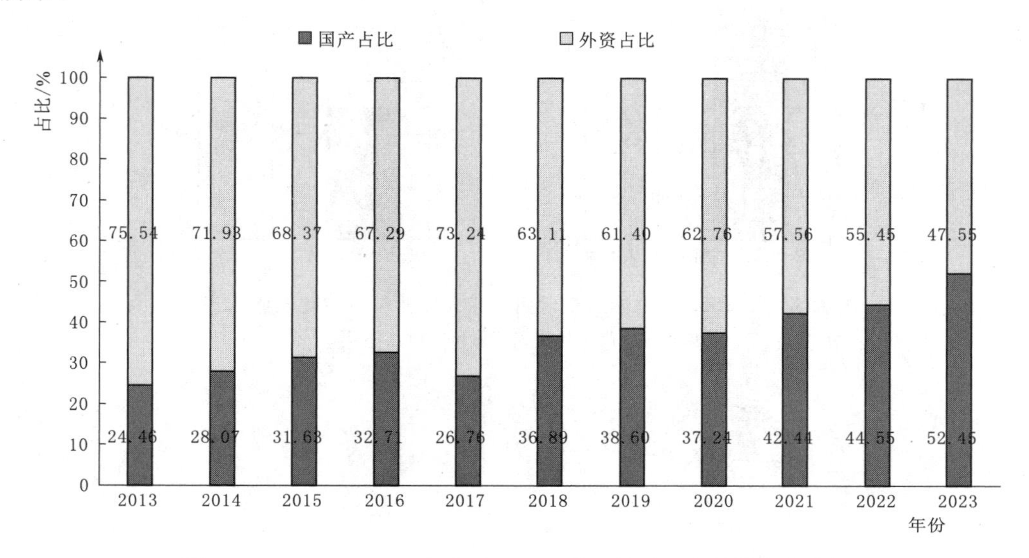

图1.5.9　2013—2023年中国工业机器人销量国产份额变化趋势

数据来源：高工机器人产业研究所（GGIIG）

从细分产品看，除多关节机器人外，SCARA、协作机器人、DELTA的国产化份额均超过50%，其中，协作机器人国产份额接近90%，SCARA国产份额首次突破50%。2022年和2023年中国工业机器人细分产品内外资分布变化如图1.5.10所示。

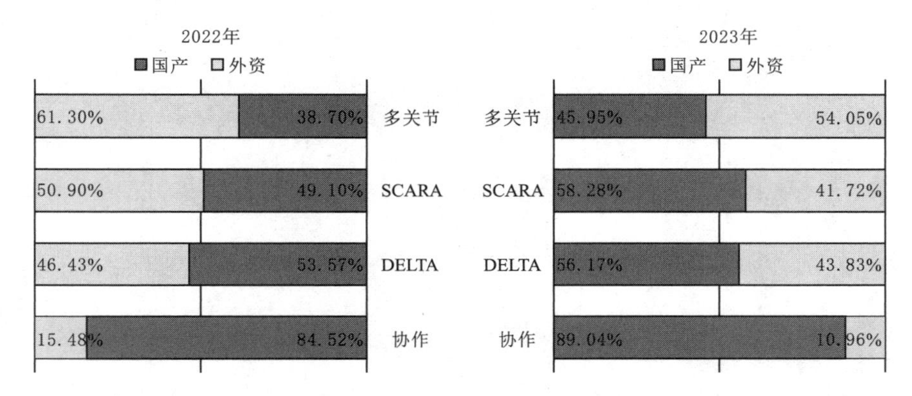

图1.5.10　2022年和2023年中国工业机器人细分产品内外资分布变化

数据来源：高工机器人产业研究所（GGIIG）

不得不提的是，国产机器人销量创新高的同时，国产机器人亟须破除“增量不增收，增收不增利”的魔咒，从数据上来看，2023年总体国产厂商的销量占比超过50%，四大家族的销量占比32.58%，但从收入规模角度看，总体国产厂商的产值规模明显小于四大家族机器人业务营收总和。2023年总体国产厂商和四大家族销量占比及收入规模如图 1.5.11 所示。

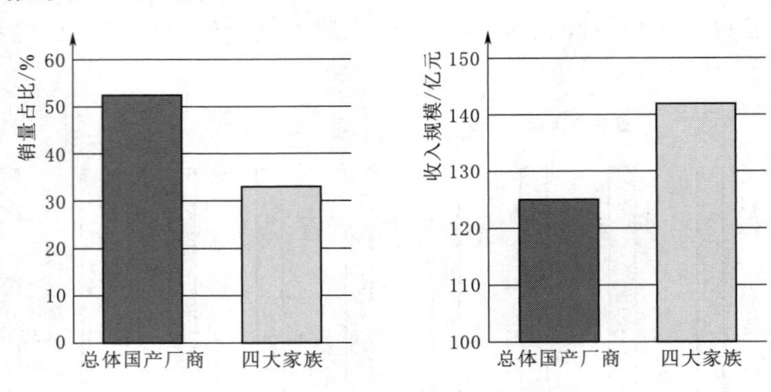

图 1.5.11 2023 年总体国产厂商和四大家族销量占比及收入规模

数据来源：高工机器人产业研究所（GGIIG）

项目 2

手动操纵 ABB 工业机器人

项目简介

安全是人们从事生产活动的第一要务，操作工业机器人之前需要严格掌握其安全操作规程，在保证人身安全的同时，也保护了他人的利益。使用工业机器人时，操作人员必须与 ABB 工业机器人的示教器（FlexPendant）打交道，从而对机器人进行示教操作。这需要操作者能够熟悉示教器的结构组成，能够使用示教器完成对机器人的手动操纵。

教学目标

【知识目标】

◇ 认识工业机器人安装装置。

◇ 熟悉机器人紧急情况的处理方法及动闸释放按钮的使用方法。

◇ 掌握机器人安全操作规范。

◇ 掌握机器人使能键的使用和配置方法。

◇ 熟悉 ABB 工业机器人的 6 个关节轴。

◇ 熟悉 ABB 工业机器人的运动模式——线性运动。

【技能目标】

◇ 具备使用急停按钮停止运动和解除紧急停止的能力。

◇ 具备正确使用制动闸释放按钮释放机器人手臂的能力。

◇ 能严格遵守机器人安全操作规范操作机器人。

◇ 具备正确使用示教器使能键与操纵杆的能力。

◇ 能够操作示教器实现机器人 6 个关节轴的运动。

◇ 能够操作示教器进行线性运动。

【素质目标】

◇ 培养学生安全操作、规范操作意识。

◇ 激发兴趣，培养学生专业认同。

◇ 科普应用，增强学生四个自信。

任务 2.1 工业机器人安全操作基础

工业机器人安全装置

2.1.1 工业机器人安全装置

1. 隔离防护装置

隔离防护装置是机器人工作时必不可少的安全装置，如图 2.1.1 所示。它的作用是防止非机器人操作人员或参观人员进入机器人工作范围内，造成人员损伤或财产损失。对于因为操作人员错误操作使得机器人冲破防护栏对人员造成损伤的情况起到重要的警示作用。根据实际机器人的使用情况，在工厂中也并非所有的机器人都安装隔离防护装置。

图 2.1.1 隔离防护装置

紧急停止

其他操纵器控制状态

图 2.1.2 紧急停止按钮控制状态关系图

2. 紧急停止按钮

紧急停止是一种超越其他任何操纵器控制的状态，断开驱动器电源与操纵停止所有运动部件，并断开电源与操纵器系统控制的任何可能存在危险的功能性连接。

如图 2.1.2 所示形象地表现出了紧急停止按钮和其他操纵器控制状态的关系：紧急停止位于金字塔的顶端。

使用紧急停止按钮的情况一般有两种：一是发现危险，人为按下紧急停止按钮；二是操作人员不熟练引起碰撞时。在发生紧急停止后，应该解除紧急停止。

工业机器人有多个紧急停止按钮，可分为内部紧急停止按钮和外部紧急停止按钮，任意按下一个紧急停止按钮，机器人都会停止运动，同时会进行报警。

如图 2.1.3 所示为内部紧急停止按钮，分别位于示教器和控制柜上。

在出现危险和紧急情况时必须按下此按钮，可立刻停止设备。

但是需要注意：紧急停止不能用于正常的程序停止，因为这可能给操纵器带来额外的不必要损失。

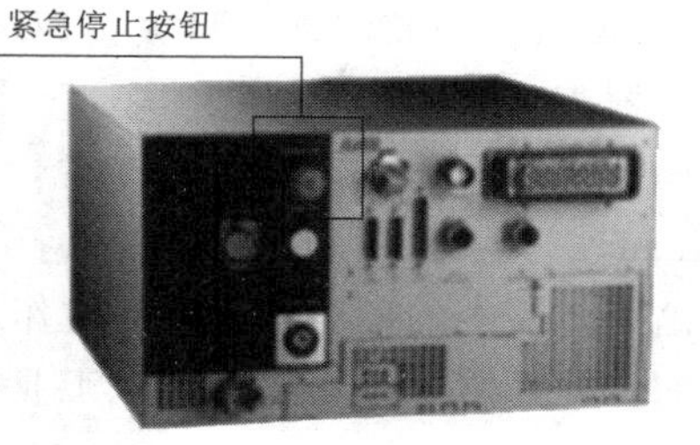

图 2.1.3　内部紧急停止按钮

外部紧急停止按钮是除了示教器和控制柜已有的紧急停止按钮外，客户或供应商通过接口的输入端自行连接的安全按钮，以确保在其他紧急停机方式失效的情况下也要紧急停止装置以供使用。

如图 2.1.4 所示，为设备平台上设置的紧急停止按钮，当按下此按钮时，机器人将立即停止动作。

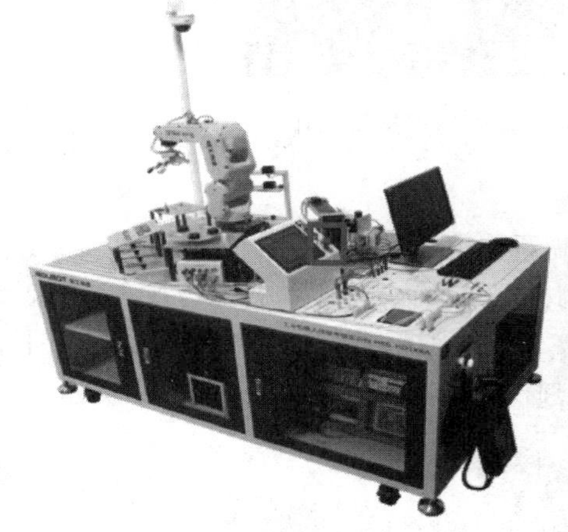
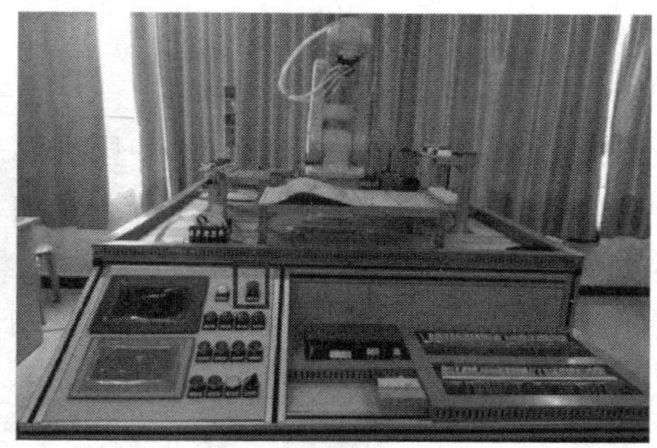

图 2.1.4　外部紧急停止按钮

3. 制动闸释放按钮

如果有人员受困于工业机器人下，为解救人员可采取使用制动闸释放按钮的方式以释放机器人手臂；释放机器人制动闸后可以移动机器人手臂，但仅有小型的机器人方可被人力移动，大型的机器人需要在进行救援前使用高架起重机或类似设备将机器人手臂吊起，以避免二次伤害。

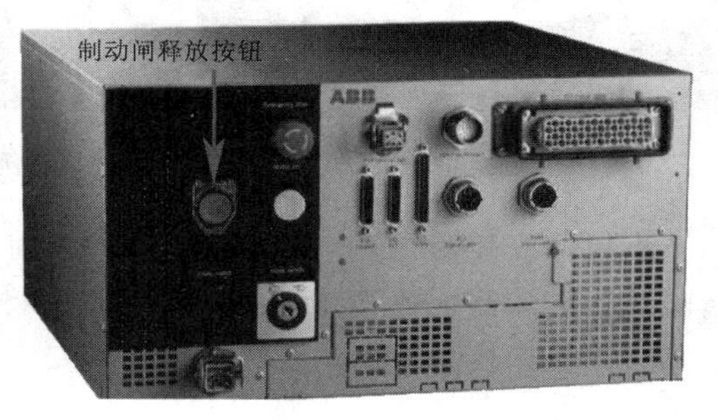

图 2.1.5　制动闸释放按钮

不同的机器人型号其制动闸释放按钮所处位置不同，如图 2.1.5 所示，对于 ABB 的 IRB120 小型机器人来说，其制动闸释放按钮处于控制柜上，并且可以一次性释放所有轴的制动闸。

而ABB大型机器人其制动闸释放按钮位于机架上。对于中型机器人其制动闸释放按钮位于机器人基座上。

对于ABB的IRB120小型机器人来说，其制动闸释放按钮的使用需要2个人配合使用，如图2.1.6所示。一人托住机器人，一人按住制动闸释放按钮，待电机抱死状态解除后，这时机器人的各个轴可在外力作用下移动，托动机器人到安全位置后松开制动抱闸按钮，松开紧急停止按钮，把工业机器人移动到安全位置。

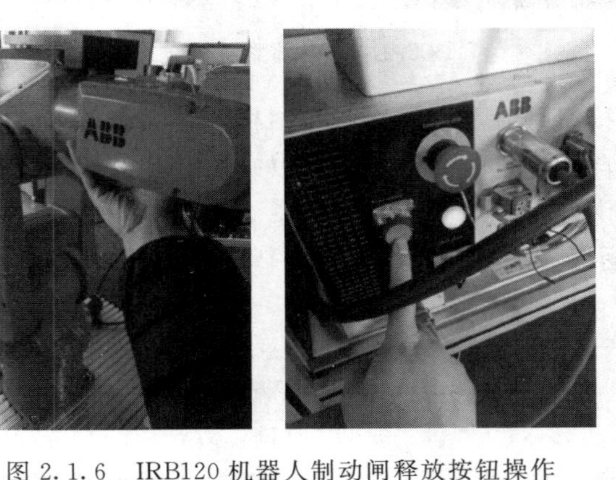
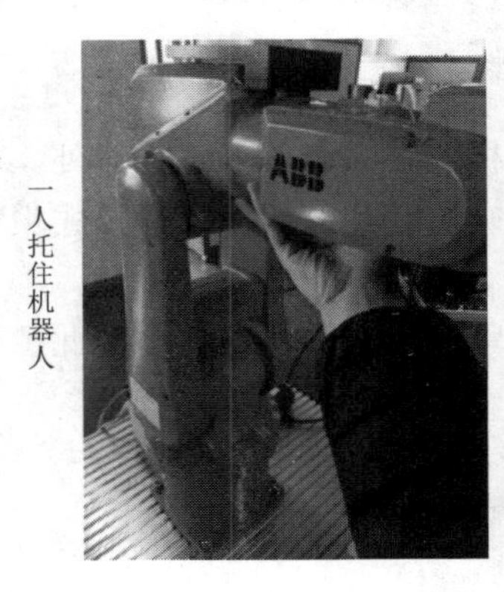

图2.1.6 IRB120机器人制动闸释放按钮操作

工业机器人安全操作规范

2.1.2 工业机器人安全操作规范

2016年11月17日，第十八届中国国际高新技术成果交易会上一个名叫“小胖”的机器人在现场伤人了，媒体称之为“全国首例机器人伤人事件”。据现场观众透露，当时一台名叫“小胖”的机器人在无人操作时突然“杀伤力爆棚”，在没有指令的情况下自行打砸展台玻璃、砸伤路人，一位路人全身多处划伤后被担架抬走，如图2.1.7所示。

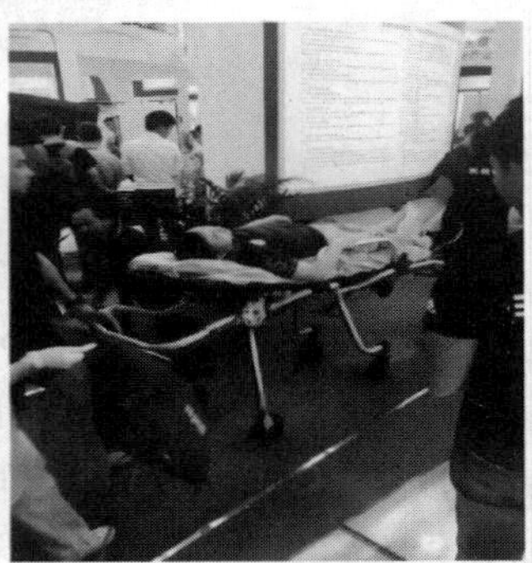

图2.1.7 “全国首例机器人伤人事件”

事后调查表明是操作人员误操作，把前进键当成了后退键。导致“小胖”撞向展台玻璃，玻璃倒地摔碎并划伤一名现场观众，致其脚踝被划破流血。

所以操作机器人之前要严格掌握其安全操作规程。在保护人身安全的同时也保护他人的利益。

整个机器人的最大动作范围内均具有潜在的危险性，大家要谨记：安全是操作机器人的第一要务。

有些国家已经颁布了机器人安全法规和相应的操作规程，只有经过专业培训的人员才能操作使用工业机器人，每个机器人生产厂家也在机器人使用手册中提供了机器人使用注意事项。

1. 操作人员安全注意事项

（1）工作服要求是收口的，内衣、衬衫、领带不要从工作服内露出，进入机器人工作区域必须戴安全帽、穿安全鞋，如图 2.1.8 所示。

图 2.1.8 操作人员衣着要求

（2）不佩戴首饰，如耳环、戒指或垂饰等。

（3）长发应当梳起盘在工作帽里。

（4）操作机器人时不允许戴手套，如图 2.1.9 所示。

（5）操作机器人的人员手指甲不能太长，如图 2.1.10 所示。

图 2.1.9 操作人员佩戴手套要求

（6）未经许可的人员，禁止接近机器人和其外围辅助设备，否则可能会造成机器人产生未预料的动作，从而引起人身伤害和设备损坏，如图 2.1.11 所示。

（7）禁止强行扳动机器人的轴，否则可能会造成人身伤害和设备损坏，如图 2.1.12 所示。

（8）在操作期间，绝不允许非工作人员触动机器人操作按钮，否则可能会造成机器人产生未预料的动作，从而引起人身伤害和设备损坏。

（9）禁止倚靠在控制柜上，禁止随意按动操作按钮，否则可能会造成机器人产生未预料的动作，从而引起人身伤害和设备损坏，如图 2.1.13 所示。

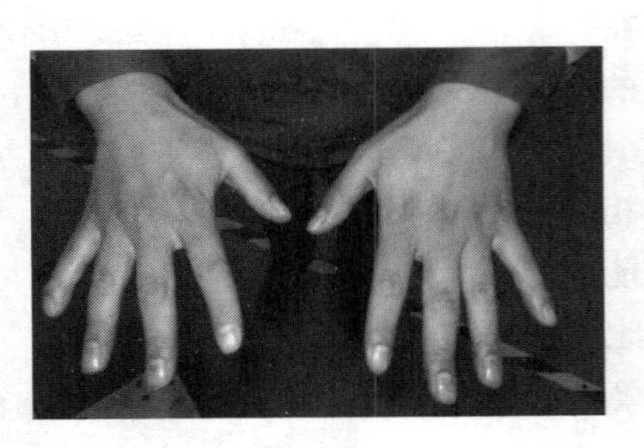

图 2.1.10 操作人员指甲要求

图 2.1.11 未经许可的人员禁止接近机器人和其外围辅助设备

图 2.1.12 禁止强行扳动机器人的轴

图 2.1.13 禁止倚靠控制柜及随意按动操作按钮

（10）在机器人动作范围内进行示教工作时，则应遵守下列警示：

1）始终从机器人的前方进行观察，不要背对机器人进行作业。

2）始终按预先制定好的操作程序进行操作。

3）始终具有万一机器人发生未预料的动作而进行躲避的想法。

4）确保自己在紧急的情况下有退路。

2. 机器人的安全注意事项

在工作区域内工作时粗心大意会造成严重的事故，因此在使用机器人时要强令执行下列防范措施：

（1）在机器人周围设置安全围栏，以防造成与通电的机器人发生意外的接触。

（2）在安全围栏的入口处要张贴“远离作业区”的警示牌。

（3）安全围栏的门必须加装可靠的安全联锁装置（忽略此警示会由于接触机器人而可能造成严重的事故）。

（4）备用工具及类似的器材应放在安全围栏外的合适地区内［工具和散乱的器材（如焊接夹具）不要遗留在机器人或系统等周围，如果机器人撞击到作业区中这些遗留物品，会发生人身伤害或设备事故］。

（5）当往机器人上安装一个工具时，务必先切断控制柜及所装工具上的电源并锁住其电源开关，而且要挂警示牌。

(6) 绝不要超过机器人的允许范围（否则可能会造成人身伤害和设备损坏）。

(7) 无论何时如有可能的话，应在作业区外进行示教工作。

(8) 在操作机器人前，应先按控制柜及示教器右上方的急停按钮，以检查“伺服准备”的指示灯是否熄灭，并确认其电源确已关闭（如果紧急情况下不能使机器人停止，则会造成机械的损害）。

(9) 在机器人动作范围内进行示教工作时，则应遵守下列警示：

1) 始终从机器人的前方进行观察，不要背对机器人进行作业。

2) 始终按预先制定好的操作程序进行操作。

3) 始终具有万一机器人发生未预料的动作而进行躲避的想法。

4) 确保自己在紧急的情况下有退路。

3. 移动及转让机器人的注意事项

移动及转让机器人时，应遵照下列安全防范事项：

(1) 移动或转让机器人时，应附带机器人的有关说明书，以便所有用户有权使用这些必需的说明书。

(2) 如果机器人及控制柜上的警示牌模糊不清，请清理此警示牌，以便能被正确辨认。

另请注意某些地方法规的规定，如安全警示牌不在适当的位置上，可能会被禁止该设备的使用。

(3) 绝不要对机器人或控制柜做任何改动。

不遵守此警示会引起火灾、电力故障或操作错误，以致造成设备损坏及人身伤亡。

4. 废弃机器人的注意事项

(1) 废弃机器人必须遵照国家及地方的法律和有关规定。

(2) 废弃前即使是临时地保管，也应将机器人固定牢靠以防止倾倒，否则可能会由于机器人摔倒而造成伤害。

5. 不可使用机器人的应用场合

不管机器人应用于何种领域，机器人在使用中都应避免出现在以下场合：

(1) 易燃环境。

(2) 有爆炸可能而未采取防护的环境。

(3) 有强电磁干扰场合。

(4) 有水或其他液体浸泡的环境。

(5) 需攀附场合。

(6) 以运送人或动物为目的的场合。

任务 2.2　ABB 工业机器人组成、硬件连接及开关机

2.2.1　ABB 工业机器人组成

机器人工作站是指使用一台或多台机器人，配以相应的周边设备，用于完成某一

特定工序作业的独立生产系统，也称为机器人工作单元。一个完整的机器人工作站包括机器人本体、机器人控制装置（包括机器人控制柜、机器人示教器）以及机器人周边设备等，如图 2.2.1 所示。

工业机器人主要由三部分组成：机器人本体、控制柜和示教器，如图 2.2.2 所示。

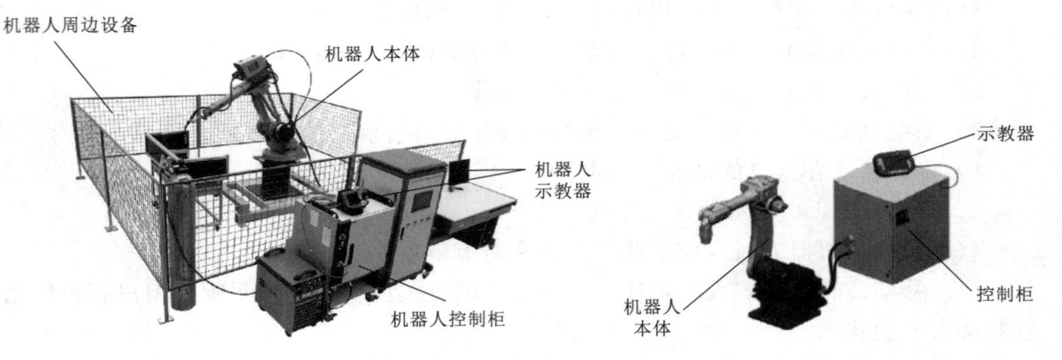

图 2.2.1 ABB 工业机器人系统组成　　图 2.2.2 工业机器人组成

1. 机器人本体

机器人本体又称操作机，是工业机器人的机械主体，是用来完成各种作业的执行机构，它主要由机械臂、驱动装置、传动单元及内部传感器等部分组成，如图 2.2.3 所示。

图 2.2.4 为六轴机器人，类似于人的手臂，共包含 6 个关节轴，共需要 6 个伺服电机和减速器来驱动 6 个关节进行旋转运动。

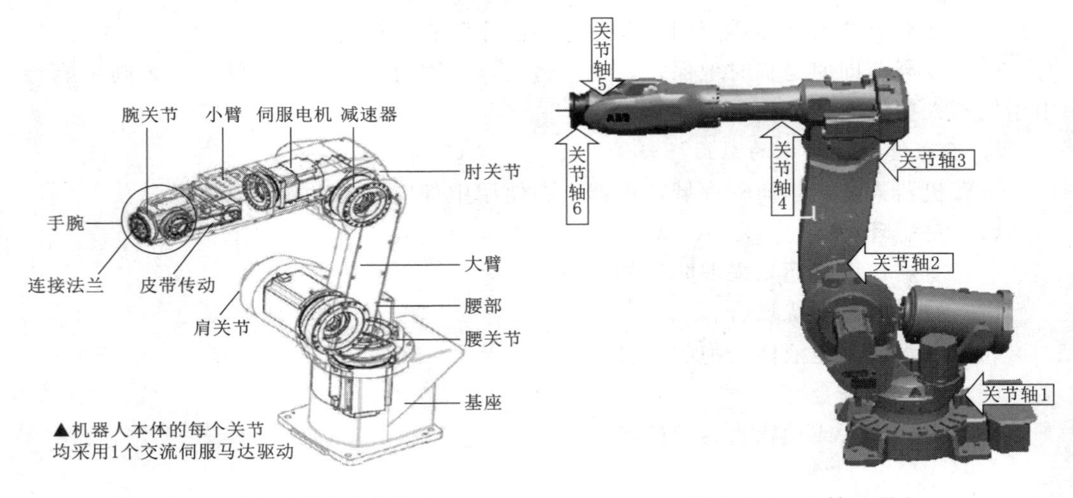

图 2.2.3 工业机器人本体组成　　图 2.2.4 六轴机器人

这 6 个轴从下至上依次为关节轴 1、关节轴 2、关节轴 3、关节轴 4、关节轴 5、关节轴 6。

关节轴 1、关节轴 2、关节轴 3 通常用于确定机器人末端执行器的位置，这 3 轴称为基本轴，其中关节轴 1 控制本体回旋、关节轴 2 控制大臂运动、关节轴 3 轴控制小臂运动。

关节轴 4、关节轴 5、关节轴 6 则通常用于确定机器人末端执行器的姿态，这三个轴被称为手腕轴。

2. 机器人控制柜

机器人控制柜是用来控制工业机器人按规定要求动作，是机器人的核心部分，类似于人类的大脑，控制着机器人的全部动作，图 2.2.5 为一款紧凑型控制柜。

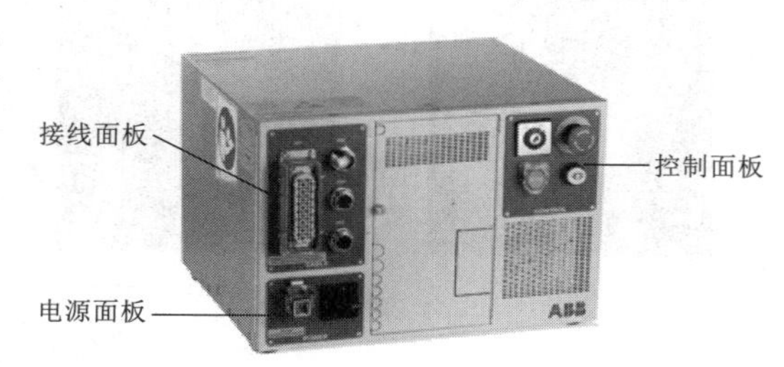

图 2.2.5　紧凑型控制柜

首先我们来看一下控制面板及其功能说明，如图 2.2.6 所示。

紧急停止按钮：当机器人遇到紧急情况的时候，我们按下紧急停止按钮，通过切断伺服电源立刻停止机器人和外部轴操作。一旦按下，开关保持紧急停止状态；需要恢复时，顺时针方向旋转该按钮就会弹起，解除紧急停止状态。

（a）紧急停止按钮

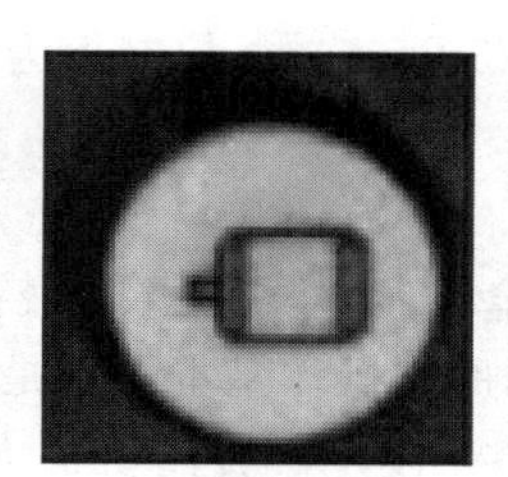

（b）上电/复位按钮

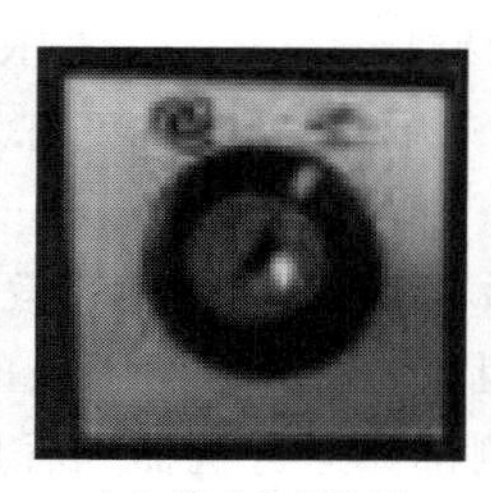

（c）模式选择旋钮

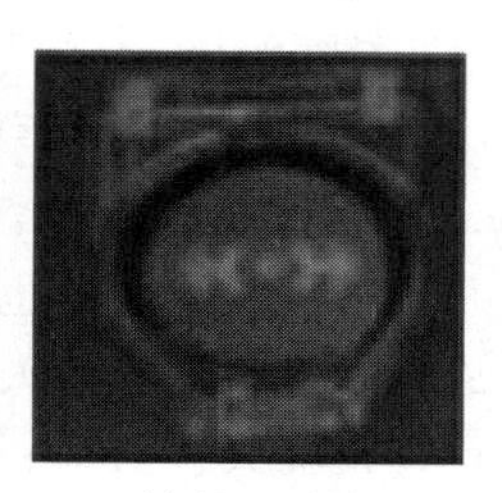

（d）制动闸释放按钮

图 2.2.6　控制面板及其功能说明

上电/复位按钮：按下后，就会把电力输送给机器人本体，这样机器人才可以运动。当将机器人切换到自动状态时，在示教器上单击“确定”后，还需要按下这个按钮，机器人才会进入自动运行状态；发生故障时，使用该按钮对控制器内部状态进行复位。

模式选择旋钮：中型和大型工业机器人一共有三种模式，自动、手动限速、手动全速。一般使用前两种模式，一般不用第三种手动全速模式，除非经过严格的技能培训，对 ABB 机器人非常了解，能够非常熟练操控的时候才用第三种手动全速模式。实验室用的 IRB120 是小型机器人，它只有两种模式：自动和手动，这里的手动指的是手动限速。

制动闸释放按钮：当按下此按钮，机器人的制动闸会解除，机械臂可能会跌落。

控制柜接线面板如图 2.2.7 所示。

XS4：示教器电缆接口，连接机器人示教器。

XS41：外部电缆接口，连接外部轴电缆信号时使用。

XS2：编码器电缆接口，连接外部编码器。

XS1：动力电缆接口，连接机器人驱动器。

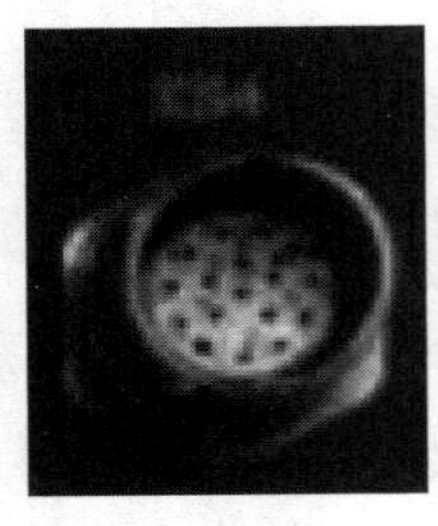

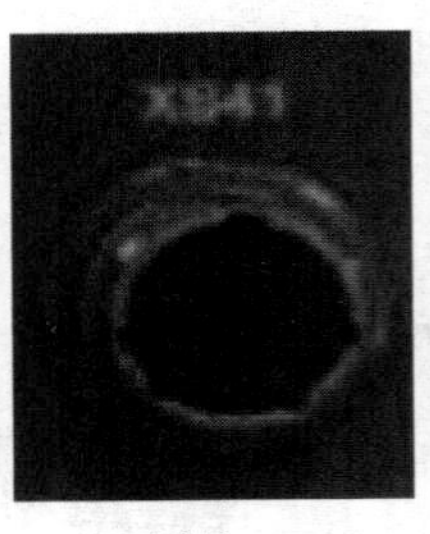

XS4　　XS41　　XS2　　XS1

图 2.2.7　控制柜接线面板

电源电缆接口　　电源开关

图 2.2.8　控制柜电源面板

控制柜电源面板，如图 2.2.8 所示。

电源电缆接口：控制器供电接口。

电源开关：控制器电源开关（ON：开；OFF：关）逆时针旋转就是关闭，顺时针旋转就是开启。

以 IRC5 Compact 控制柜为例，控制柜背面的接口如图 2.2.9 所示。

3. 机器人示教器

机器人示教器也称示教编程器或示教盒，示教器主要由液晶屏幕和操作按键组成。它是机器人的人机交互接口，机器人的所有操作基本上都是通过它来完成的，如点动机器人；编写、测试和运行机器人程序；设定、查阅机器人状态设置和位置等，如图 2.2.10 所示。

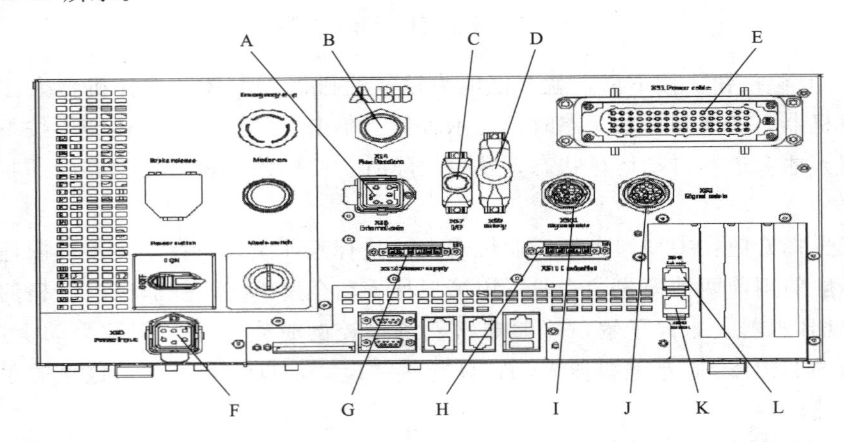

图 2.2.9　IRC5 Compact 控制柜

A—附加轴，电源电缆连接器；B—FlexPendant 连接器；C—I/O 连接器；D—安全连接器；
E—电源电缆连接器；F—电源输入连接器；G—电源连接器；H—DeviceNet 连接器；
I—信号电缆连接器；J—信号电缆连接器；K—轴选择器连接器；
L—附加轴，信号电缆连接器

2.2.2 ABB工业机器人的硬件连接

以ABB的IRB120本体接口为例来学习ABB工业机器人硬件连接。

图2.2.10 ABB工业机器人示教器

1. IRB120本体的连接接口说明

IRB120机器人本体底座接口位置如图2.2.11所示。

IRB120机器人本体底座接口包含动力电缆接口、编码器电缆接口，4路集成气源接口和10路集成信号接口。

IRB120机器人本体上臂接口说明如图2.2.12所示。

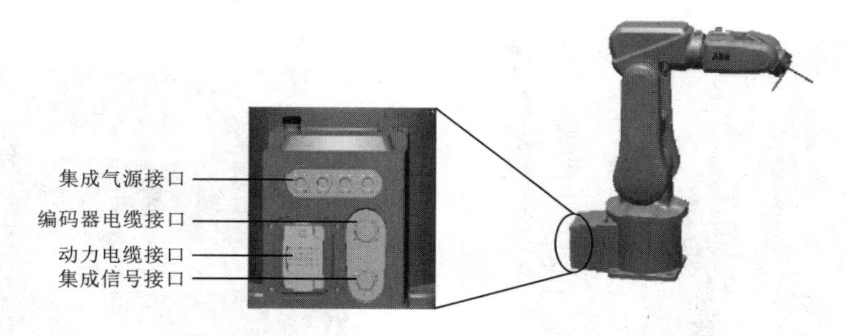

图2.2.11 IRB120机器人本体底座接口说明

IRB120机器人本体上臂接口包含4路集成气源接口和10路集成信号接口。

2. 控制柜与本体的连接

(1) 如图2.2.13所示，机器人本体与控制柜之间的连接主要是电动机动力电缆与转数计数器电缆的连接。

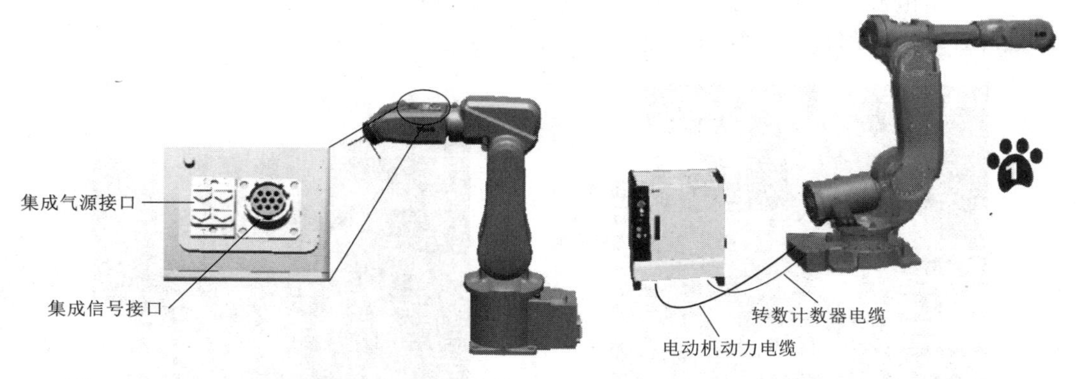

图2.2.12 IRB120机器人本体上臂接口说明　　图2.2.13 机器人本体与控制柜连接方式

(2) 如图2.2.14，转数计数器电缆连接到机器人本体底座接口。

(3) 转数计数器电缆连接到控制柜接口，如图2.2.15所示。

(4) 电动机动力电缆连接到机器人本体底座接口，如图2.2.16所示。

(5) 电动机动力电缆连接到控制柜接口，如图2.2.17所示。

图 2.2.14 转数计数器与机器人本体底座连接

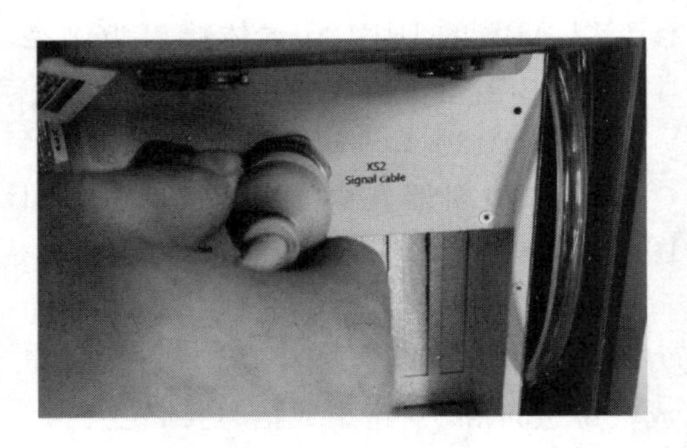

图 2.2.15 转数计数器与控制柜接口连接方法

图 2.2.16 电动机动力电缆与机器人本体底座连接方法

图 2.2.17 电动机动力电缆与控制柜连接方法

(6) 主电源电缆从此接口接入，如图 2.2.18 所示。

(7) 示教器连接到控制柜，如图 2.2.19 所示。

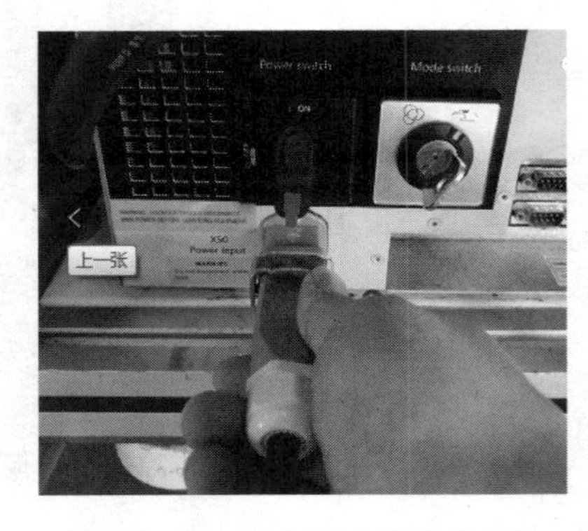

图 2.2.18 主电源电缆连接方法

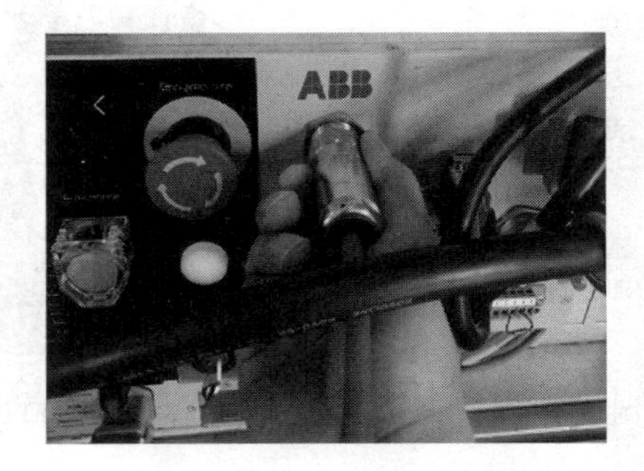

图 2.2.19 示教器与控制柜的连接方法

(8) 控制柜接口连接完成，如图 2.2.20 所示。

(9) 机器人本体底座接口连接完成，如图 2.2.21 所示。

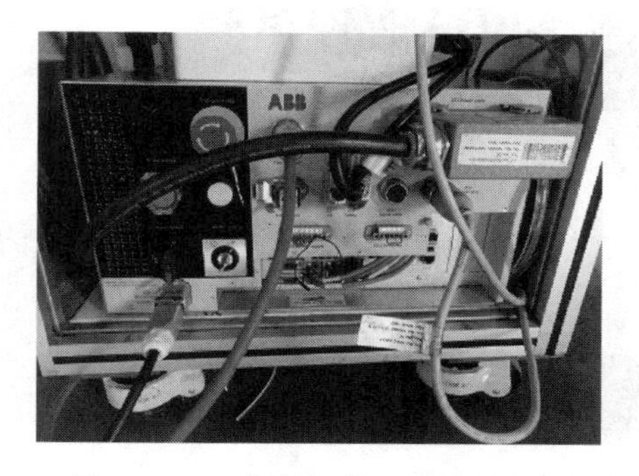

图 2.2.20　控制柜接口连接示意图

图 2.2.21　机器人本体底座接口连接示意图

2.2.3　ABB 工业机器人的启动、关闭与重启

1. ABB 工业机器人的启动

在确定符合开机条件后（比如各处螺栓、运动部件、安全防护装置等都完好；周边设备的状态和周边的环境，电源连接等都符合开机条件后）顺时针旋转控制柜上的电源开关将其转到 ON 挡，同时，一般需要将机器人的运行模式打到手动模式，至此就完成了机器人的开机，如图 2.2.22 所示。

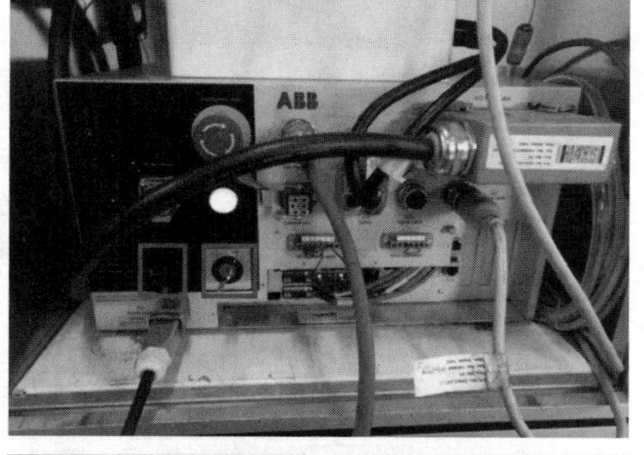

图 2.2.22　ABB 工业机器人的启动

2. ABB 工业机器人的关闭

首先，需要将机器人通过示教器操作恢复到初始状态，如图 2.2.23 所示。

注意：关机需要一段时间，要等到示教器屏幕熄灭、控制柜风扇停止转动后，才能旋转开关旋钮到 OFF。

在软件中，当示教器关机后，旋钮自动旋转到 OFF。但是真实机器人是需要手动旋转的。

3. ABB 工业机器人的重启

ABB 工业机器人重启方式一共 4 种，最简单的是热启动（图 2.2.24），其相当于电脑的重启，此外还有些高级的重启比如 I -启动、P -启动、B -启动。

I -启动：把机器人中我们编写的程序、配置的 I/O 信号等全部删除，机器人恢复到最原始的出厂设置。

P -启动：删除所有 RAPID 程序。

B -启动：上一次的正常状态，比如，上一次机器人可以正常运行，但这次就出现问题了，那么选择 B 启动就把机器人恢复到最近的一次无错状态。

在软件中可以进行快速的重启，但真实机器人只能使用示教器进行重启。

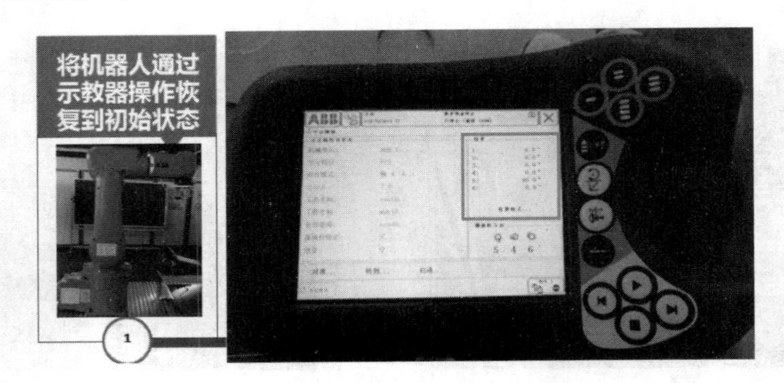

图 2.2.23 ABB 工业机器人的关闭

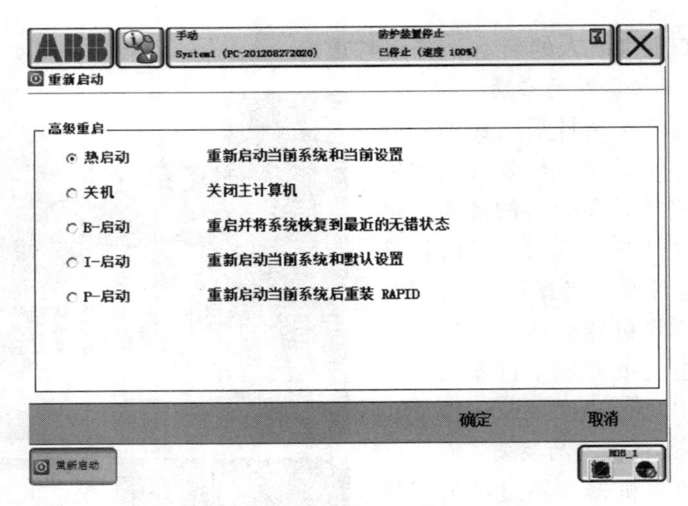

图 2.2.24 ABB 工业机器人的重启

初识示教器

任务 2.3 初 识 示 教 器

操作工业机器人，就必须和机器人示教器打交道，本任务主要了解 ABB 工业机器人示教器的基本结构。

2.3.1 什么是示教器

示教器是进行机器人的手动操纵、程序编写、参数配置以及监控的手持装置，也是最常打交道的机器人控制装置，如图 2.3.1 所示。

图 2.3.1 ABB 工业机器人示教器

ABB 工业机器人有两种工作模式：

(1) 手动模式：在手动模式下，可以进行系统参数设置、程序的编辑、手动控制机器人运动。

(2) 自动模式：机器人调试好后投入运行的模式，此模式下示教器大部分功能被禁用。

2.3.2 示教器的主要组成

ABB 工业机器人示教器正面如图 2.3.2 所示。

ABB 工业机器人示教器背面如图 2.3.3 所示。

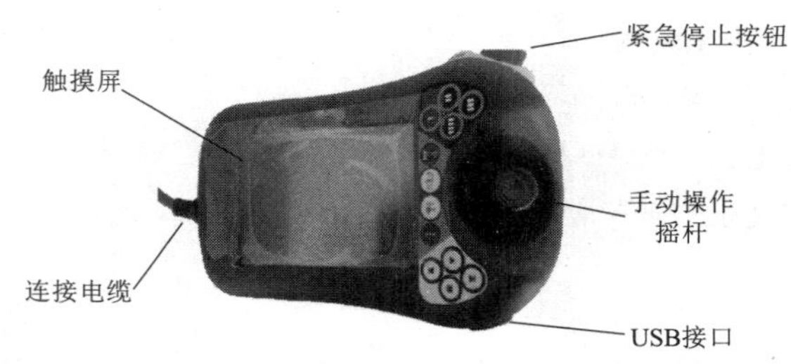

图 2.3.2 ABB 工业机器人示教器正面

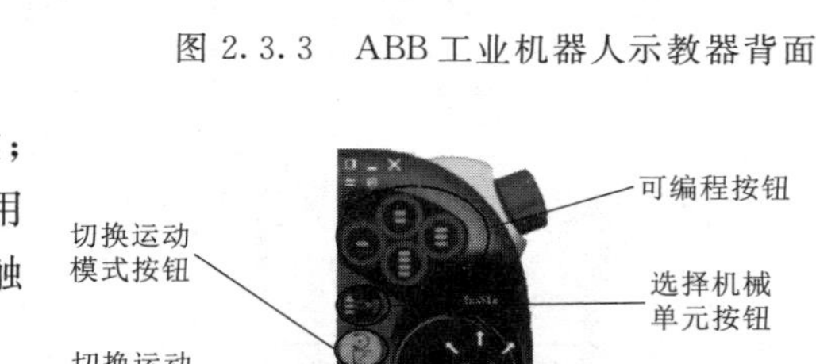

图 2.3.3 ABB 工业机器人示教器背面

使能按钮使用时需从侧面按压此按键；由于示教器的显示屏为电阻屏，故可以用触摸笔进行点击，一个示教器配有 2 支触摸笔；重置按钮可以复位我们的示教器。

2.3.3 示教器操作按钮

示教器操作按钮如图 2.3.4 所示。

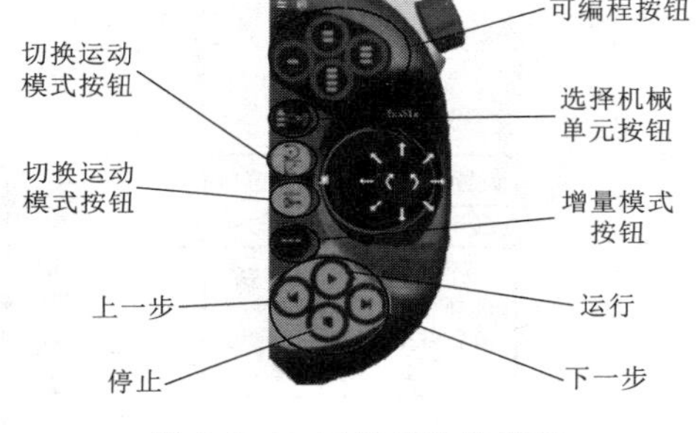

图 2.3.4 示教器操作按钮

功能区域的右上角为预设按钮，也称可编程按钮，可以通过设置这些按钮实现机器人的输入与输出按钮的功能。

通过按下选择机械单元按钮，可以选择不同的机器人单元。

通过按下切换运动模式按钮，可以实现重定位运动和线性运动的切换。

切换运动模式按钮，可以实现切换 1～3 轴或 4～6 轴的单轴运动。

增量模式按钮可以将机器人切换至增量模式。

右下角四个按钮和播放器的按钮非常相似，主要实现机器人程序运行的方式，如运行、上一步、下一步、停止。

2.3.4 示教器操作界面

ABB 示教器的操作界面，如图 2.3.5 所示。

ABB 示教器的操作界面包含了机器人参数设置、机器人编程及系统相关设置等功能。比较常用的包括输入输出、手动操纵、程序编辑器、程序数据、校准和控制面板。操作界面上的是状态栏，状态栏中会显示系统名称、机器人运动模式、电机的开启状态和速度等信息。

下面逐一说明各选项的含义，如图 2.3.6 所示。

HotEdit：是对编程位置进行调解的一项功能，该功能可在所有操作模式下运行，包括程序正在运行的情况，坐标和方向均可调节。

输入输出：设置及查看 I/O 视图窗口。

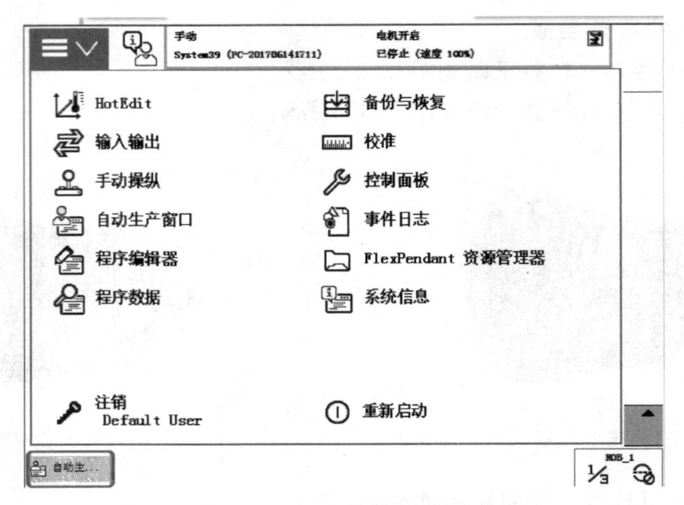

图 2.3.5 ABB 示教器的操作界面

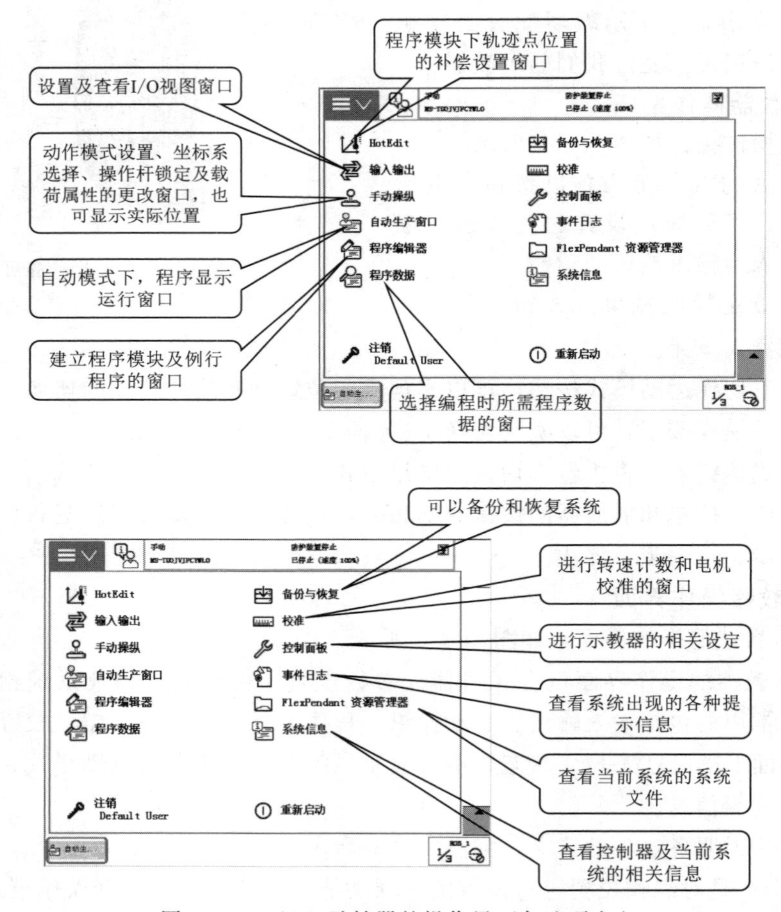

图 2.3.6 ABB 示教器的操作界面各选项含义

手动操纵：用于动作模式设置、坐标系选择、操纵杆锁定及载荷属性的更改窗口。

自动生产窗口：在自动模式下可直接调试程序并运行。

程序编辑器：建立程序模块及例行程序的窗口。

程序数据：选择编程时所需程序数据的窗口。

备份与恢复：可以备份和恢复系统。

校准：进行转速计数和电机校准的窗口。

控制面板：是进行示教器的相关设置。

事件日志：用于查看系统出现的各种提示信息。

Flexpendant 资源管理器：类似 Windows 资源管理器，资源管理器也是一个文件管理器，通过它可以查看控制器上的文件系统，也可以重新命名删除和移动文件以及文件夹。

系统信息：查看控制器及当前系统的相关信息。

2.3.5 ABB 工业机器人控制面板

ABB 工业机器人控制面板如图 2.3.7 所示。ABB 工业机器人的控制面板，包含了对机器人和示教器进行设定的相关功能。

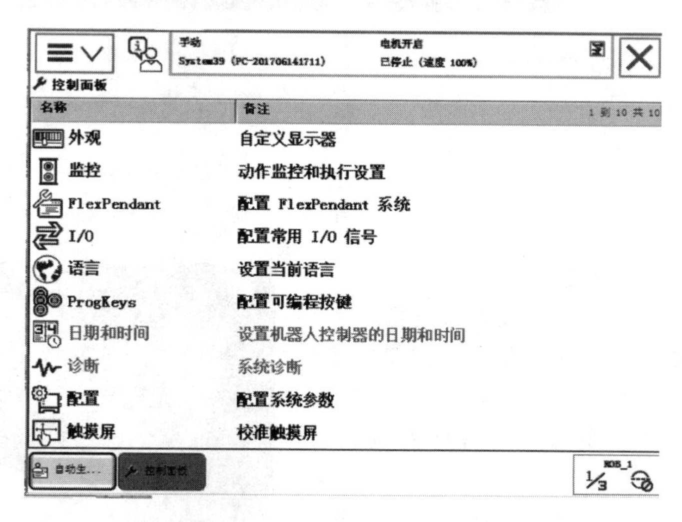

图 2.3.7 ABB 工业机器人控制面板

外观：可自定义显示器的亮度和设置左手或右手的操作习惯。

监控：用于动作碰撞监控设置和执行设置。

FlexPendant：示教器操作特性的设置。

I/O：配置常用的 I/O 列表（在输入/输出选项中显示）。

语言：用于控制器当前语言的设置。

ProgKeys：为指定输入/输出信号配置快捷键与示教器上的 1234 按键配合使用。

日期和时间：用于控制器上的日期和时间设置。

诊断：创建诊断文件。

配置：用于系统参数配置。

触摸屏：用于触摸屏重新校准。

示教器的使用与配置

任务 2.4 示教器的使用与配置

2.4.1 如何手持示教器

将示教器放在左手上，然后用右手进行屏幕和按钮的操作。

此款示教器是按照人体工程学进行设计的，同时适合左撇子操作，只要在屏幕中进行切换就能适应左撇子的操作习惯，如图 2.4.1 所示。

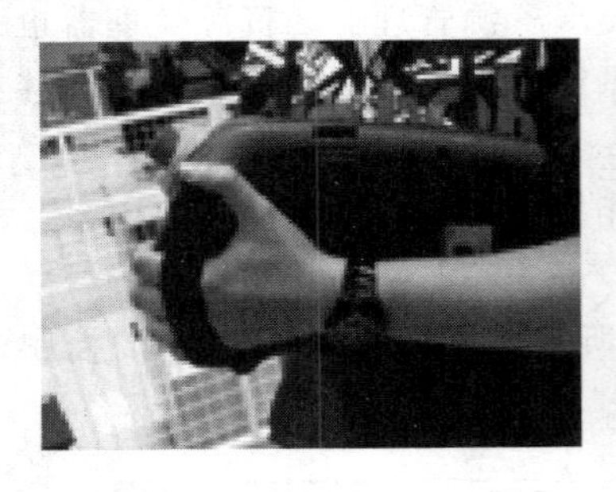

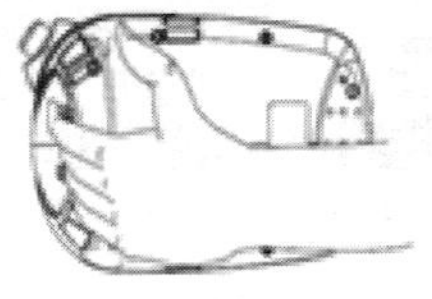
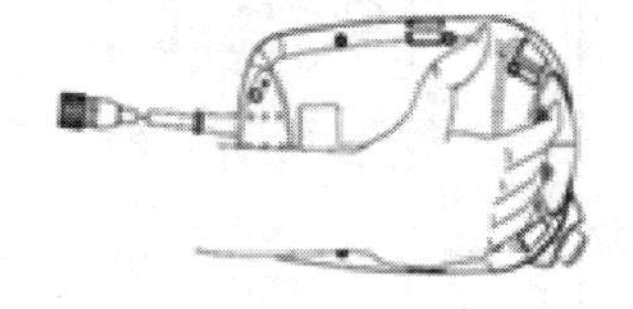

图 2.4.1 手持示教器

2.4.2 使能键的正确使用

使能器按钮是工业机器人为保证操作人员人身安全而设置的。只有在按下使能器按钮，并保持在“电动机开启”的状态，才可以对机器人进行手动的操作与程序的调试，如图 2.4.2 所示。

当发生危险时，人会本能地将使能器按钮松开或抓紧，机器人则会马上停下来，保证安全。

使能器按钮位于示教器手动操作摇杆的右侧，操作者应用左手的手指进行操作。

使能按钮分两挡，在手动状态下，第一挡按下去，机器人将处于电机开启状态，如图 2.4.3 所示。

在手动状态下，在第二挡时，机器人就应该处于防护装置停止状态，如图 2.4.4 所示。

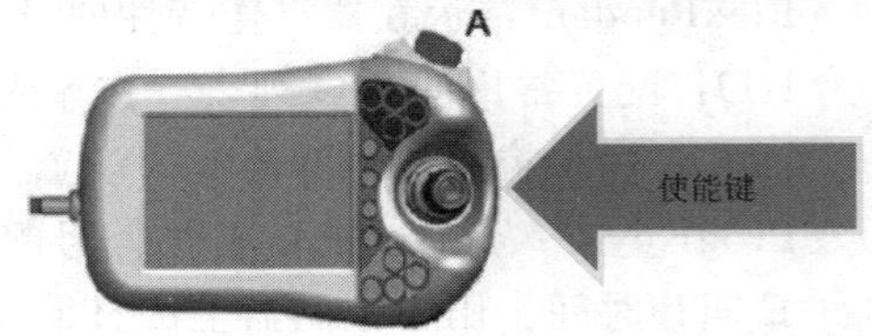

图 2.4.2 使能键的正确使用

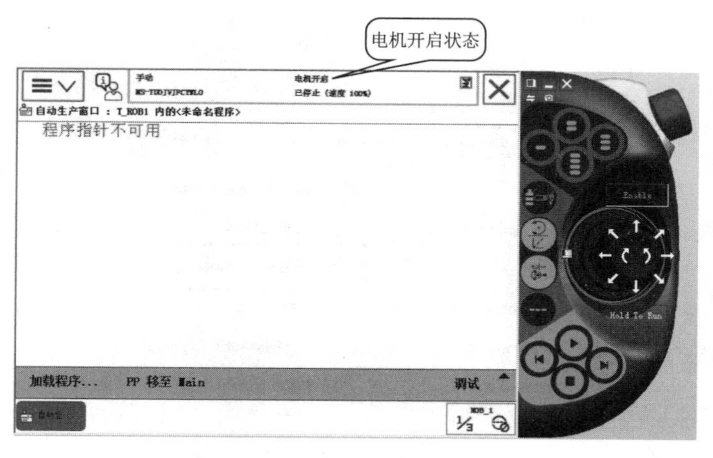

图 2.4.3 电机开启状态

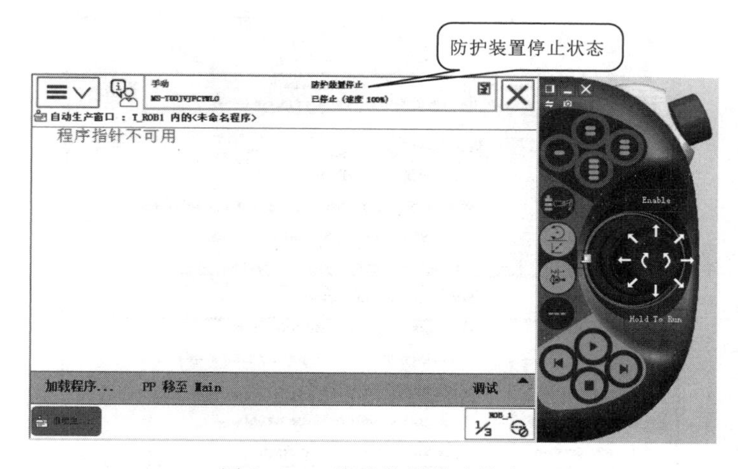

图 2.4.4 防护装置停止状态

2.4.3 操纵杆的使用

我们可以将机器人的操纵杆比作汽车的油门，操纵杆的操纵幅度是与机器人的运动速度相关的，操纵幅度较小则机器人运动速度较慢，操纵幅度较大则机器人运动速度较快，所以大家在操纵的时候，尽量以操纵小幅度使机器人慢慢运动，开始我们的手动操纵学习，如图 2.4.5 所示。

图 2.4.5 操纵杆的使用

2.4.4 更改示教器语言

示教器出厂时默认设置语言为英文，为了方便使用，首先改成中文。

进入 ABB 主菜单，可以看到下拉菜单里面全都是英文菜单，在设置机器人的示教器的语言的时候，找到 Control Panel 并单击“Language”进行设置，如图 2.4.6 所示。

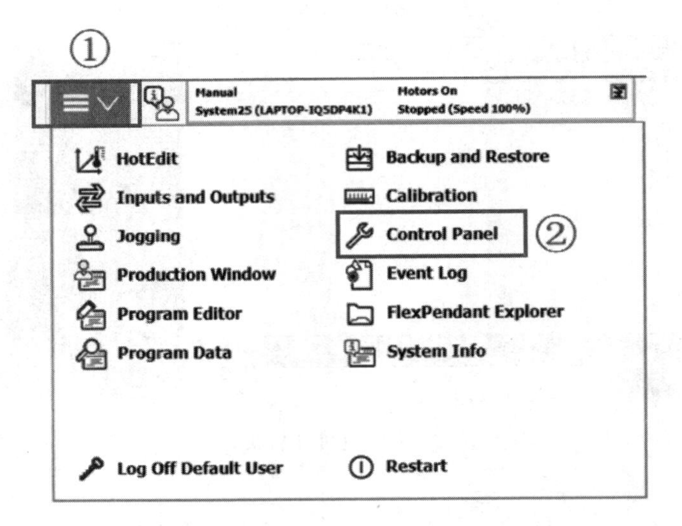

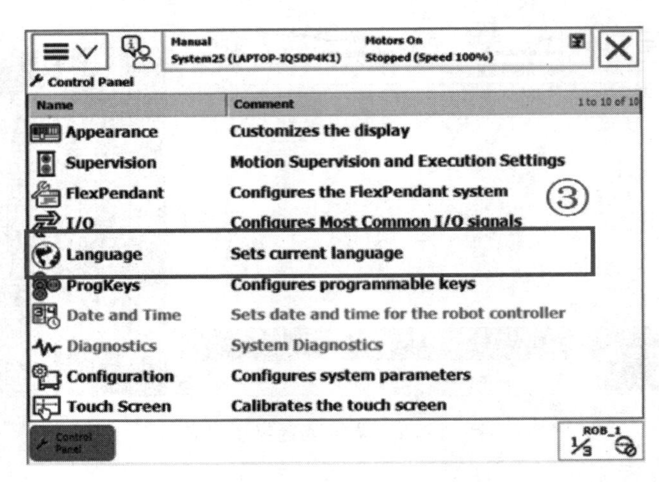

图 2.4.6　示教器语言的设置（1）

但是如果直接单击设置的话应该会报错，因为此时的机器人是处在自动模式，设置的时候应该在手动模式下进行设置，所以我们需要将示教器的自动模式调整为手动模式，然后再单击语言的设置，那么就可以弹出语言的选择，这个地方有国旗，选择中文，可选择第一个 Chinese，单击“OK”即可，如图 2.4.7 所示。

设置完成以后，一般需要将机器进行重启。重启后已经变中文界面了。在使用过程中，示教器重启的过程会比较长，大概需要 3～5min，如果是配置机器人的内部设置的话，可以将各个配置都设置好以后，然后再重启示教器。

2.4.5　设定示教器的显示时间

为了方便进行文件的管理和故障的查阅与管理，在进行机器人操作之前要将机器人系统的时间设定为本地区的时间，具体操作步骤如下：

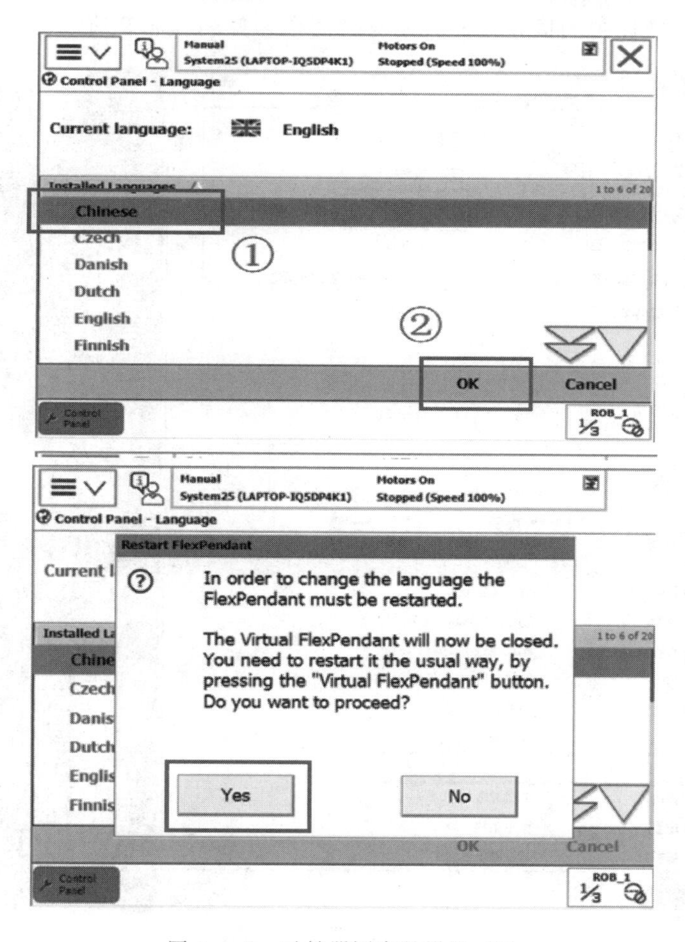

图 2.4.7　示教器语言的设置（2）

第 1 步：在主菜单页面中，单击 ABB 主菜单的下拉菜单，如图 2.4.8 所示。

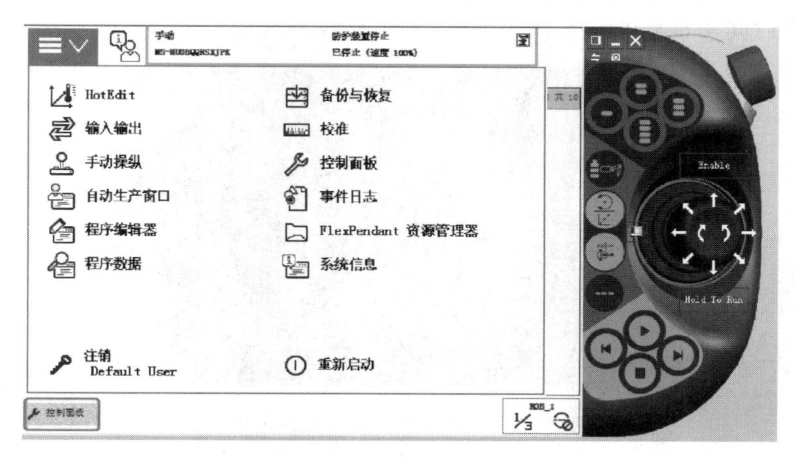

图 2.4.8　调用 ABB 主菜单的下拉菜单

第 2 步：选择控制面板，选择日期与时间栏，如图 2.4.9 所示。

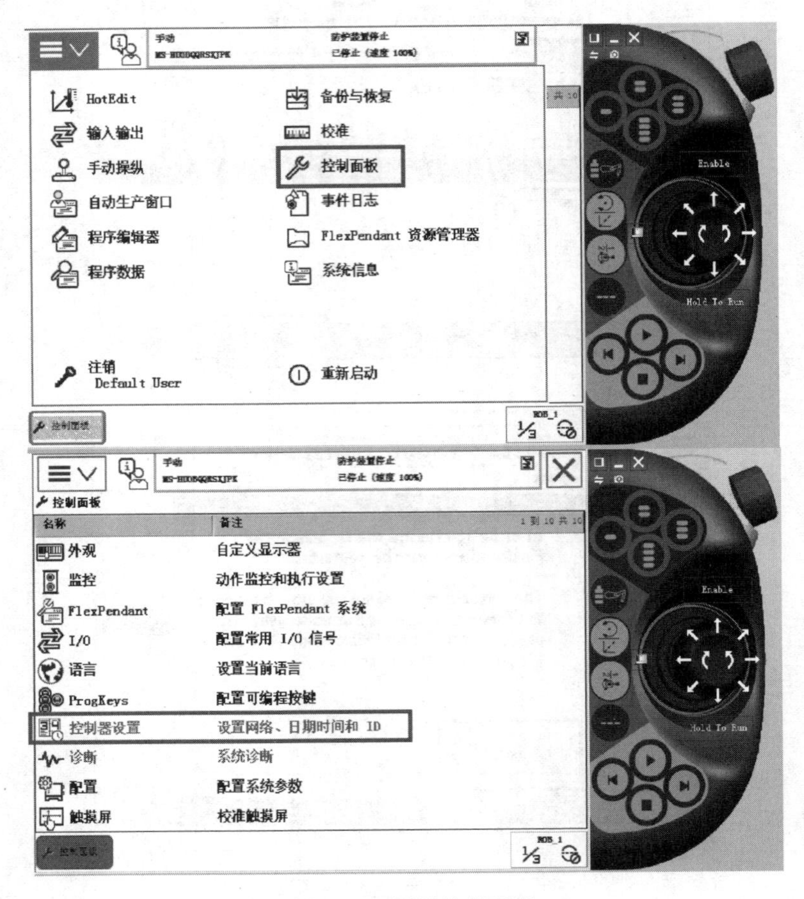

图 2.4.9　调用控制面板

第 3 步：对时间和日期进行设定，时间和日期修改完成后，单击“确定”按钮，完成机器人时间和日期的设定，如图 2.4.10 所示。

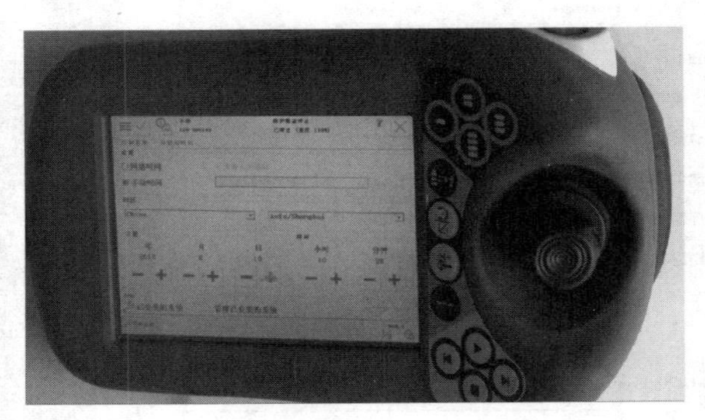

图 2.4.10　机器人时间和日期的设定

第 4 步：单击“OK”按钮，系统重新启动，如图 2.4.11 所示。

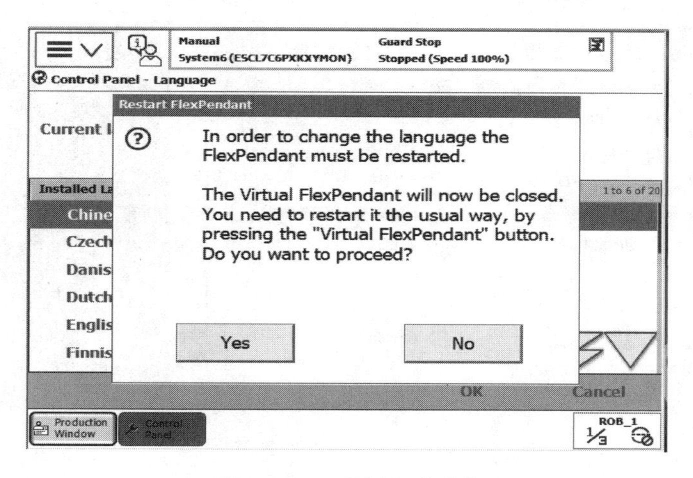

图 2.4.11 重新启动系统

任务 2.5 ABB 工业机器人数据备份与恢复

ABB 工业机器人数据备份与恢复

定期对 ABB 工业机器人的数据进行备份，是保证 ABB 工业机器人正常操作的良好习惯。ABB 工业机器人数据备份的对象是所有正在系统内存中运行的 RAPID 程序和系统参数。当机器人系统出现错误或重新安装系统后，可以通过备份快速地把机器人恢复到备份时的状态。

进行机器人系统的备份与恢复操作时，若机器人系统数据是备份到 USB 存储设备中，或者从 USB 存储设备中恢复到机器人系统中，都需要先将 USB 存储设备（例如 U 盘）插入示教器的 USB 端口，如图 2.5.1 所示。

图 2.5.1 ABB 工业机器人的数据备份

2.5.1 ABB 机器人数据备份

（1）在示教器操作界面中，单击“备份与恢复”选项，如图 2.5.2 所示。

（2）进入备份与恢复界面，单击“备份当前系统...”，如图 2.5.3 所示。

（3）进入图 2.5.4 所示备份界面中，单击“ABC...”，设置系统备份文件的名称。

单击“...”可以选择存放备份文件的位置（机器人硬盘或 USB 存储设备）。

（4）单击“...”，然后通过单击相应的按钮（图 2.5.5），选择存放备份文件的位置（机器人硬盘或 USB 存储设备）：

1）单击可在当前文件夹中创建新文件夹。

2）单击进入上一级文件夹。

3）显示当前选择的存放路径。

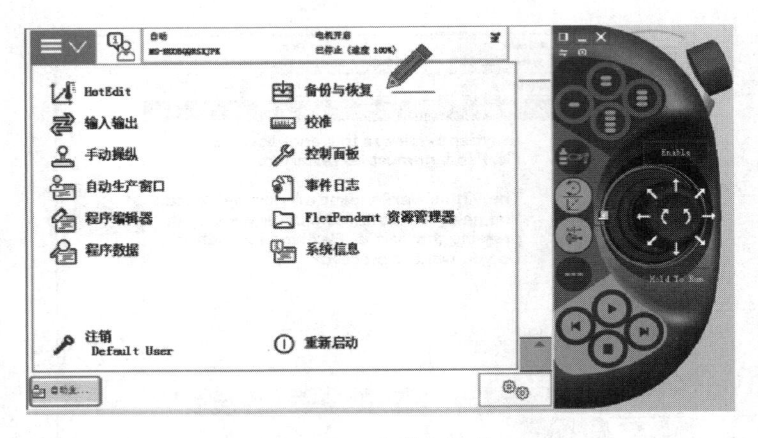

图 2.5.2　备份与恢复

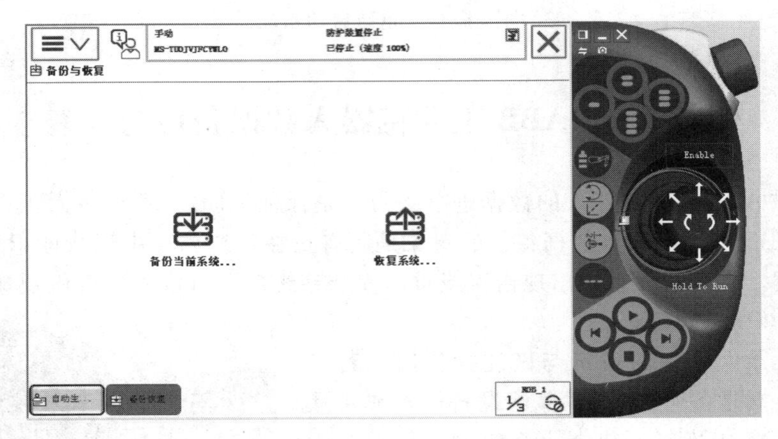

图 2.5.3　备份当前系统

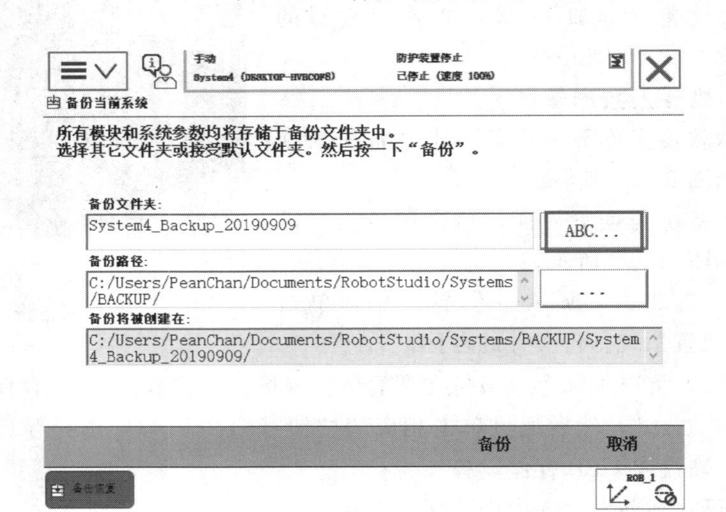

图 2.5.4　备份界面

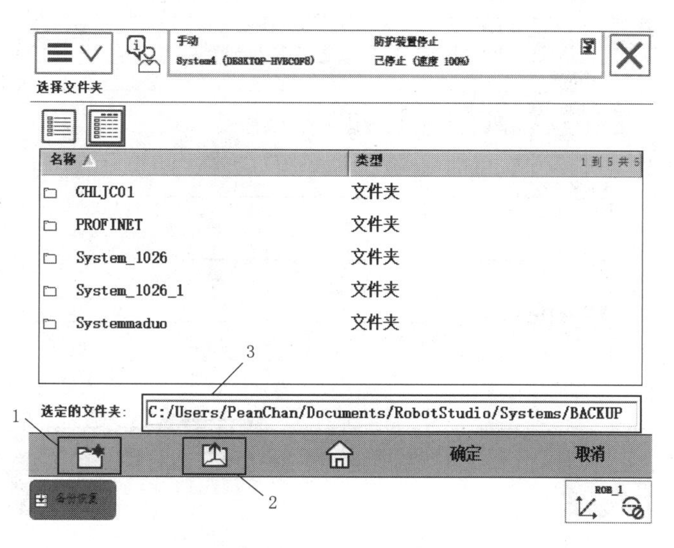

图 2.5.5 备份文件路径选择

（5）确定存放路径后，单击“确定”，如图 2.5.6 所示。

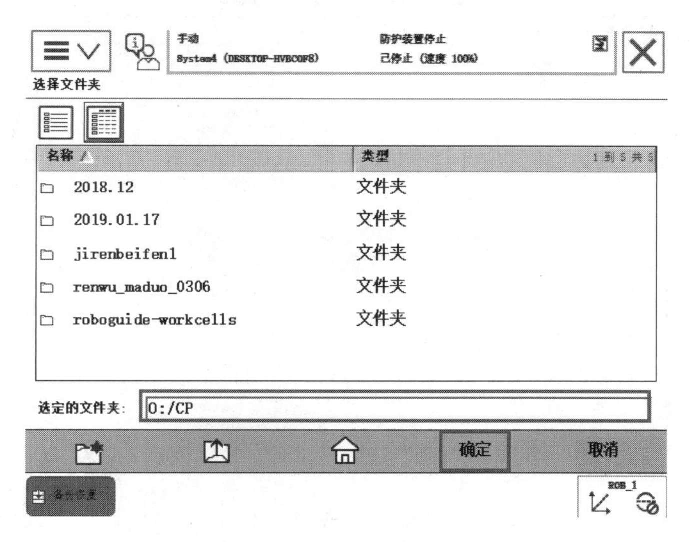

图 2.5.6 确定备份

（6）单击“备份”，开始进行机器人系统的备份，如图 2.5.7 所示。

（7）等待文件备份的完成，直到图示“创建备份。请等待!”界面消失，如图 2.5.8 所示。

（8）备份完成后，返回图示界面，单击“关闭”按钮，关闭备份与恢复界面，到此完成机器人系统的备份，如图 2.5.9 所示。

（9）机器人系统文件被导出保存到 USB 存储设备中，如图 2.5.10 所示。

在示教器上做了机器人备份后，会生成一个文件夹，文件夹起名的方式为时间。

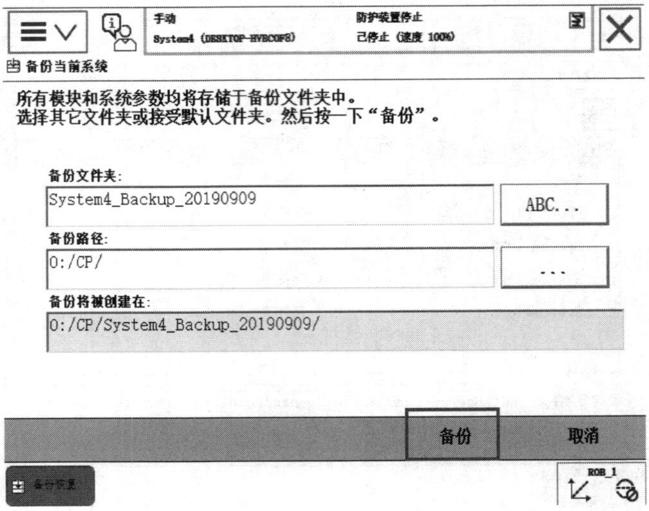

手动
System4 (DESKTOP-HVBCOF8)
防护装置停止
已停止 (速度 100%)
备份当前系统

所有模块和系统参数均将存储于备份文件夹中。
选择其它文件夹或接受默认文件夹。然后按一下“备份”。

备份文件夹:
System4_Backup_20190909
ABC...
备份路径:
0:/CP/
...
备份将被创建在:
0:/CP/System4_Backup_20190909/

备份　取消

ROB_1

图 2.5.7　备份开始

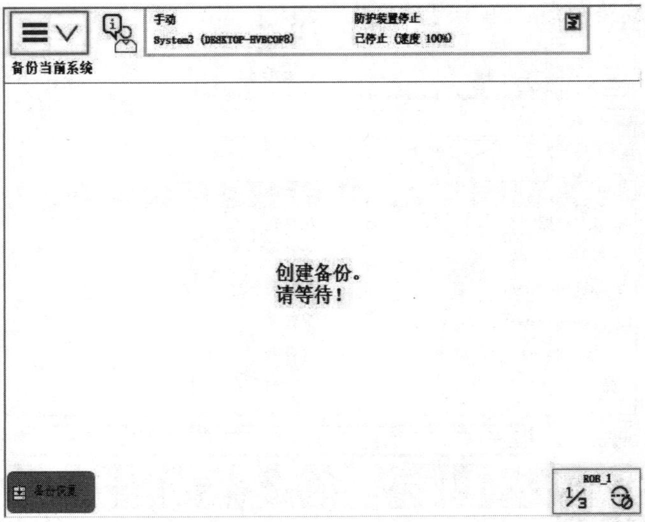

手动
System3 (DESKTOP-HVBCOF8)
防护装置停止
已停止 (速度 100%)
备份当前系统

创建备份。
请等待!

ROB_1
1/3

图 2.5.8　创建备份

2.5.2　ABB 机器人数据恢复

在进行恢复时，要注意的是，备份数据具有唯一性，不能将一台机器人的备份恢复到另一台机器人中去，这样做的话，会造成系统故障。但是，也常会将程序和 I/O 的定义做成通用的，方便批量生产时使用。这时，可以通过分别单独导入程序和 EIO 文件来解决实际的需要。

若机器人系统数据是备份在 USB 存储设备中，则需先将 USB 存储设备（例如 U 盘）插入示教器的 USB 端口，如图 2.5.11 所示。

在示教器操作界面中，单击“备份与恢复”，如图 2.5.12 所示。

手动
System4 (DESKTOP-HVBCOF8)
防护装置停止
已停止 (速度 100%)
备份与恢复
备份当前系统...
恢复系统...
ROB_1

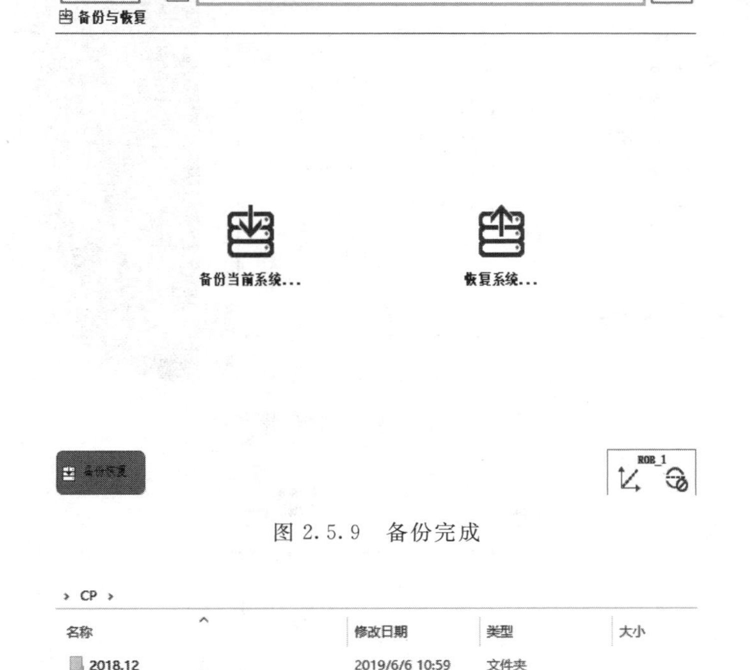

图 2.5.9　备份完成

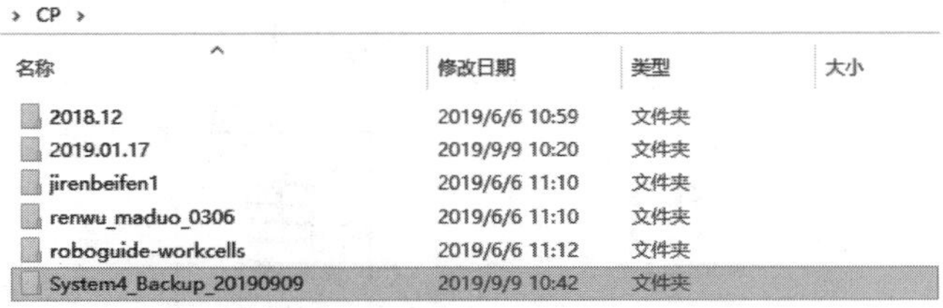

› CP ›
名称
修改日期
类型
大小
2018.12
2019/6/6 10:59
文件夹
2019.01.17
2019/9/9 10:20
文件夹
jirenbeifen1
2019/6/6 11:10
文件夹
renwu_maduo_0306
2019/6/6 11:10
文件夹
roboguide-workcells
2019/6/6 11:12
文件夹
System4_Backup_20190909
2019/9/9 10:42
文件夹

图 2.5.10　保存系统文件

图 2.5.11　示教器的 USB 端口

（1）进入图示备份与恢复界面，单击“恢复系统...”，如图 2.5.13 所示。

（2）单击“...”，选择存放备份文件的位置（机器人硬盘或 USB 存储设备），如图 2.5.14 所示。

（3）通过单击相应的按钮，选择存放备份文件的位置（机器人硬盘或 USB 存储设备），如图 2.5.15 所示：

1）单击可在当前文件夹中创建新文件夹。

2）单击进入上一级文件夹。

3）显示当前选定的文件路径。

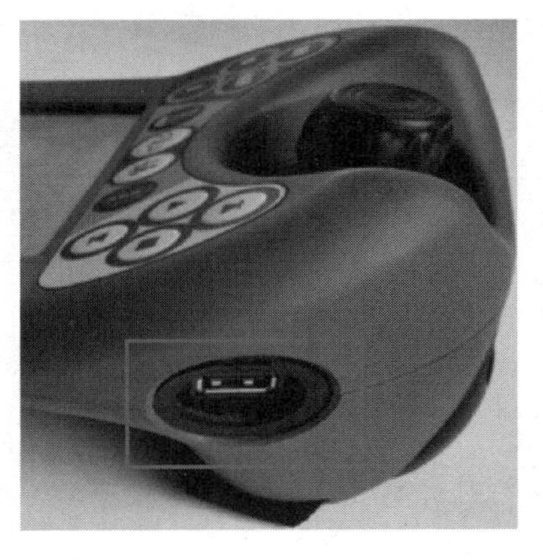

（4）找到系统备份所在的文件，如图 2.5.16 所示。

（5）选择系统备份所在的文件，并单击“确定”，如图 2.5.17 所示。

（6）单击“恢复”，开始进行机器人系统的恢复，如图 2.5.18 所示。

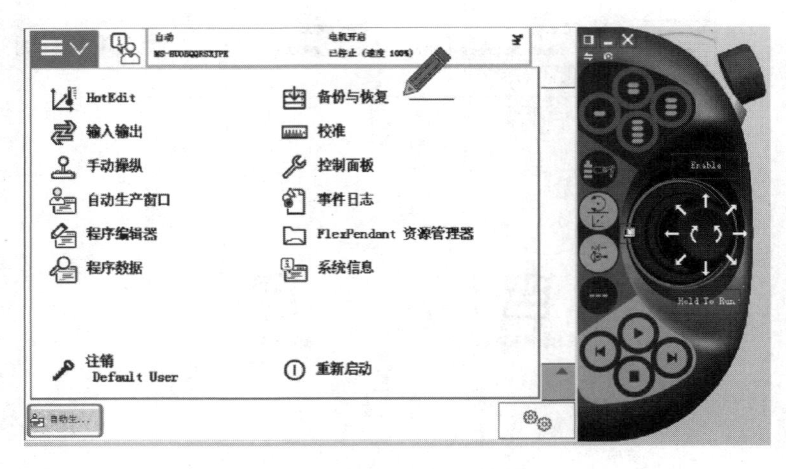

图 2.5.12 备份与恢复窗口

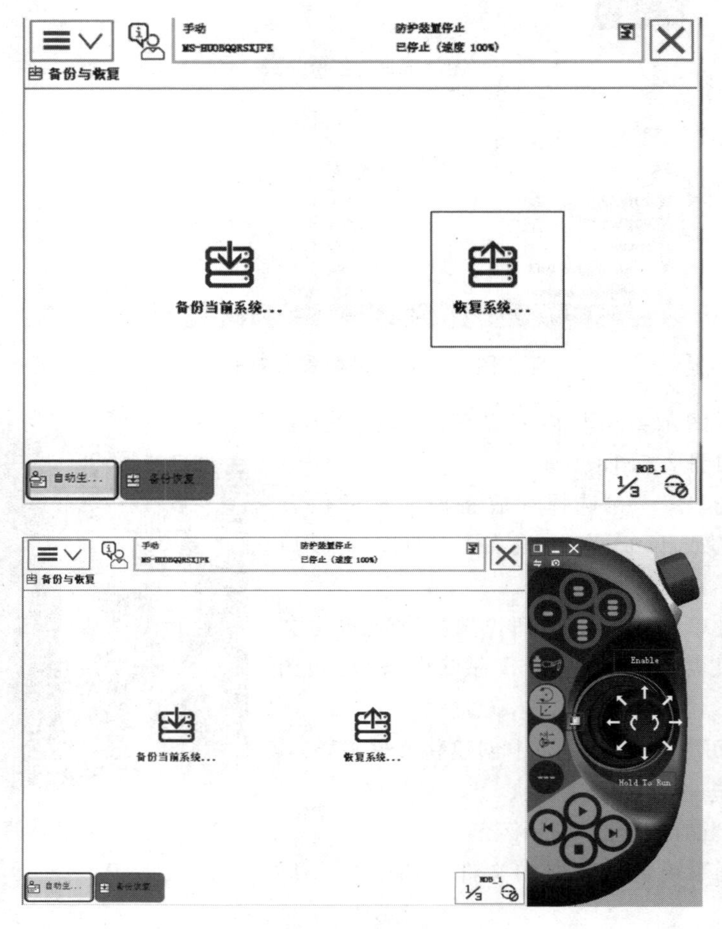

图 2.5.13 恢复系统

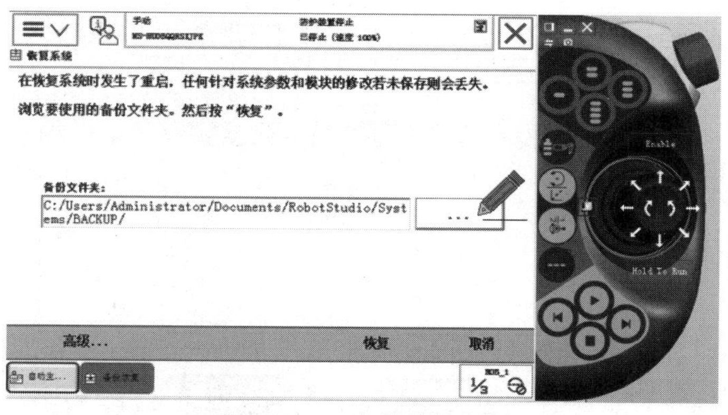

图 2.5.14 备份路径选择

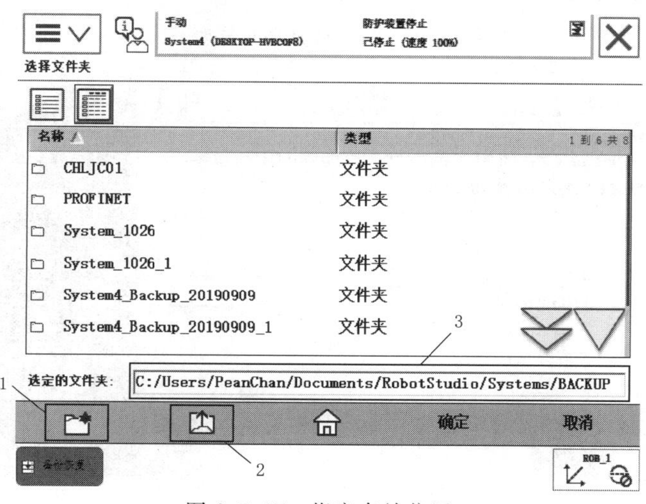

图 2.5.15 指定存放位置

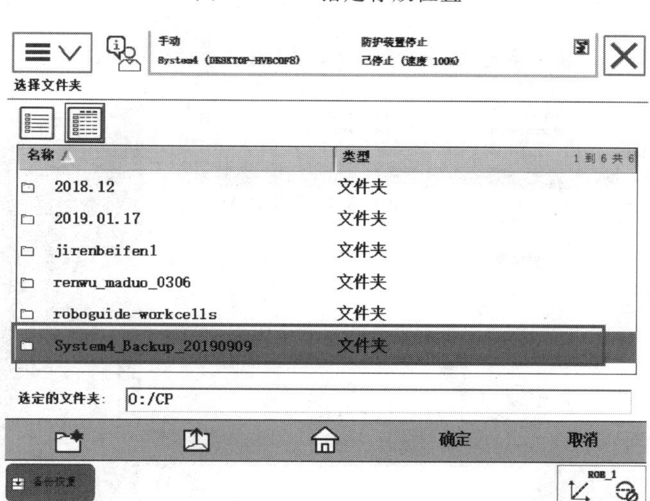

图 2.5.16 系统备份文件

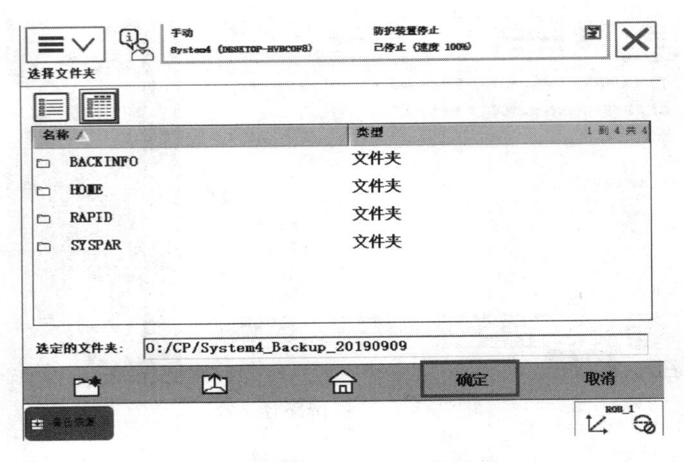

图 2.5.17　确认备份文件

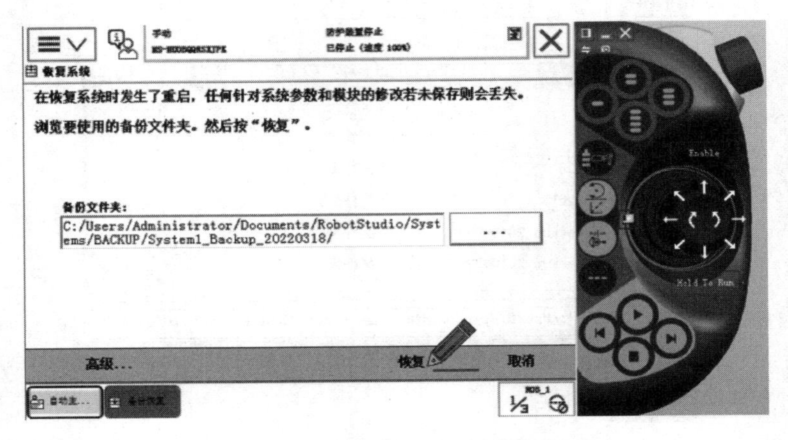

图 2.5.18　开始机器人系统恢复

(7) 单击“是”，继续系统数据的恢复，如图 2.5.19 所示。

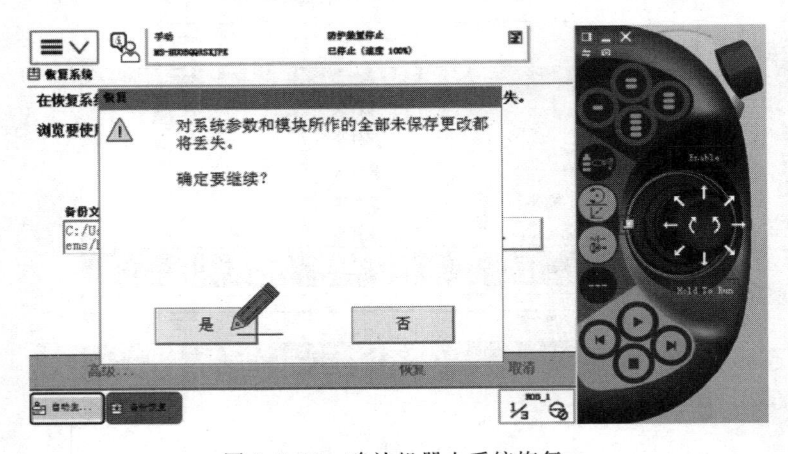

图 2.5.19　确认机器人系统恢复

(8) 出现“正在恢复系统。请等待!”画面。等待过程中，会重新启动机器人控制器，重启后完成机器人系统数据的恢复，如图 2.5.20 所示。

图 2.5.20 机器人系统恢复

任务 2.6 让机器人动起来——ABB 工业机器人手动操纵

手动操纵机器人运动有三种模式：单轴运动、线性运动和重定位运动。本节主要介绍如何手动操纵机器人进行这三种运动。

单轴运动的手动操纵

2.6.1 单轴运动的手动操纵

一般地，ABB 工业机器人是有 6 个伺服电机分别驱动机器人的 6 个关节轴，如图 2.2.4 所示，那么每次手动操纵一个关节轴的运动，就称为单轴运动。

单轴运动时，机器人不以工具中心（TCP）为参照，运动轨迹中机器人末端工具的姿态与位置不可以控制。单轴运动一般适用于手动示教机器人时大范围移动的场景，它可以将机器人快速移动到位，并在移动过程中有效避免遇到机械死点。工业机器人单轴运动操作步骤：

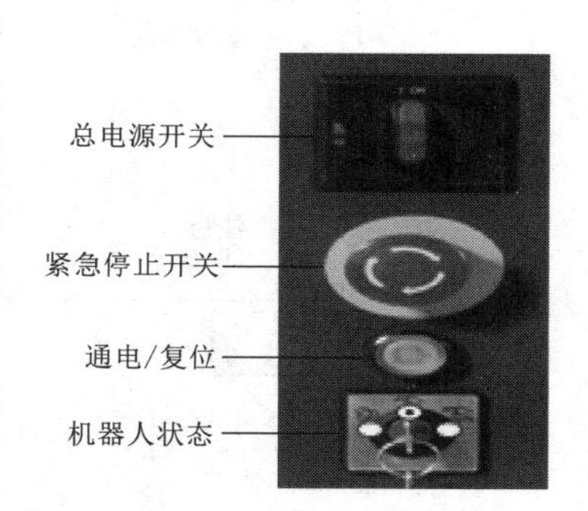

图 2.6.1 手动限速模式

(1) 接通电源，将机器人控制柜上的机器人状态钥匙切换到中间的手动限速状态，如图 2.6.1 所示，并在示教器状态栏中确认机器人的状态已经切换为手动，机器人当前为手动状态。

(2) 单击 ABB 示教器上的主菜单按钮，进入示教器主界面，如图 2.6.2 所示。

(3) 选择“手动操纵”选项，如图 2.6.3 所示。

(4) 在手动操纵的属性界面，单击“动作模式”选项，进入“动作模式”选择界面，如图 2.6.4 所示。

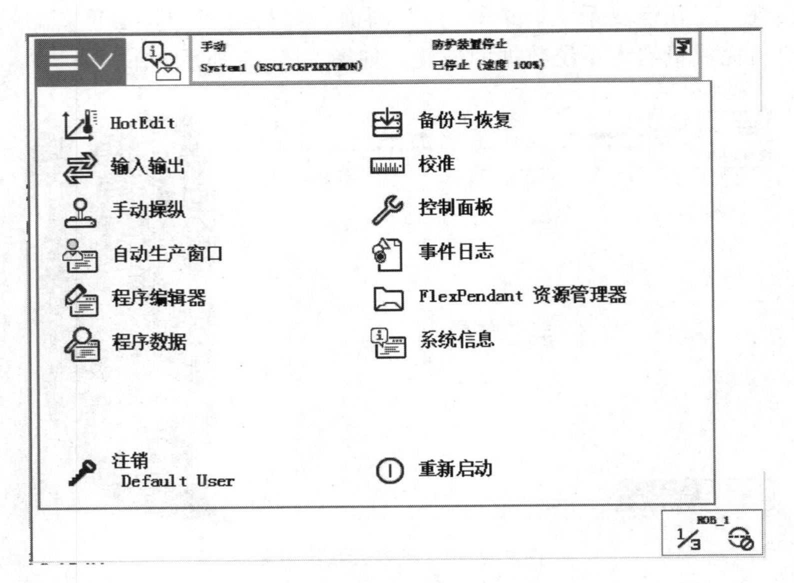

图 2.6.2 示教器主界面

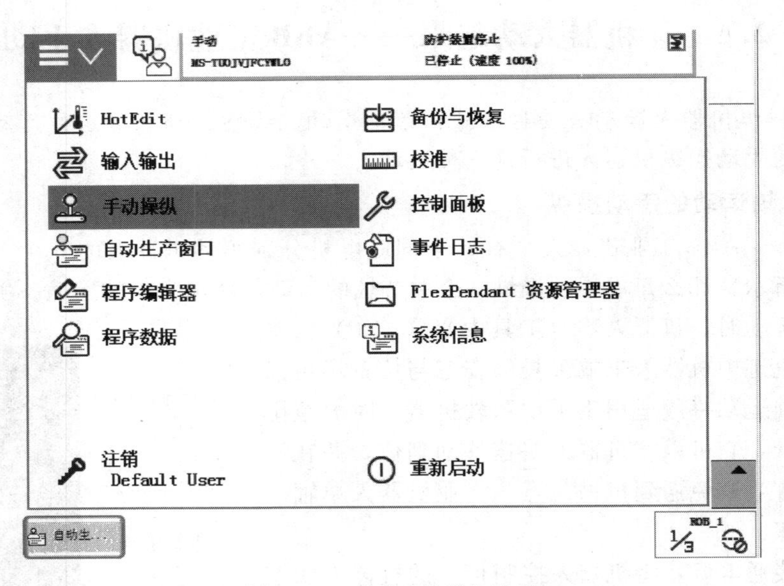

图 2.6.3 “手动操纵”选项

(5) 选择“轴 1-3”，然后单击“确定”，如图 2.6.5 所示。

(6) 用左手按下使能按钮，进入“电机开启”状态，操作摇杆机器人的 1-3 轴就会动作，摇杆的操作幅度越大，机器人的动作速度越快，如图 2.6.6 所示。同样的方法，选择“轴 4-6”操作摇杆机器人的 4-6 轴就会动作。

其中操作杆方向栏的箭头和数字代表各个轴的运动时的正方向，如图 2.6.7 所示。

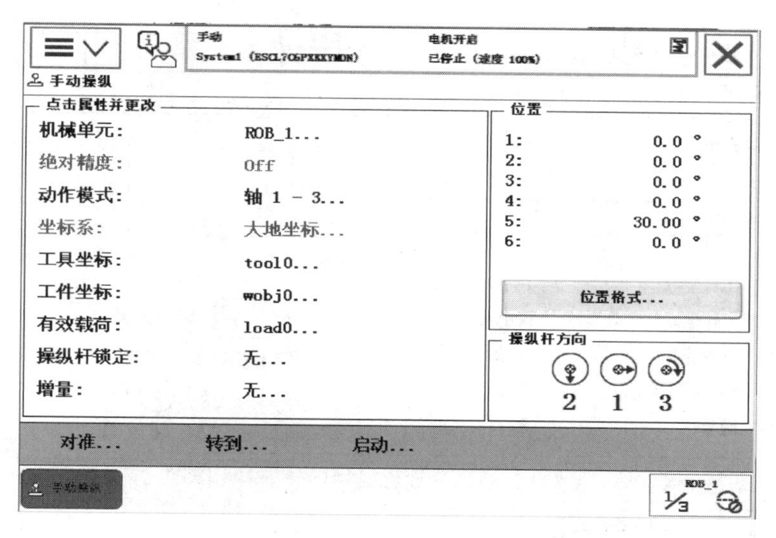

图 2.6.4 进入“动作模式”选择界面

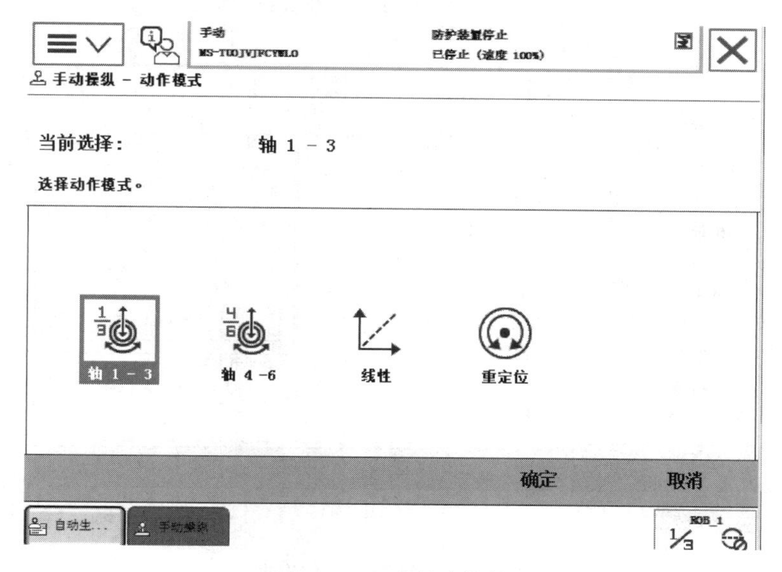

图 2.6.5 选择动作轴

2.6.2 线性运动的手动操纵

线性运动的手动操纵

工业机器人的线性运动是指安装在机器人第 6 轴法兰盘上工具的 TCP 在空间中作线性运动。

TCP：在工具上取一点，代替整个工具，作为运动的基点。这一点称为 TCP 点。

进行线性运动时要指定坐标系、工具坐标、工件坐标。

坐标系包括大地坐标、基坐标、工具坐标、工件坐标。工具坐标指定了 TCP 点位置、坐标系指定了 TCP 点在哪个坐标系中运行。工件坐标指定 TCP 点在哪个工件坐标系中运行，当坐标系选择了工件坐标时，工件坐标才生效。

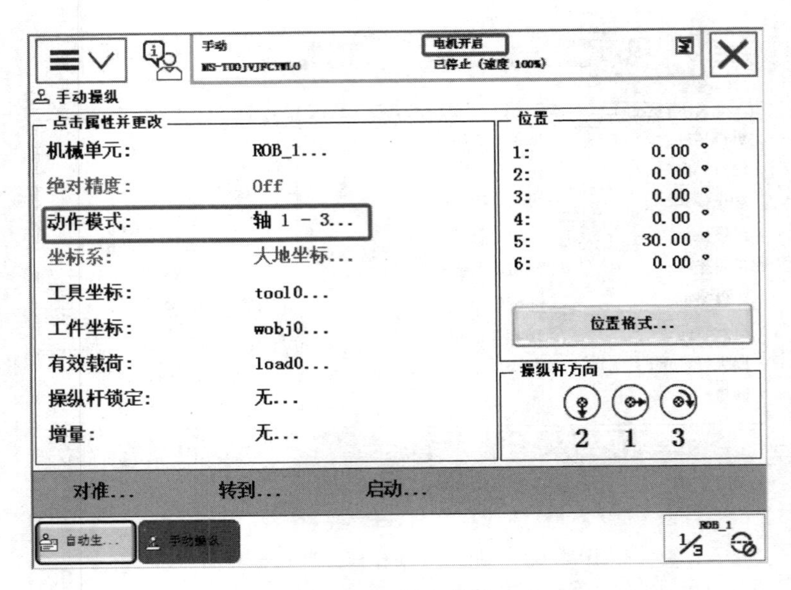

图 2.6.6　机器人单轴运动

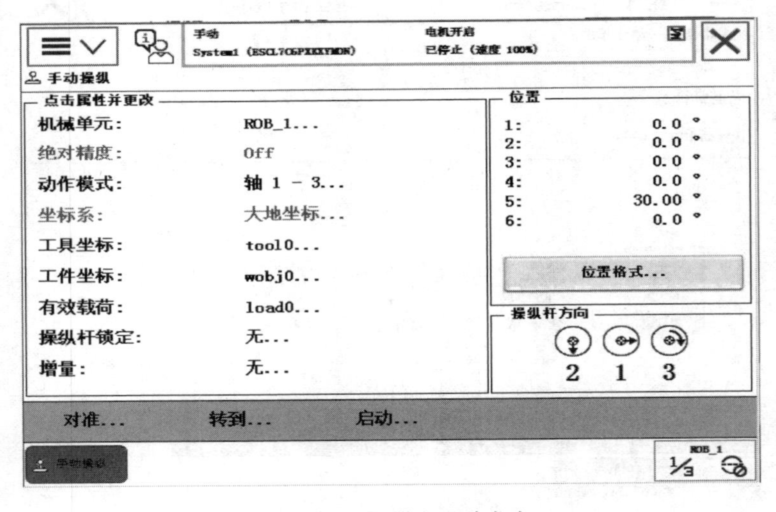

图 2.6.7　机器人运动方向

线性运动手动操纵步骤如下：

(1) 同单轴运动的手动操纵方法一致，单击 ABB 示教器上的主菜单按钮，进入示教器主界面，如图 2.6.8 所示。

(2) 在动作模式下选择“线性”选项，如图 2.6.9 所示。

(3) 选择工具坐标系“tool0”(这里用的是系统自带的工具坐标)，按下使能键，并在示教器状态栏中确认已正确进入“电机开启”状态，如图 2.6.10 所示。

(4) 操作示教器上的操作杆，工具坐标 TCP 点在空间做线性运动，操作杆方向栏中 X、Y、Z 的箭头方向代表各个坐标轴运动的正方向，如图 2.6.11 所示。

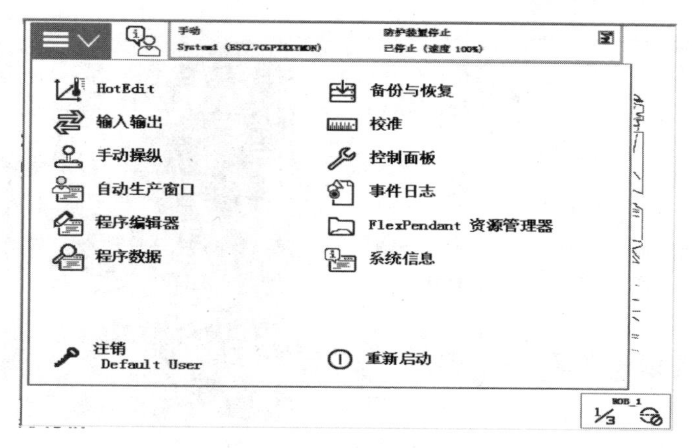

图 2.6.8 示教器主界面

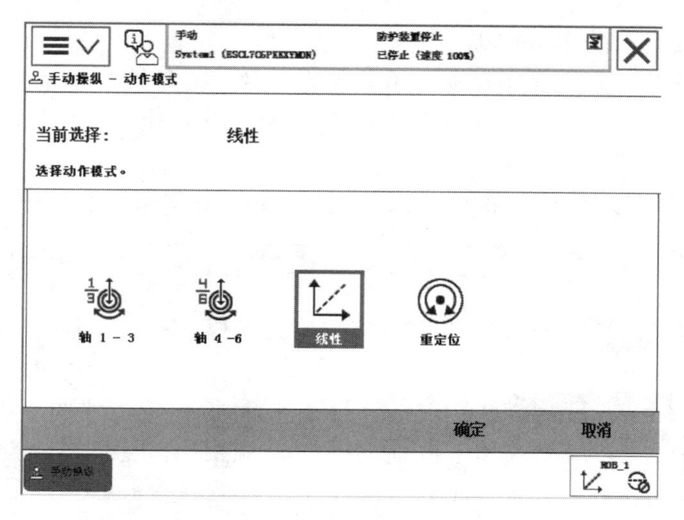

图 2.6.9 选择“线性”选项

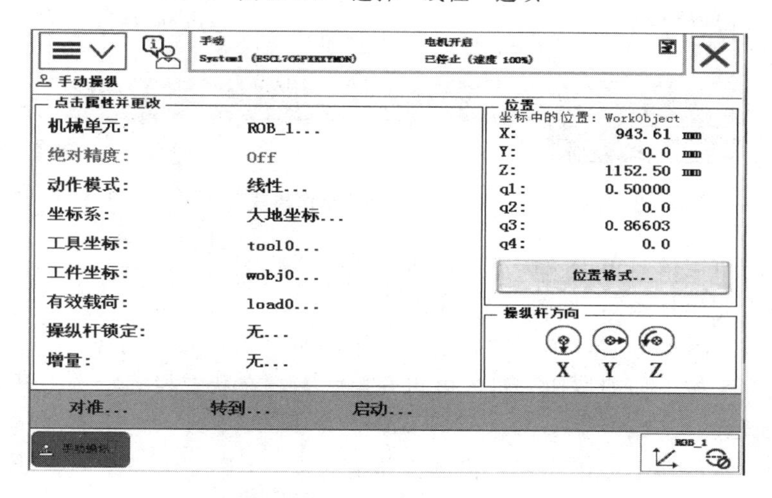

图 2.6.10 进入“电机开启”状态

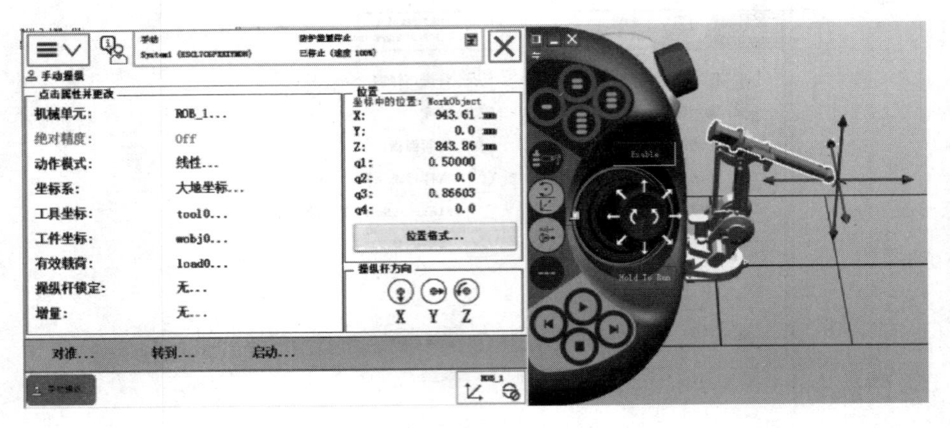

图 2.6.11　线性运动操纵方法

2.6.3　重定位运动的手动操纵

机器人的重定位运动是指机器人第 6 轴法兰盘上的工具 TCP 点在空间中绕着坐标轴旋转的运动，也可以理解为机器人绕着工具 TCP 点作姿态调整的运动。以下就是重定位运动的手动操纵方法。

（1）单击 ABB 菜单的主菜单，选择“动作模式”，如图 2.6.12 所示。

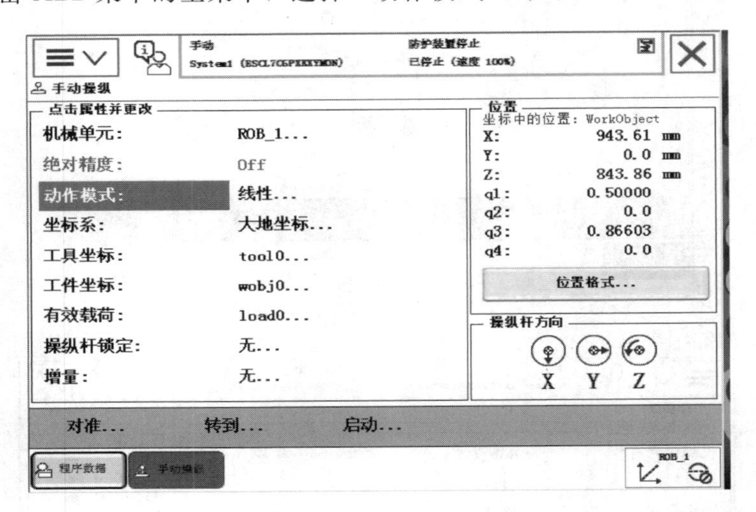

图 2.6.12　选择“动作模式”

（2）选中重定位，单击“确定”按钮，如图 2.6.13 所示。

（3）单击“坐标系”，如图 2.6.14 所示。

（4）选取工具坐标系，单击“确定”按钮，如图 2.6.15 所示。

（5）用左手按下使能按钮，进入电机开启状态，在状态栏确定点击开启状态，如图 2.6.16 所示。

（6）操作示教器上的操作杆，机器人绕着工具 TCP 点作姿态调整的运动，操作杆方向栏中 X、Y、Z 的箭头方向代表各个坐标轴运动的正方向，如图 2.6.17 所示。

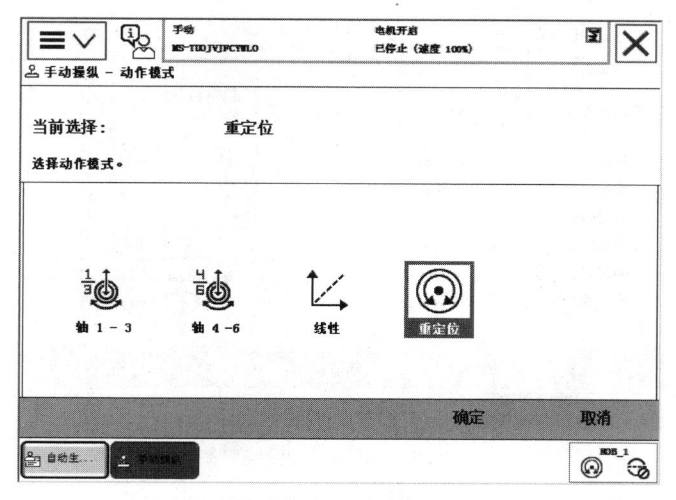

图 2.6.13 重定位模式

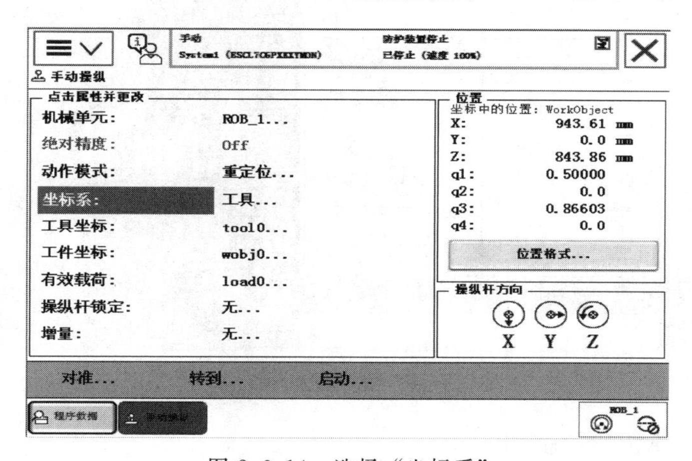

图 2.6.14 选择“坐标系”

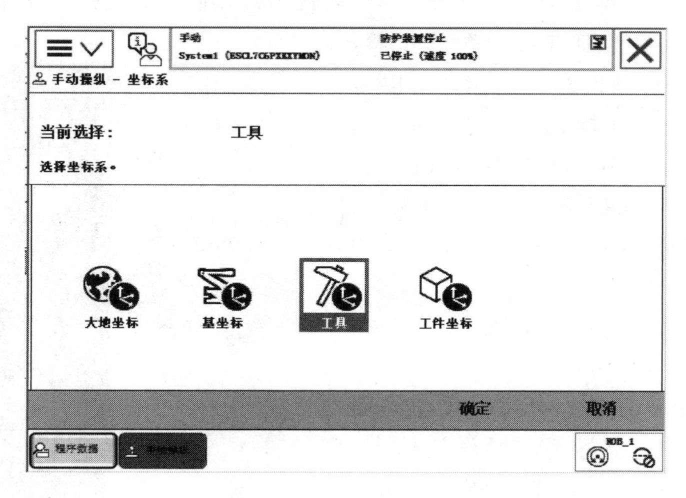

图 2.6.15 选取工具坐标系

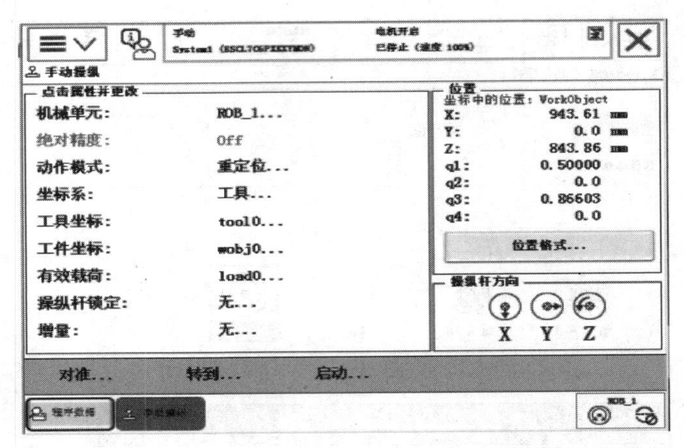

图 2.6.16 进入电机开启状态

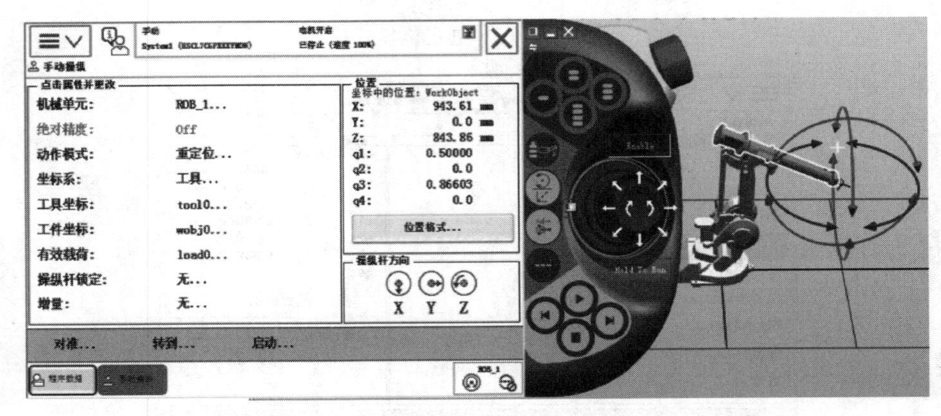

图 2.6.17 重定位机器人运动

2.6.4 手动快捷按钮的使用

在示教器的操作面板上有关于手动操纵的快捷键，使机器人的手动操纵变得快捷方便，省去了返回主界面进行设置的步骤，手动操纵快捷键如图 2.6.18 所示，可以为可编程按键分配想快捷控制的 I/O 信号，以便对 I/O 信号进行强制与仿真操作。

以下就是手动快捷按钮的使用方法。

（1）单击快捷菜单按钮，如图 2.6.19 所示。

（2）单击机器人图标，如图 2.6.20 所示。

（3）单击显示详情，可选择当前使用的工具数据，工件坐标系，操作杆倍率，增量开/关，碰撞监控开/关，坐标系选择及动作模式选择，如图 2.6.21 所示。

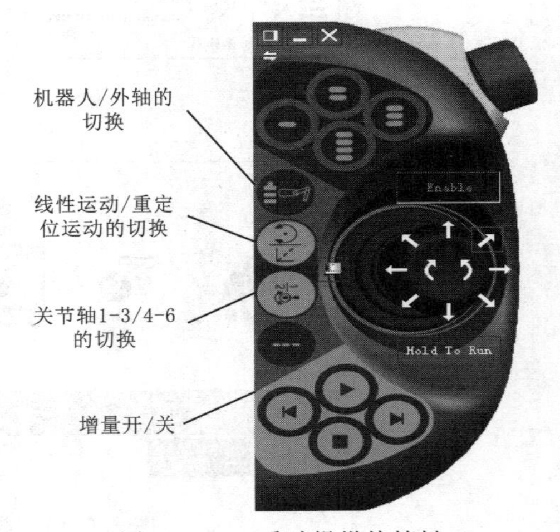

图 2.6.18 手动操纵快捷键

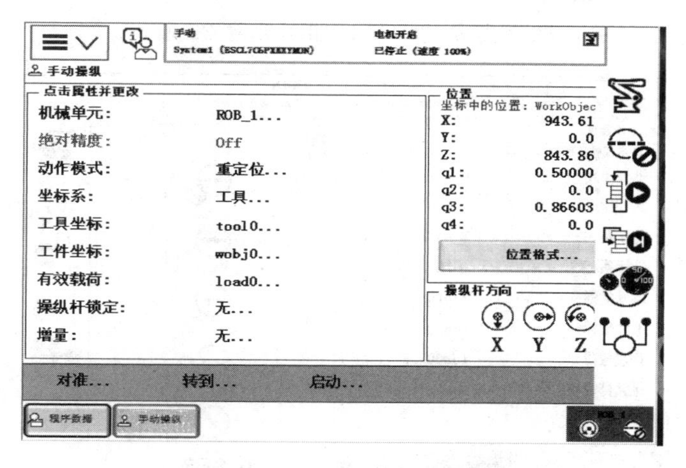

图 2.6.19　单击快捷菜单按钮

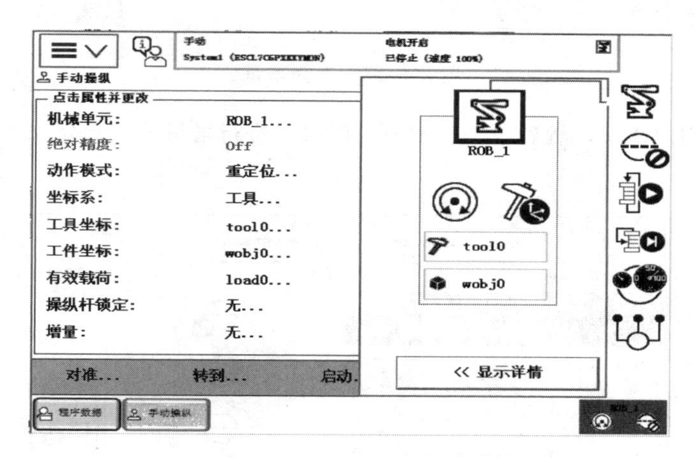

图 2.6.20　单击机器人图标

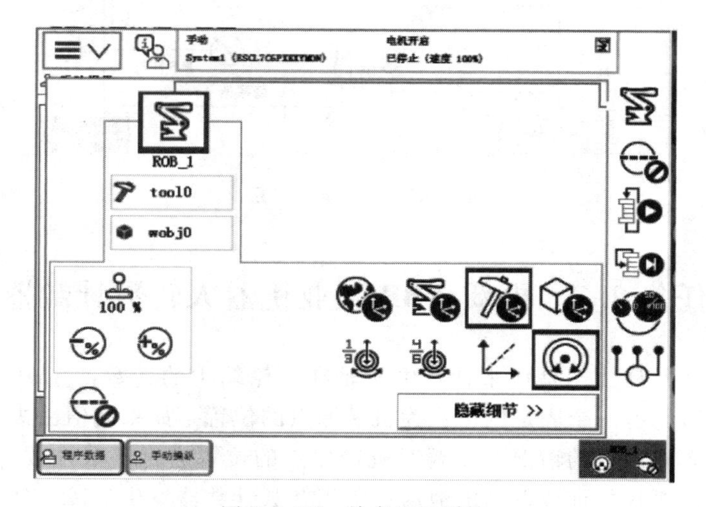

图 2.6.21　单击显示详情

（4）单击增量开关，选择需要的增量，如图 2.6.22 所示。

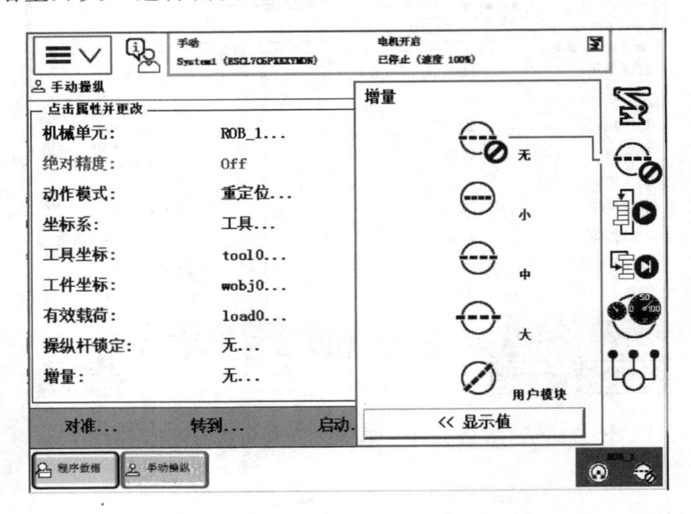

图 2.6.22　选择增量

（5）选择用户模块，然后单击显示值，就可以进行增量值的自定义了，如图 2.6.23 所示。

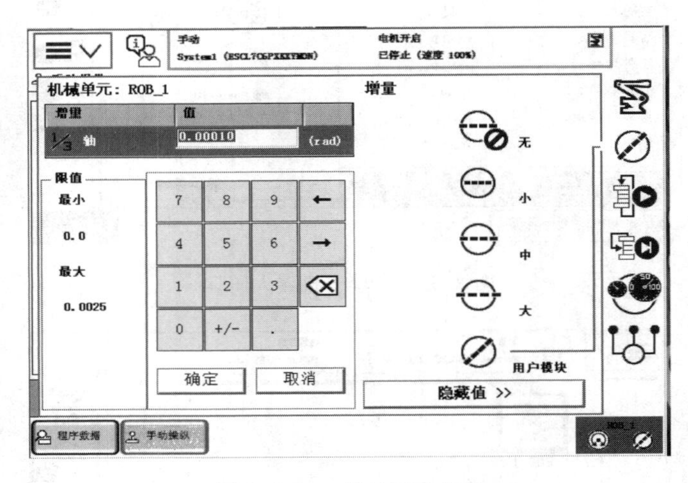

图 2.6.23　增量值自定义

更新 ABB 工业机器人转数计数器

任务 2.7　更新 ABB 工业机器人转数计数器

机器人的转数计数器是用来计算电机轴在齿轮箱中的转数，ABB 工业机器人在出厂时六个关节都有一个固定的值作为机械原点的位置，如果此值丢失，机器人不能执行任何程序，在以下的情况，需要对机械原点的位置进行转数计数器的更新操作：①更换伺服电动机转数计数器蓄电池后；②当转数计数器发生故障，修复后；③转数计数器与测量板之间断开过以后；④断电后，机器人关节轴发生移动过；⑤当系统报警提示“10036 转数计数器未更新”时。

进行转数计数器更新的操作步骤如下：

(1) 使用手动操作，选择对应的轴动作模式，“轴 4 - 6”和“轴 1 - 3”，按照顺序依次让机器人各个关节轴运动到机械原点刻度位置，各个轴运动的顺序是：4 - 5 - 6 - 1 - 2 - 3，各个型号的机器人机械原点的位置会有所不同，各个轴机械原点的位置在机器人各轴的轴身上，也可参考 ABB 随机光盘说明书。

(2) 然后在 ABB 主菜单界面选择“校准”，如图 2.7.1 所示。

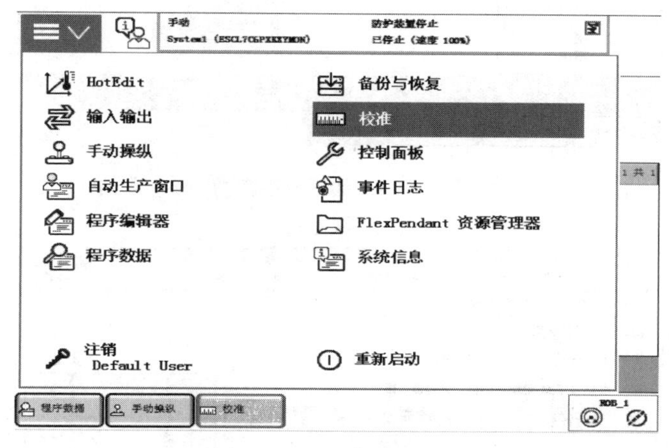

图 2.7.1　选择“校准”

(3) 选择需要校准的机械单元，单击“ROB_1”，如图 2.7.2 所示。

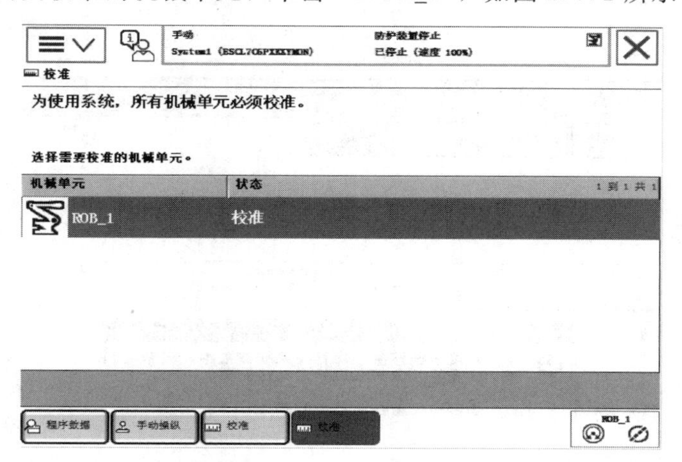

图 2.7.2　选择需要校准的机械单元

(4) 选择校准参数，单击“编辑电机校准偏移”，如图 2.7.3 所示。

(5) 将机器人本体上第 2 轴上的电动机校准偏移记录下来，填入校准参数中 rob1_1～rob1_6 的偏移值中，单击“确定”按钮，如果示教器显示中的数值与机器人本体上的标签数值一致，则无须修改，单击“确定”按钮，如图 2.7.4 所示。

(6) 参数有效，必须重新启动系统，如图 2.7.5 所示。

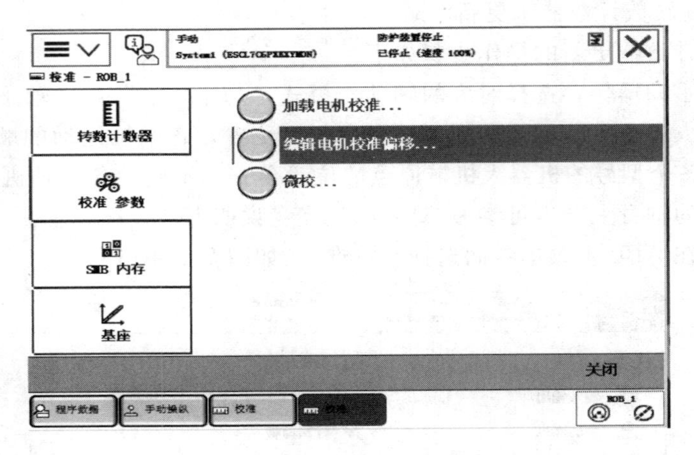

图 2.7.3 选择校准参数

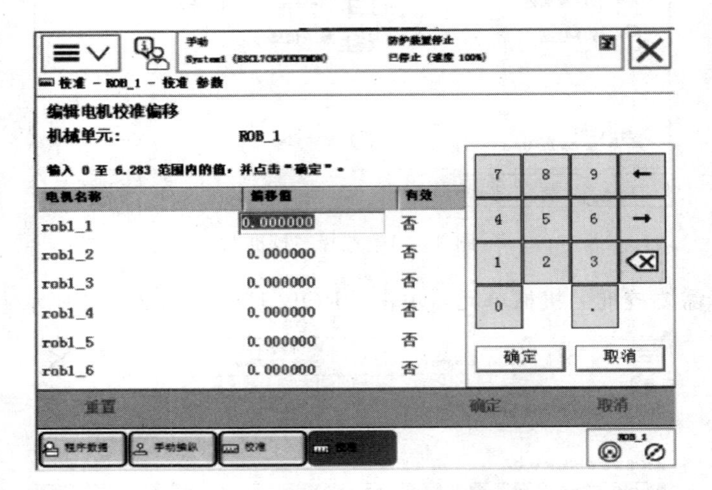

图 2.7.4 校对校准参数

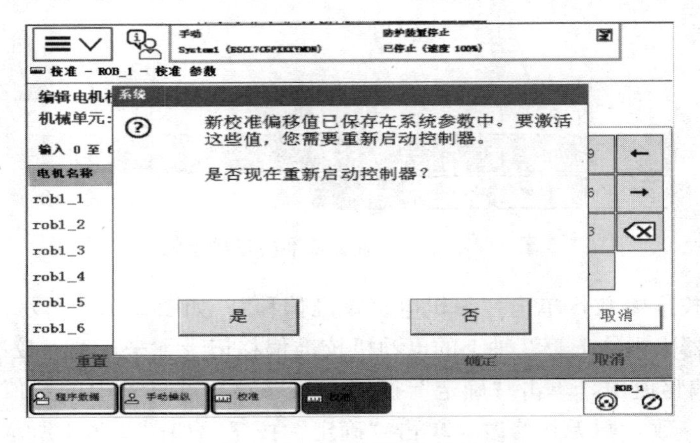

图 2.7.5 重新启动系统

(7) 重新启动后，继续校准，如图2.7.6所示。

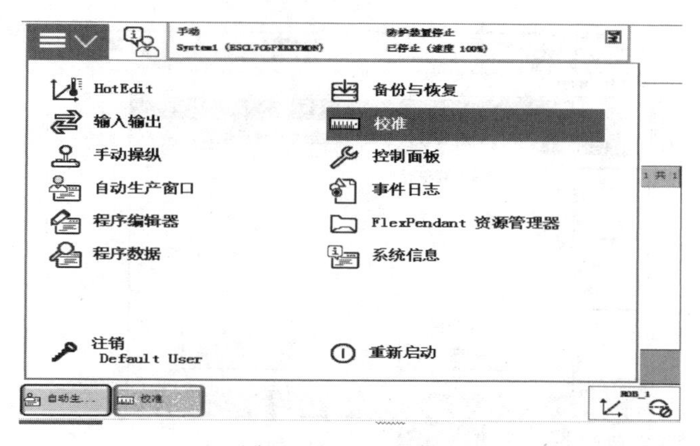

图2.7.6 继续校准

(8) 单击“ROB_1”校准，如图2.7.7所示。

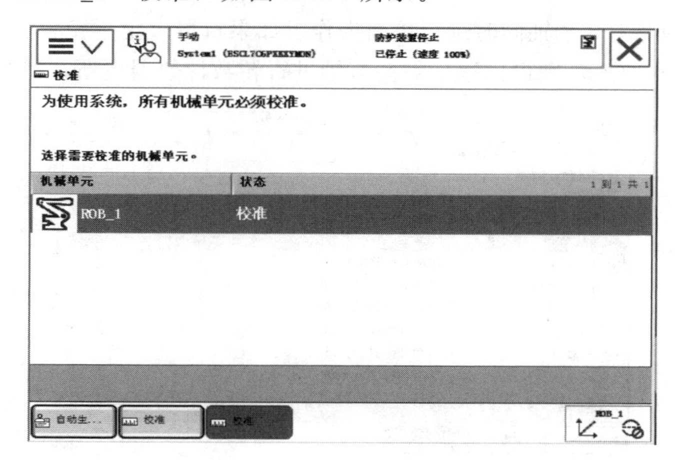

图2.7.7 校准ROB_1

(9) 单击转数计数器，选择“更新转数计数器...”，如图2.7.8所示。

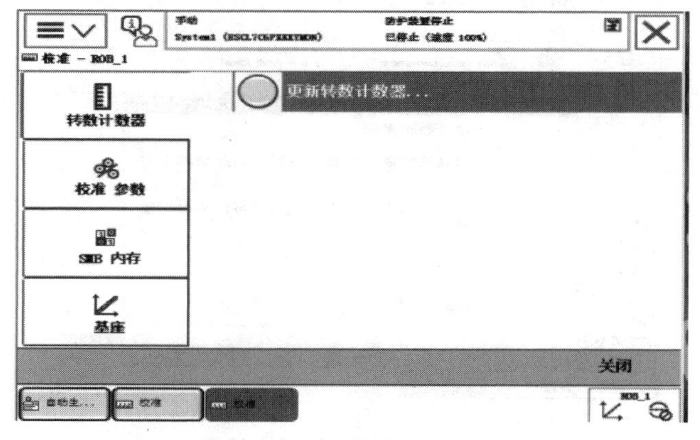

图2.7.8 更新转数计数器

（10）系统提示是否更新转数计数器，选择“是”，如图2.7.9所示。

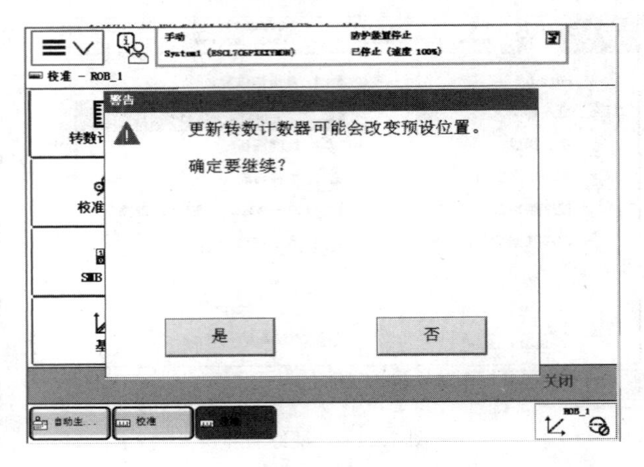

图2.7.9　确认更新转数计数器

（11）单击全选，6个轴同时进行更新操作。如果机器人由于安装位置关系，无法6个轴同时到达机械原点，则可以逐一对关节轴进行转数计数器更新，如图2.7.10所示。

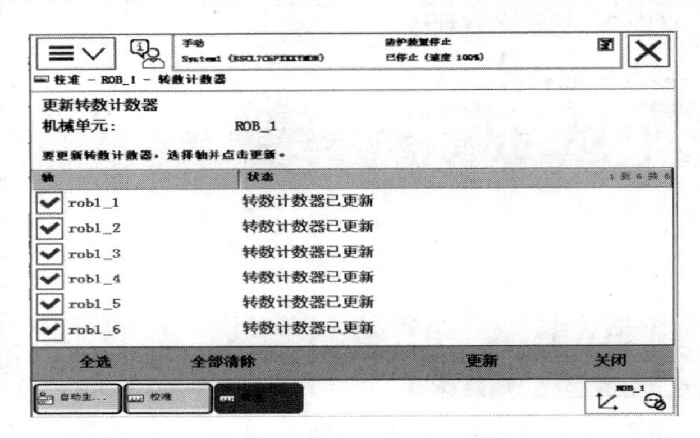

图2.7.10　选择6个轴同时进行更新操作

（12）单击“更新”，如图2.7.11所示。

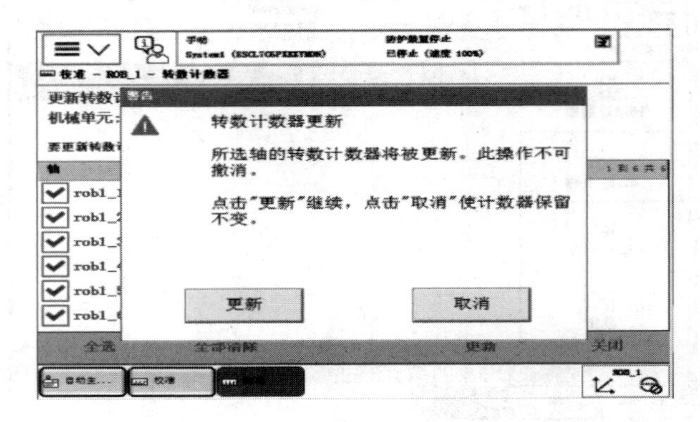

图2.7.11　完成ABB工业机器人转数计数器更新

项目 3

RobotStudio 离线编程（OLP）

项目简介

随着社会科技的巨大进步，人类文明正迈向智能时代。智能制造作为其中的重要一环，越来越受到国家的重视与扶持。近几年《中国制造 2025》的全面启动实施，带动了传统制造业转型升级的步伐加速，工业机器人作为智能制造的重要实施基础，其行业应用的需求呈现爆发式增长。

工业机器人的弧焊、切割、涂胶等作业是属于连续轨迹的控制，运动控制程序是正确完成机器人作业的保证。

工业机器人的控制程序主要由两种方法来获得，一种是在线编程，另一种是离线编程。前者编程快捷，但编程精度低，并且是在作业现场，必须要占用工业机器人的工作时间，而后者不对实际作业的机器人直接进行示教，是在虚拟的作业环境下，通过使用计算机内的 CAD 模型，生成示教数据，间接地对机器人进行示教。

本项目主要介绍离线编程技术、RobotStudio 离线编程软件以及如何创建工作站文件等相关知识。

教学目标

【知识目标】

◇ 了解什么是 OLP。

◇ 掌握 RobotStudio 软件安装前的注意事项和安装步骤。

◇ 学会 RobotStudio 软件的授权操作方法。

◇ 认识 RobotStudio 软件的操作画面。

◇ 掌握创建工作站的方法。

【技能目标】

◇ 具备独立创建一个新工作站的能力。

◇ 具备一定的 RobotStudio 软件应用的能力。

【素质目标】

◇ 培养学生安全操作、规范操作意识。

◇ 激发兴趣，培养学生专业认同。

◇ 科普应用，增强学生四个自信。

任务3.1 初识工业机器人离线编程技术

3.1.1 什么是OLP?

机器人离线编程（Off-Line Programming，OLP）是一种在计算机软件（虚拟环境）中基于3D CAD数据生成机器人程序的方法。一旦机器人程序在软件中生成和验证，它就可以下载到实际的机器人。

离线编程是一种机器人编程方法，是指操作者在编程软件里构建整个机器人工作应用场景的三维虚拟环境，然后根据加工工艺等相关需求，进行一系列操作，自动生成机器人的运动轨迹，然后在软件中仿真与调整轨迹，程序在软件中生成和验证后，可以下传输给实际的机器人。

通常离线编程相较于传统示教编程，编程时间可缩减60%～90%，因项目而异，复杂项目尤为明显。

想象一下，我们对工业机器人进行编程，使其实现在金属工件上焊接一个圆形部件的操作。为此工业机器人需要沿着部件的周边移动焊枪，同时在表面保持精确的方向。我们可以使用示教器进行示教，但是我们需要示教许多点，并且需要很长时间。示教过程中焊枪火焰的大小与方向一定会随着外部环境的变化而发生变化，从而影响示教效果。更为重要的是，在示教过程中机器人处于停工状态，直至完成全部示教工作，从而影响生产效率。

如果使用离线编程，那么生成工业机器人例行程序会更容易。如图3.1.1所示，将焊接单元的CAD文件导入离线编程软件，并显示希望火焰运行的路径。完成后，软件生成机器人程序并验证程序，例如是否存在潜在的碰撞。验证后，将程序下载到实际工业机器人示教器，使其低速运行一次程序，然后单元就可以恢复工作。

图3.1.1 离线编程软件中的圆形可视化焊接程序

3.1.2 工业机器人离线编程简史

最初的工业机器人是通过示教来编程的。也就是说，机械臂被移动到需要的位置，然后保存该位置（操作员或程序员将此视为在臂末端，即工具中心点（TCP）保存姿态（X，Y，Z坐标和旋转）），如图3.1.2所示。换句话说，程序保存每个关节电机所处的位置。

图3.1.2　使用工业机器人示教器进行手动编程

机器人仿真于20世纪80年代出现。它利用CAD展示了机器人以及其运动和工作单元或环境。随后，开发了一些技术来后处理CAD程序中的位置信息，生成类似于CNC机床的机器人运动程序。这就是OLP的由来。

当前，大多数机器人制造商除了示教器外，还提供机器人编程软件包。另外，机器人用户也可以选择从独立供应商获得的OLP产品进行编程，如图3.1.3所示。

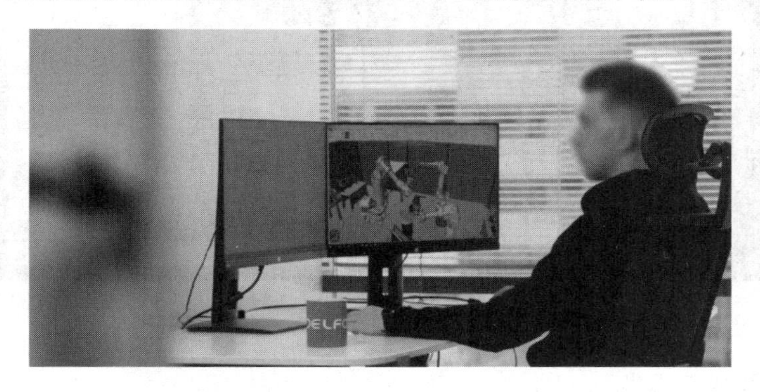

图3.1.3　通过OLP软件进行编程

OLP的有效性取决于CAD模型对工作单元的忠实度。为了完全捕获工作单元的实际布局，而不仅仅是CAD中显示的内容，用户需要进行机器人工作单元标定程序。这可以通过测量工作单元中的一组参考点，读取机器人工具中心点（TCP）的实际姿态以及周边设备的位置，并运行特定的标定程序来实现模型和实际工作单元之间的真实对应（数字孪生）。测量可以使用机器人本身作为测量设备完成，也可以使用外部测量设备，如3D激光扫描仪。

3.1.3　离线编程项目流程

1. 建立虚拟场景

通过离线编程平台构建与真实场景一致的虚拟场景，如图3.1.4所示。

图 3.1.4　虚拟场景的搭建

使用包含所有固定组件的单元模板快速搭建 1∶1 的项目虚拟场景，并导入待加工零件部件导入虚拟加工环境之中，通过拖放对齐等操作将零件精确定位到零件安装和装夹位置。

2. 轨迹编程

通过集成工具对零件进行高效编程，如图 3.1.5 所示。

借助平台集成（工艺）工具，快速规划机器人运动路径和创建机器人程序。可同时对多个机器人或多品牌机器人进行编程，并支持不同机器人品牌的专属配置，实现一种编程方式适配多品牌机器人编程，降低编程难度。

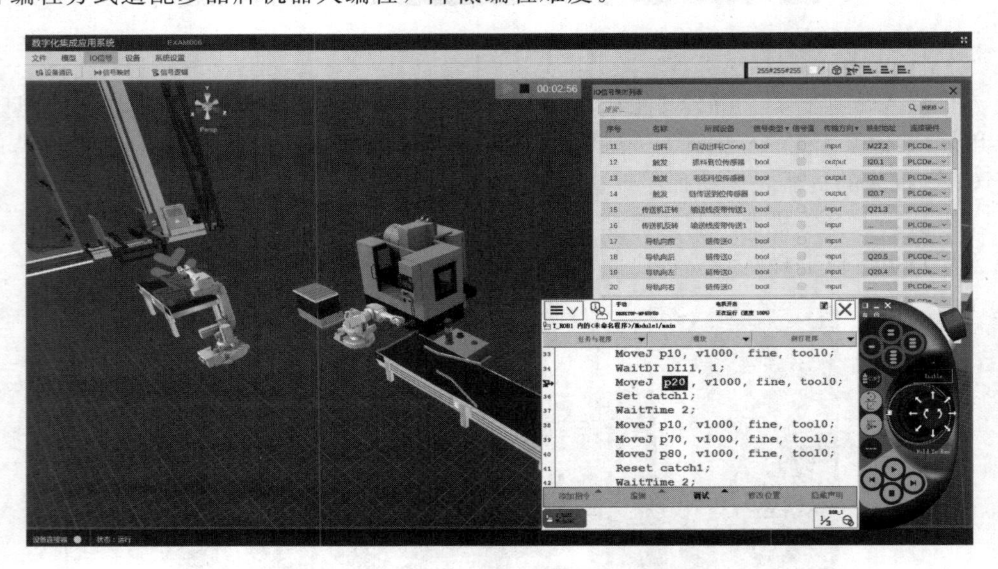

图 3.1.5　通过集成工具对零件进行高效编程

3. 轨迹验证与优化

在虚拟环境中对机器人轨迹进行仿真验证和路径分析。

对前一流程编辑和规划好的机器人程序进行仿真验证，并通过路径分析工具，分析轨迹可达、碰撞、歧义点等问题。通过手动和自动优化工具优化机器人轨迹消除轨迹报警和轨迹错误，让程序准确顺畅运行，如图 3.1.6 所示。

当项目涉及多机协作或设备联动等情况，可通过虚拟信号连接实现项目整体流程仿真模拟，实现整体项目仿真与优化分析。

通过项目整体仿真，可得到项目准确的生产周期和设备使用率等情况，方便做项目整体评估和后期设备维护。

4. 程序输出

借助系统的机器人程序处理工具，实现代码转换满足机械臂直接导入使用。

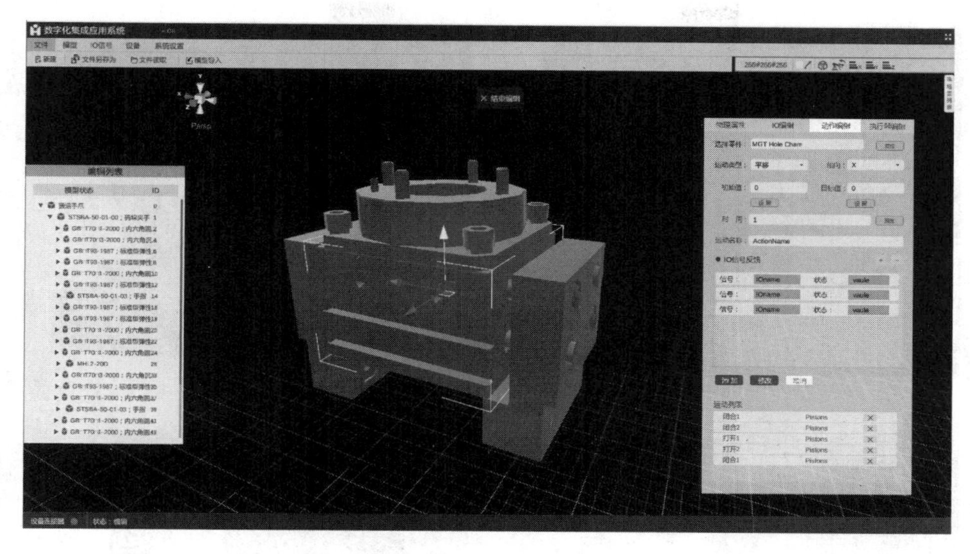

图 3.1.6　机器人轨迹仿真与分析

将仿真模拟验证无误的机械臂程序通过系统后处理工具实现代码转换，如图 3.1.7 所示，并通过 U 盘拷贝或网络传输到机器臂控制器，可直接上机慢速验证。确保无误后，开始批量生产。

以上就是一个机器人离线编程项目的项目流程。

3.1.4　离线编程的优势

OLP 不是一种机器人编程的完全新方法，而是现有方法的扩展和补充。它增强了示教器编程，而不是替代示教器编程。程序员仍然需要熟练使用示教器进行机器人程序的修改、优化和调试。

1. 示教编程主要技术问题

（1）机器人的在线示教编程过程烦琐、效率低，有项目延期和产生额外成本风险。

在机器人上进行编程时，项目延期的风险很大。要使机器人达到某一点，要求所有工具和固定装置都必须已经设计、制造和安装完毕。输送机或其他物料搬运装置也已经设置完毕，零件准备就绪。只有这样，程序员才可以开始为机器人进行示教。

（2）示教的精度完全靠示教者的经验目测决定，对于复杂路径难以取得令人满意的示教成果，安全性问题无法保证。

进行示教编程时，几乎可以确定一定会出现问题。问题可能使机器人无法达到某个位置，也可能使零件放置不正确，或者目标循环时间无法实现。

对于这些任何情况，唯一的解决方案是重新设计工作单元的问题点。不可避免地，这会延迟生产启动，可能延迟几周，并带来重大的额外成本。

使用示教器教点通常要求程序员进入工作单元：这可能是唯一可以看到工具去向或检查碰撞的方法。将机器人置于“示教”模式应确保安全，无论是机器人本身还是工作单元内的其他机构总有意外移动的风险。

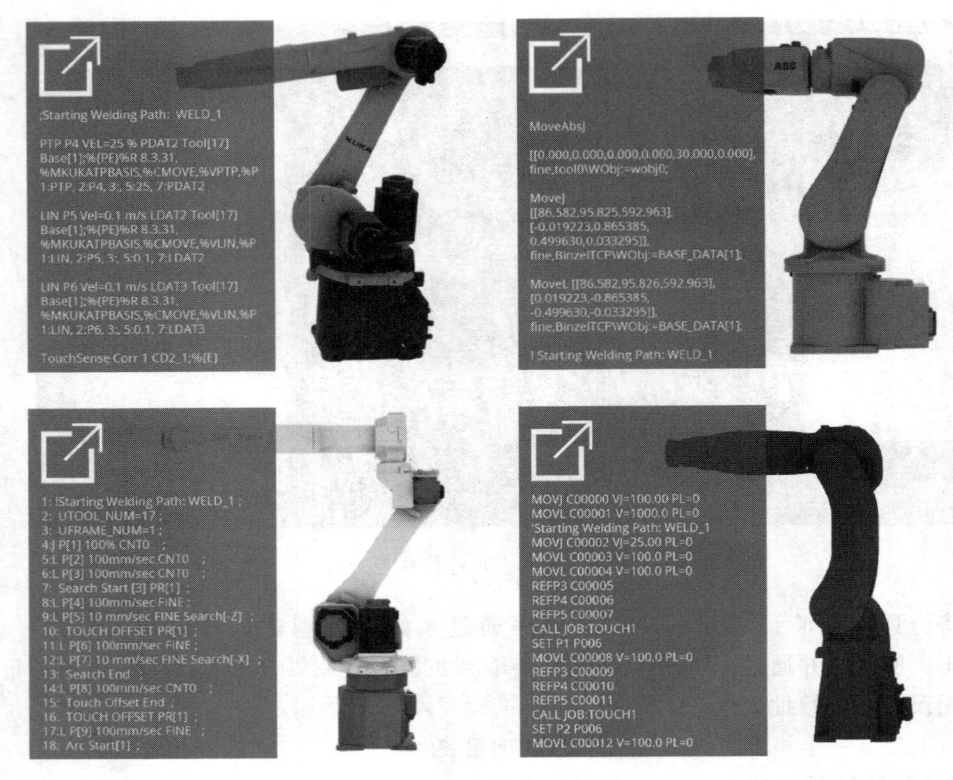

图 3.1.7　机械臂代码转换

（3）生产能力损失。

当程序员在工作单元内进行点动时，机器人不会做任何其他事情。在程序员完成工作并验证程序之前，这都是非生产时间。即使是最好的程序员也会低估任务所需的时间！

2. 离线编程的优势

离线编程的优势如下：

（1）减少机器人停机的时间，当对下一个任务进行编程时，机器人可仍在生产线上工作，编程时间可以减少 80%，机器人利用率可以提高 95%，提高了程序员的工作效率，减少了工作单元停机时间。

（2）使编程者远离危险的工作环境，提高安全性，减少事故和伤害的风险，改善了编程环境。

（3）离线编程系统使用范围广，可以对各种机器人进行编程，并能方便地实现优化编程。

（4）能方便地实现轨迹分析与优化。

（5）可对复杂任务进行编程，如多机协作、复杂轨迹编程等。

（6）直观地观察机器人工作过程，判断包括超程、碰撞、奇异点、超工作空间等错误。

（7）机器人程序进行了更好的优化（更短的循环时间、更高的精度和一致性），从而实现更高和可重复的生产质量。

随着机械臂工厂越来越多的应用，企业对机器人编程人员的需求也越来越大，而机器人离线编程则能帮助企业缓解用工荒。离线编程也从汽车制造领域推广至更多的应用领域，越来越多的中小型企业也都在采用离线编程软件。

3.1.5 主流的离线编程软件

常用离线编程软件，可按不同标准分类，例如，可以按国内与国外分类，也可以按通用离线编程软件与厂家专用离线编程软件。

按国内与国外分类，可以分为以下两大阵营：

国内：RobotArt。

国外：RobotMaster、RobotWorks、Robomove、RobotCAD、DELMIA、RobotStudio、RoboGuide。

按通用离线编程软件与厂家专用离线编程软件，又可分为以下两大阵营：

通用：RobotArt、RobotMaster、Robomove、RobotCAD、DELMIA。

厂家专用：RobotStudio、RoboGuide、KUKASim。

国外软件中，RobotMaster相对来说是功能最强的，该软件基于MasterCAM平台，生成数控加工轨迹是优势，RobotWorks、RoboMove次之，但其价格昂贵，而且目前为止没试用。RobotCAD、DElMIA都侧重仿真，价格比前者还贵。

机器人厂家的离线编程软件，以ABB的RobotStudio功能最强大，但也仅仅是把示教放到了电脑中，注重是仿真和节拍统计。

下面详细介绍一下主流的离线编程软件。

1. RobotArt（中国，可免费下载试用）

RobotArt是目前国内品牌离线编程软件中顶尖的软件，是北京华航唯实机器人科技股份有限公司的一款国产离线编程软件，拥有自主专利。

RobotArt根据几何数模的拓扑信息生成机器人运动轨迹，之后轨迹仿真、路径优化、后置代码一气呵成，同时集碰撞检测、场景渲染、动画输出于一体，可快速生成效果逼真的模拟动画。广泛应用于打磨、去毛刺、焊接、激光切割、数控加工等领域。

同时，RobotArt教育版针对教学实际情况，增加了模拟示教器、自由装配等功能，帮助初学者在虚拟环境中快速认识机器人，快速学会机器人示教器基本操作，大大缩短了学习周期，降低了学习成本。

RobotArt一站式解决方案，从轨迹规划、轨迹生成、仿真模拟，到最后后置代码，使用简单，学习起来比较容易上手，如图3.1.8所示。官网可以下载软件，并免费试用。

优点：

（1）支持多种格式的三维CAD模型，可导入扩展名为.step、.igs、.stl、.x_t、.prt（UG）、.prt（ProE）、.CATPart、.sldpart等格式。

（2）支持多种品牌工业机器人离线编程操作，如ABB、KUKA、Fanuc、Yaskawa、Staubli、KEBA系列、新时达、广数等）。

（3）拥有大量航空航天高端应用经验。

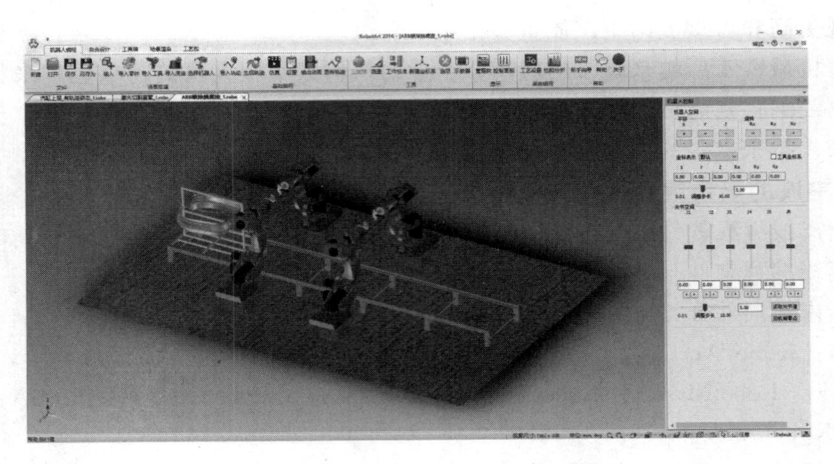

图 3.1.8 RobotArt 离线方阵软件界面

（4）自动识别与搜索 CAD 模型的点、线、面信息生成轨迹。

（5）轨迹与 CAD 模型特征关联，模型移动或变形，轨迹自动变化。

（6）一键优化轨迹与几何级别的碰撞检测。

（7）支持多种工艺包，如切割、焊接、喷涂、去毛刺、数控加工。

（8）支持将整个工作站仿真动画发布到网页、手机端。

缺点：

软件不支持整个生产线仿真，对外国小品牌机器人也不支持。

2. RobotMaster（加拿大，无试用）

RobotMaster 来自加拿大，由上海傲卡自动化公司代理，是目前全球离线编程软件国外品牌中的顶尖的软件，几乎支持市场上绝大多数机器人品牌（KUKA、ABB、FANUC、Motoman、史陶比尔、柯玛、三菱、DENSO、松下等）。在功能方面 Robotmaster 在 Mastercam 中无缝集成了机器人编程、仿真和代码生成功能，提高了机器人编程速度。操作界面如图 3.1.9 所示。

优点：

可以按照产品数模，生成程序，适用于切割、铣削、焊接、喷涂等等。独家的优化功能，运动学规划和碰撞检测非常精确，支持外部轴（直线导轨系统、旋转系统），并支持复合外部轴组合系统。

缺点：

暂时不支持多台机器人同时模拟仿真（就是只能做单个工作站），基于 MasterCAM 做的二次开发，价格昂贵，企业版软件价格为 20 万元左右。

3. RobotWorks（以色列，有试用）

RobotWorks 是以色列的机器人离线编程仿真软件，与 RobotMaster 类似，是基于 Solidworks 做的二次开发。使用时，需要先购买 Solidworks。

主要功能如下：

（1）全面的数据接口：RobotWorks 是基于 Solidworks 平台开发，Solidworks 可以

图 3.1.9　RobotMaster 软件操作界面

通过 IGES、DXF、DWG、PrarSolid、Step、VDA、SAT 等标准接口进行数据转换。

(2) 强大的编程能力：从输入 CAD 数据到输出机器人加工代码只需四步。

第一步：从 Solidworks 直接创建或直接导入其他三维 CAD 数据，选取定义好的机器人工具与要加工的工件组合成装配体。所有装配夹具和工具客户均可以用 Solidworks 自行创建调用。

第二步：RobotWorks 选取工具，然后直接选取曲面的边缘或者样条曲线进行加工产生数据点。

第三步：调用所需的机器人数据库，开始做碰撞检查和仿真，在每个数据点均可以自动修正，包含工具角度控制，引线设置，增加减少加工点，调整切割次序，在每个点增加工艺参数。

第四步：RobotWorks 自动产生各种机器人代码，包含笛卡儿坐标数据，关节坐标数据，工具与坐标系数据，加工工艺等，按照工艺要求保存不同的代码。

(3) 强大的工业机器人数据库：系统支持市场上主流的大多数的工业机器人，提供各大工业机器人各个型号的三维数模。

(4) 完美的仿真模拟：独特的机器人加工仿真系统可对机器人手臂，工具与工件之间的运动进行自动碰撞检查，轴超限检查，自动删除不合格路径并调整，还可以自动优化路径，减少空跑时间。

(5) 开放的工艺库定义：系统提供了完全开放的加工工艺指令文件库，用户可以按照自己的实际需求自行定义添加设置自己独特工艺，添加的任何指令都能输出到机器人加工数据里面。

优点：

生成轨迹方式多样、支持多种机器人、支持外部轴。

缺点：

RobotWorks 基于 Solidworks，Solidworks 本身不带 CAM 功能，编程烦琐，机

器人运动学规划策略智能化程度低。

4. ROBCAD（德国，无试用）

ROBCAD是德国西门子旗下的软件，软件较庞大，重点在生产线仿真，价格也是同软件中顶尖的。软件支持离线点焊、支持多台机器人仿真、支持非机器人运动机构仿真，精确的节拍仿真，ROBCAD主要应用于产品生命周期中的概念设计和结构设计两个前期阶段。现已被西门子（中国）有限公司工业业务领域工业自动化与驱动技术集团收购，不再更新。

（1）主要特点包括：

1）与主流的CAD软件（如NX、CATIA、IDEAS）无缝集成。

2）实现工具工装、机器人和操作者的三维可视化。

3）制造单元、测试以及编程的仿真。

（2）主要功能包括：

1）Workcell and Modeling：对白车身生产线进行设计、管理和信息控制。

2）SpotandOLP：完成点焊工艺设计和离线编程。

3）Human：实现人因工程分析。

4）Application中的Paint、Arc、Laser等模块：实现生产制造中喷涂、弧焊、激光加工，绲边等工艺的仿真验证及离线程序输出。

5）ROBCAD的Paint模块。喷漆的设计、优化和离线编程，其功能包括：喷漆路线的自动生成、多种颜色喷漆厚度的仿真、喷漆过程的优化。

优点：

1）与主流的CAD软件（如NX、CATIA、IDEAS）无缝集成。

2）实现工具工装、机器人和操作者的三维可视化。

3）制造单元、测试以及编程的仿真。

缺点：

价格昂贵，离线功能较弱，UNIX移植过来的界面，人机界面不友好，而且已经不再更新。

5. DELMIA（法国，无试用）

汽车行业所使用的离线编程软件均为DELMIA。

DELMIA是达索旗下的CAM软件，CATIA是达索旗下的CAD软件。DELMIA有6大模块，其中Robotics解决方案涵盖汽车领域的发动机、总装和白车身（Body-in-White），航空领域的机身装配、维修维护，以及一般制造业的制造工艺。

DELMIA的机器人模块ROBOTICS是一个可伸缩的解决方案，利用强大的PPR集成中枢快速进行机器人工作单元建立、仿真与验证，是一个完整的、可伸缩的、柔性的解决方案，操作界面如图3.1.10所示。

优点：

（1）从可搜索的含有超过400种以上的机器人的资源目录中，下载机器人和其他的工具资源。

（2）利用工厂布置规划工程师所完成的工作。

图 3.1.10 DELMIA 软件界面

(3) 加入工作单元中工艺所需的资源进一步细化布局。

缺点：

DELMIA 和 Process&Simulate 等都属于专家型软件，操作难度太高，不适宜高职学生学习，需要机器人专业研究生以上学生使用。DELMIA 和 Process&Simulte 功能虽然十分强大，但是工业正版软件单价也在百万级别。

6. RobotStudio（瑞士，有试用）

RobotStudio 是瑞士 ABB 公司配套的软件，是机器人本体商中软件做得最好的一款。ABB 公司为提高生产率，降低购买与实施机器人解决方案的总成本而开发的一款支持机器人的整个生命周期的离线编程软件，RobotStudio 使用图形化编程、编辑和调试机器人系统来创建机器人的运行，并模拟优化现有的机器人程序。

规划与可行性：规划与定义阶段 RobotStudio 可在实际构建机器人系统之前先进行设计和试运行。还可以利用该软件确认机器人是否能到达所有编程位置，并计算解决方案的工作周期。

编程设计阶段：ProgramMaker 将在 PC 机上创建、编辑和修改机器人程序及各种数据文件。ScreenMaker 可以定制生产用的 ABB 示教悬臂程序画面，操作界面如图 3.1.11 所示。

优点：

(1) CAD 导入。RobotStudio 可以轻易地以各种主要的 CAD 格式导入数据，包括 IGES、STEP、VRML、VDAFS、ACIS 和 CATIA。通过使用此类非常精确的 3D 模型数据，机器人程序设计员可以生成更为精确的机器人程序，从而提高产品质量。

(2) 自动路径生成。这是 RobotStudio 中最节省时间的功能之一。通过使用待加工部件的 CAD 模型，可在短短几分钟内自动生成跟踪曲线所需的机器人位置，如果人工执行此项任务，则可能需要数小时或数天。

(3) 自动分析伸展能力。此功能可灵活移动机器人或工件，直至所有位置均可达到，可在短短几分钟内验证和优化工作单元布局。

(4) 碰撞检测。碰撞检测功能可避免设备碰撞造成的严重损失。在 RobotStudio

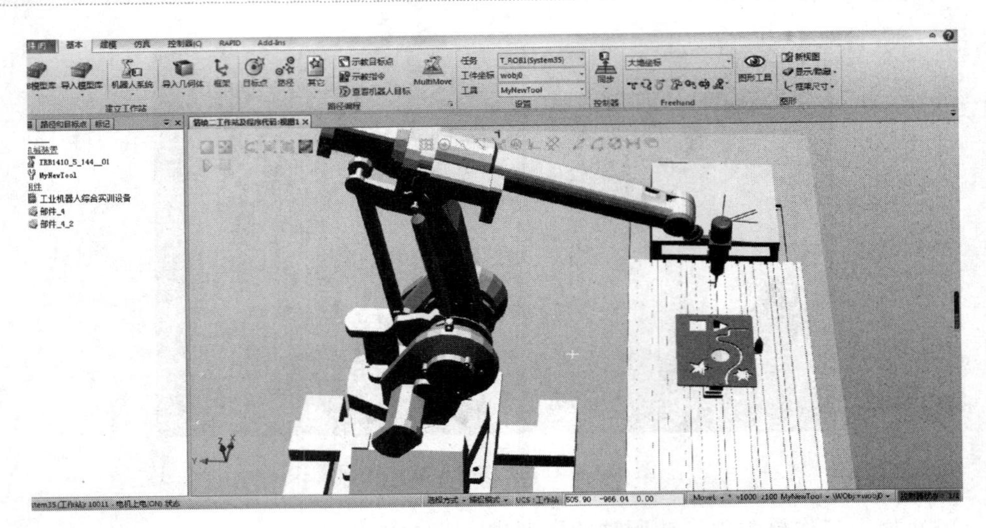

图 3.1.11　RobotStudio 软件界面

中，可以对机器人在运动过程中是否可能与周边设备发生碰撞进行一个验证与确认，以确保机器人的离线编程得出的程序可用。

（5）在线作业。使用 RobotStudio 与真实的机器人进行连接通信，对机器人进行便捷地监控，程序修改，参数设定，文件传送及备份恢复的操作，使得调试与维护工作更轻松。

（6）模拟仿真。根据设计在 RobotStudio 进行工业机器人工作站的动作模拟仿真以及周期节拍，为工程的实施提供百分百真实的验证。

（7）应用功能包。针对不同的应用推出功能强大的工艺功能包，将机器人更好地与工艺应用进行有效的融合。

（8）二次开发。提供功能强大的二次开发的平台，使得机器人应用实现更多的可能，满足机器人的科研需要。

（9）程序编辑器。可生成机器人程序，使用户能够在 Windows 环境中离线开发或维护机器人程序，可显著缩短编程时间、改进程序结构。

（10）虚拟示教台。是实际示教台的图形显示，其核心技术是 Virtual Robot。从本质上讲，所有可以在实际示教台上进行的工作都可以在虚拟示教台上完成，因而是一种非常出色的教学和培训工具。

（11）事件表。一种用于验证程序的结构与逻辑的理想工具。程序执行期间，可通过该工具直接观察工作单元的 I/O 状态。可将 I/O 连接到仿真事件，实现工位内机器人及所有设备的仿真。该功能是一种十分理想的调试工具。可采用 VBA 改进和扩充 RobotStudio 功能，根据用户具体需要开发功能强大的外接插件、宏，或定制用户界面。

（12）直接上传和下载。整个机器人程序无须任何转换便可直接下载到实际机器人系统，该功能得益于 ABB 独有的 Virtual Robot 技术。

缺点：

只支持 ABB 品牌机器人，机器人间的兼容性很差。

7. Robomove（意大利，无试用）

Robomove 来自意大利，同样支持市面上大多数品牌的机器人，机器人加工轨迹由外部 CAM 导入。

优点：

与其他软件不同的是，Robomove 走的是私人定制路线，根据实际项目进行定制。软件操作自由，功能完善，支持多台机器人仿真。

缺点：

需要操作者对机器人有较为深厚的理解，策略智能化程度与 RobotMaster 有较大差距。

8. RoboGuide（美国，有试用）

RoboGuide 系列以过程为中心的软件包允许用户在 3-D 中创建，编程和模拟机器人工作单元，而无需原型工作单元设置的物理需求和费用。使用虚拟机器人和工作单元模型，使用 RoboGuide 进行离线编程可通过在实际安装之前实现单个和多个机器人工作单元布局的可视化来降低风险。

这类专用型离线编程软件，优点和缺点都很类似且明显。因为都是机器人本体厂家自行或者委托开发，所以能够拿到底层数据接口，开发出更多功能，软件与硬件通信也更流畅自然。所以，软件的集成度很高，也都有相应的工艺包。

缺点：

只支持本公司品牌机器人，机器人间的兼容性很差。

还有一些其他通用型离线编程软件，这里就不多做介绍了。它们通常也有着不错的离线仿真功能，但是由于技术储备之类的原因，尚属于第二梯队，比如 Sprut-CAM、RobotSim、川思特、天皇、亚龙、旭上，汇博等等。以上介绍了常用的 8 款主流离线编程软件，并对软件的功能和优缺点进行了分析。

任务 3.2　RobotStudio 离线编程软件的安装

RobotStudio
软件的安装
与创建工作站

3.2.1　安装前注意事项

本课程所使用的 RobotStudio 软件的版本号为 6.08.8148.0134。在正式安装前需要注意如下几方面：

（1）操作系统中的防火墙和杀毒软件因识别错误，可能会造成 RobotStudio 安装程序的不正常运行，甚至会引起某些插件无法正常安装而导致整个软件的安装失败。建议在安装 RobotStudio 之前关闭系统防火墙及杀毒软件，避免计算机防护系统擅自清除 RobotStudio 相关组件。

（2）安装 RobotStudio 软件前需要打齐系统补丁。

（3）软件有 30 天的试用期，试用期间可以全功能使用，试用期后会有部分功能限制，但主要功能依然可以使用。

（4）RobotStudio 软件虽然比较大，但是它对电脑的配置要求比较低，一般的计算机都可以正常运行，但如果要达到比较流畅的运行体验，计算机的配置不能太低。

建议的计算机配置见表 3.2.1。

表 3.2.1　　建议的计算机配置要求

CPU	INTEL 酷睿 i5 系列或同级别 AMD 处理器及以上
显卡	NVIDIA GEFORCE GT650 或同级别 AMD 独立显卡及以上，显存容量 1GB 或以上
内存	容量 4GB 及以上
硬盘	空间剩余 20GB 及以上
显示器	分辨率 1920×1080 及以上

3.2.2　RobotStudio 安装过程

（1）登录 ABB 公司网址，点击进入页面“下载 RobotStudio 软件”，如图 3.2.1 所示。

图 3.2.1　软件下载页面

（2）下载完成后，对压缩包进行解压。在解压完成后的文件中，双击“setup. exe”安装文件，如图 3.2.2 所示。

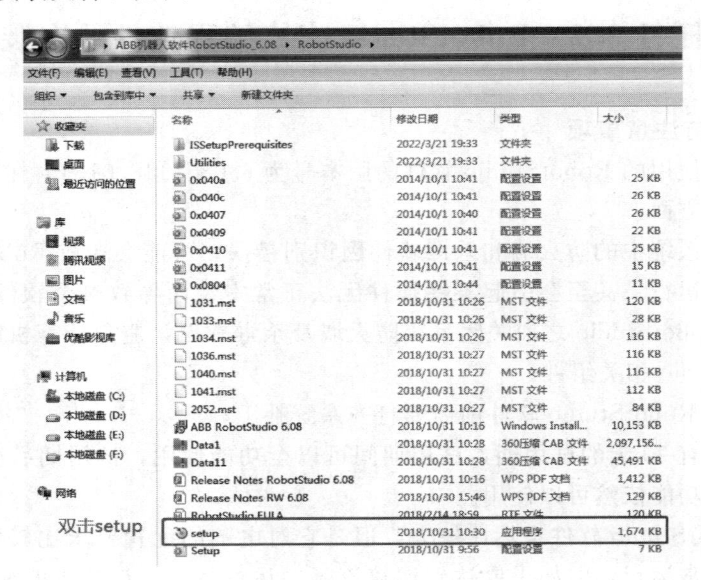

图 3.2.2　安装文件

(3) 在出现的安装语言选择框中选择“中文（简体）”，然后单击“确定”，进行后续的安装，如图 3.2.3 所示。

(4) 进入欢迎界面，单击“下一步”，如图 3.2.4 和图 3.2.5 所示。

(5) 进入许可证协议界面，选择“我接受该许可证协议中的条款”，单击“下一步”，如图 3.2.6 所示。

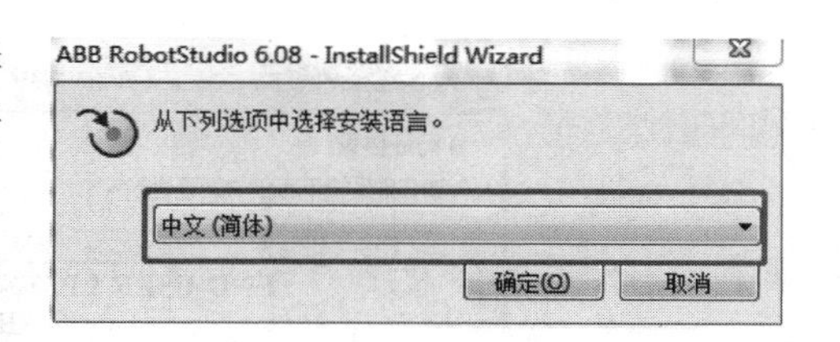

图 3.2.3　语言选择

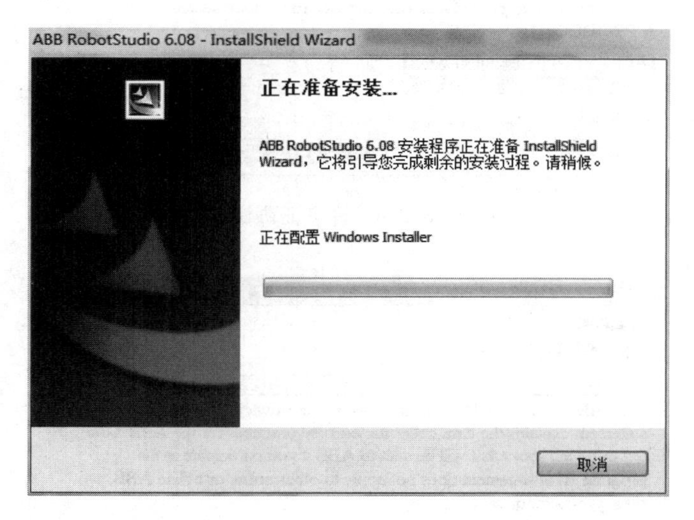

图 3.2.4　安装界面

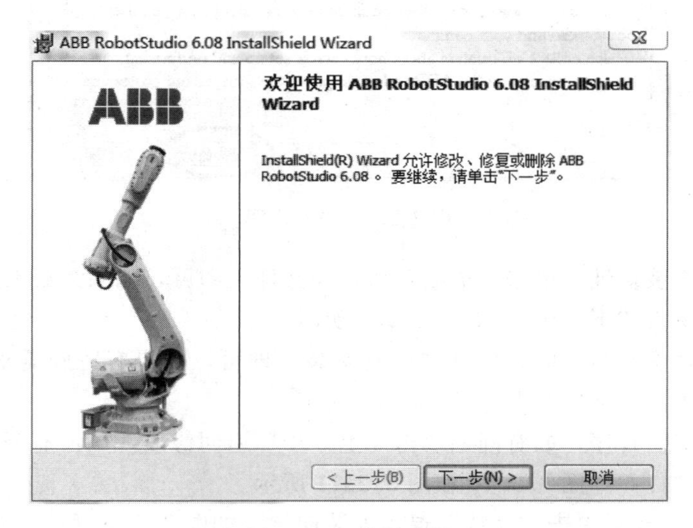

图 3.2.5　安装向导

(6) 进入隐私声明说明，单击“接受”该隐私声明，单击“下一步”，如图 3.2.7 所示。

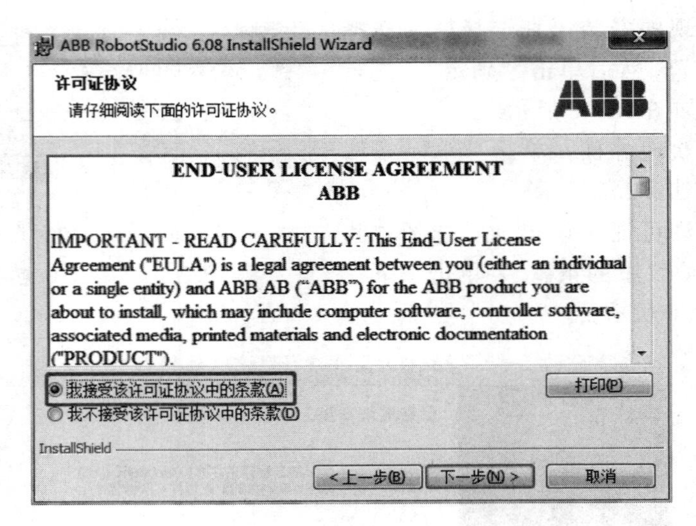

图 3.2.6 许可证协议

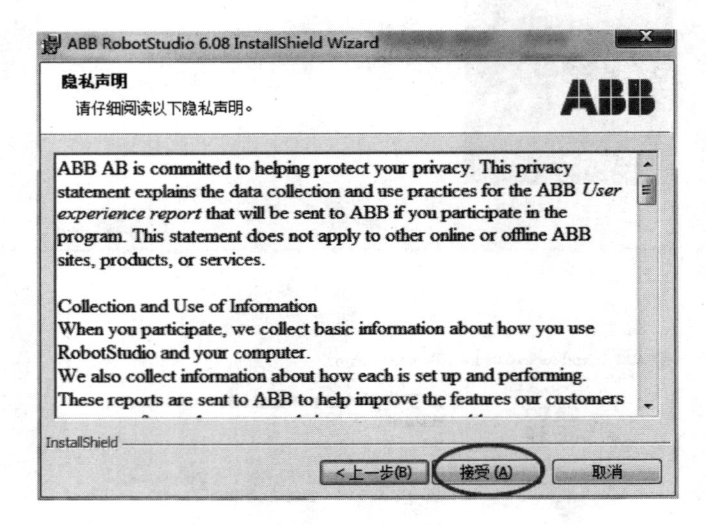

图 3.2.7 隐私声明

（7）选择安装地址，单击“更改”后选择文件夹即可，如果无必要，不建议更改安装文件夹，单击“下一步”，如图 3.2.8 所示。

（8）在选择安装类型时，默认“完整安装”即可，如果有特殊需求的可自定义。选择完成后，单击“下一步”，如图 3.2.9 所示。

（9）准备安装程序，如有问题单击“上一步”返回修改，如没有问题，单击“安装”开始安装软件，如图 3.2.10 和图 3.2.11 所示。

（10）安装完成后单击“完成”退出安装向导，如图 3.2.12 所示。

3.2.3 关于 RobotStudio 的授权

RobotStudio 的授权可通过选择“文件”菜单中的“帮助”查看授权的有效日期，如图 3.2.13 所示。

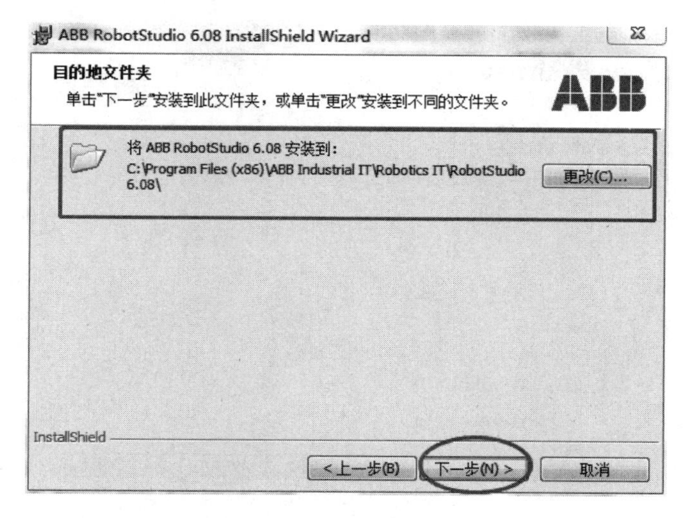

图 3.2.8　目的地文件夹

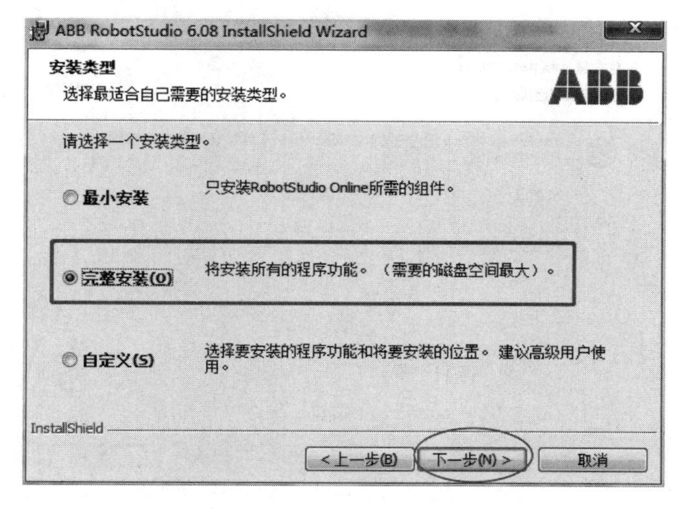

图 3.2.9　安装类型

也可通过选择“基本”菜单，在软件界面下方的输出信息中查看授权的有效日期，如图 3.2.14 所示。

在第一次正确安装 RobotStudio 以后，软件提供 30 天的全功能高级版免费试用，30 天以后，如果还未进行授权操作的话，则只能使用基本版的功能。

软件基本版：提供所选的 RobotStudio 功能，如配置、编程和运行虚拟控制器，还可以通过以太网对实际控制器进行编程，配置和监控等在线操作。

软件高级版：提供 RobotStudio 所有的离线编程和多机器人仿真功能，高级版中包含基本版中的所有功能，若要使用高级版须进行激活。

RobortStudio 的授权购买可以与 ABB 公司进行联系购买，针对学校使用 RobotStudio 软件用于教学用途有特殊的优惠政策。

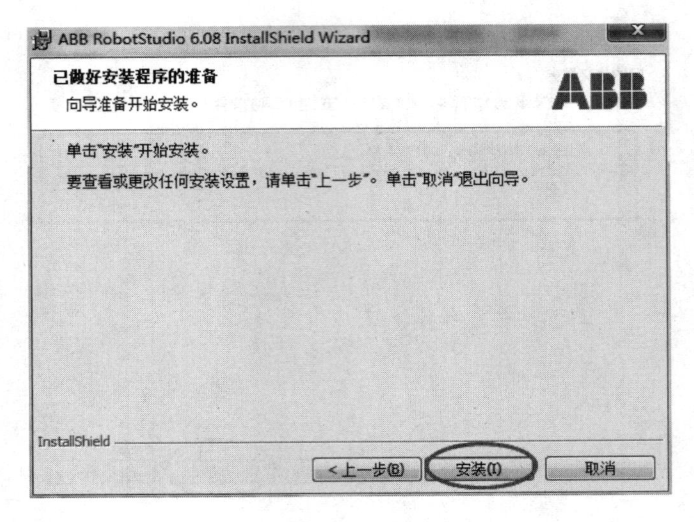

图 3.2.10　软件安装

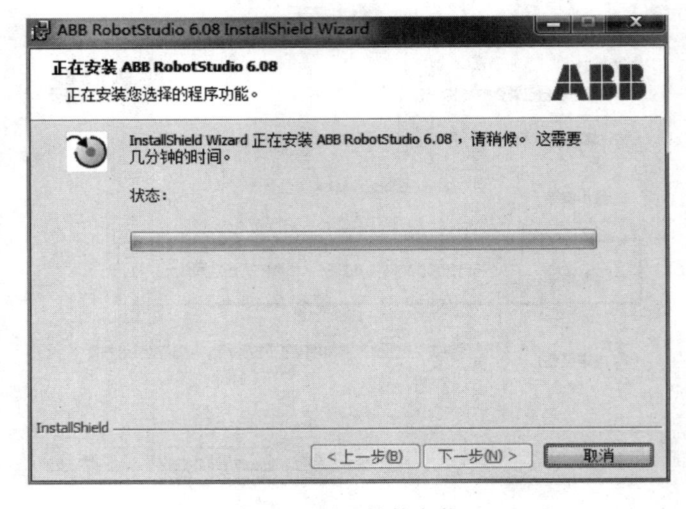

图 3.2.11　软件安装

3.2.4　激活授权的操作

从 ABB 公司获得的授权许可证有两种：一种是单机许可证，另一种是网络许可证。单机许可证只能激活一台计算机的 RobotStudio 软件，而网络许可证可在一个局域网内建立一台网络许可证服务器，给局域网内的 RobotStudio 客户端进行授权许可，客户端的数量由网络许可证所决定。在授权激活后，如果计算机系统出现问题并重新安装 RobotStudio 的话，将会造成授权失效。

激活授权的操作如下：

（1）在激活之前，请将计算机连接互联网，因为 RobotStudio 可以通过互联网进行激活，这样操作会便捷很多。

（2）选择软件中的“文件”菜单，并选择下拉菜单“选项”，如图 3.2.15 所示。

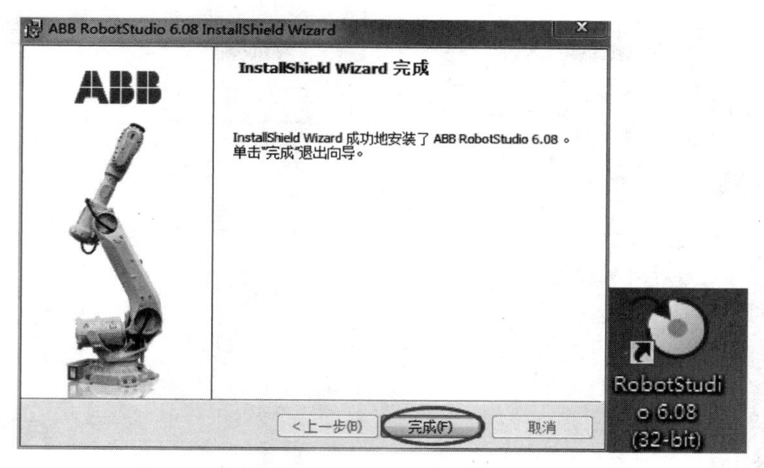

图 3.2.12　安装完成

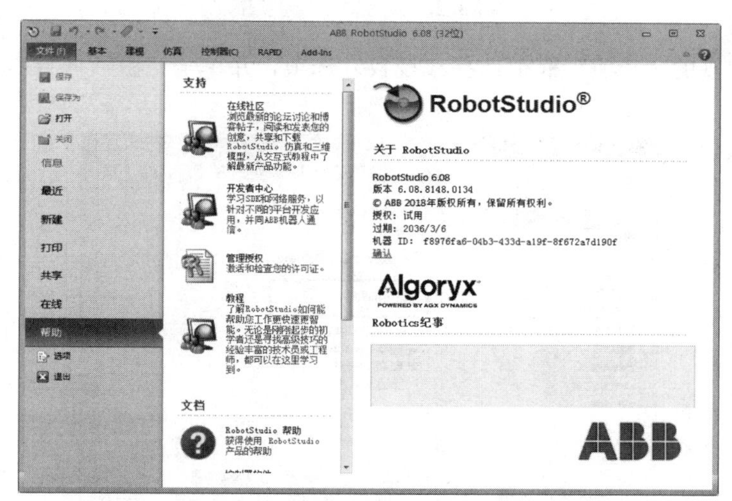

图 3.2.13　“帮助”中查看授权的有效日期

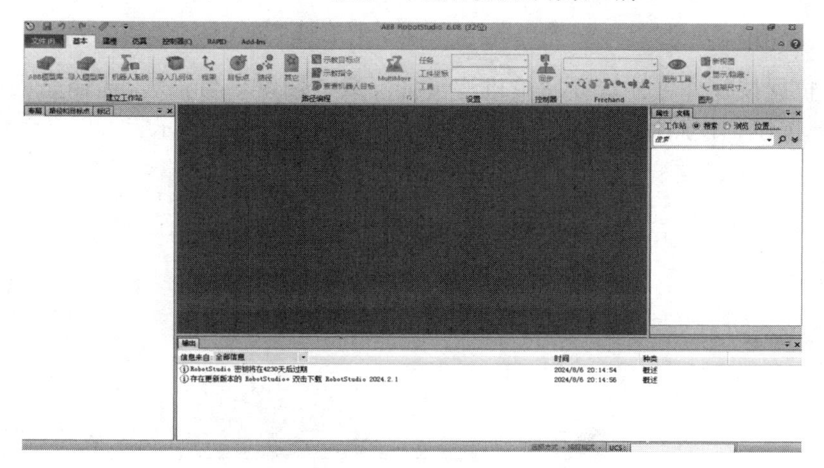

图 3.2.14　“输出信息”中查看授权的有效日期

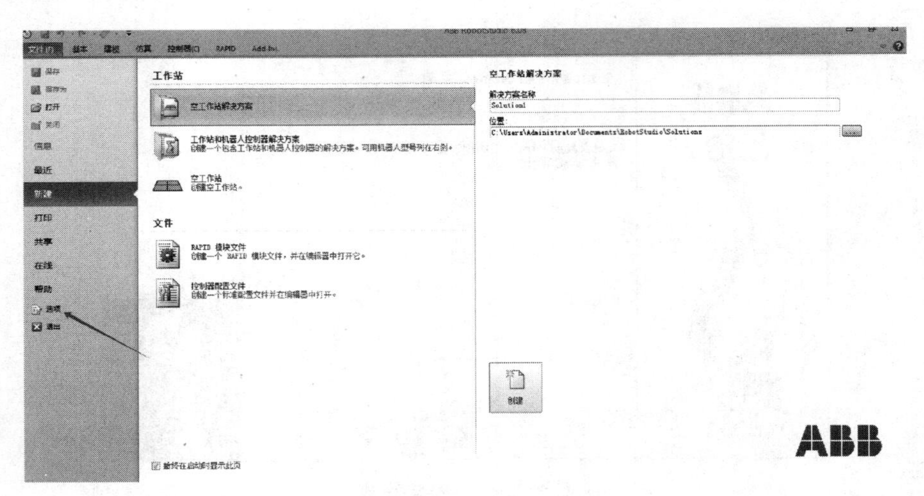

图 3.2.15 选择“选项”

（3）在出现的“选项”框中选择“授权”选项，并单击“激活向导”，如图 3.2.16 所示。

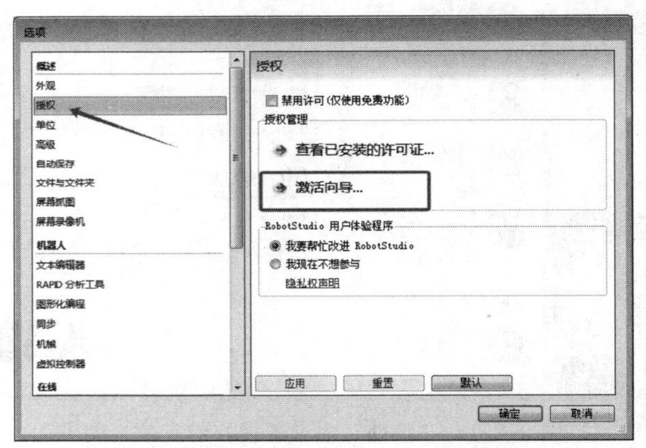

图 3.2.16 选择“激活向导”

（4）根据授权许可证选择“单机许可证”或“网络许可证”，选择完成后，单击“下一个”按钮，按照提示即可完成激活操作，如图 3.2.17 所示。

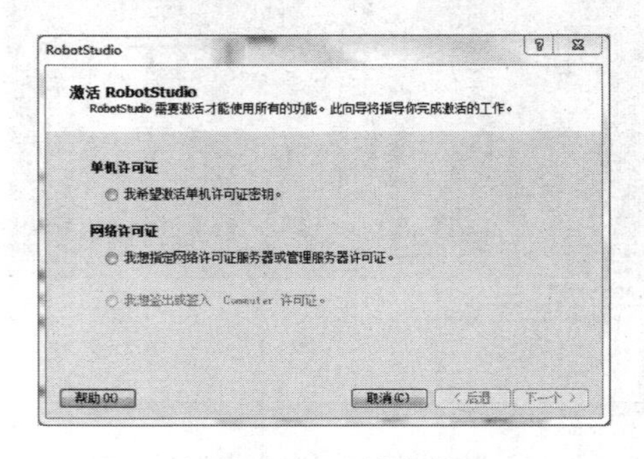

图 3.2.17 选择许可证

任务 3.3　创建工作站文件

工作站文件是创建机器人仿真工作站的前提，为仿真工作站的搭建提供了平台。工作站文件在 RobotStudio 中具体表现为一个三维的虚拟世界，编程人员可在这个虚拟的环境中运用 CAD 模型任意搭建场景来构建仿真工作站。

RobotStudio 中菜单和工具栏的应用是基于工作站文件而言的，在没有创建或者打开工作站文件的情况下，菜单栏和工具栏中的大部分功能呈暗灰色，处于不可用的状态，如图 3.3.1 所示。

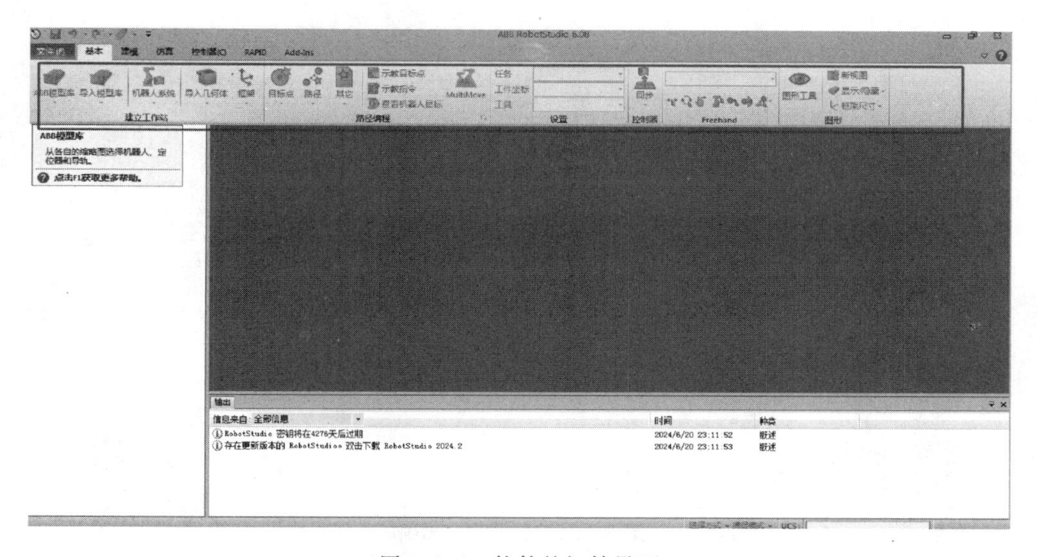

图 3.3.1　软件的初始界面

RobotStudio 创建的工作站文件在计算机的存储中是以文件的形式存在的，也可以称为一个工作站包，启动文件的扩展名为 .rsstn，如图 3.3.2 所示；另外，RobotStudio 也可以将工作站文件打包成软件专用的工作站打包文件，扩展名是 .rspag，如图 3.3.3 所示。

图 3.3.2　工作站文件

图 3.3.3　工作站打包文件

工作站文件不受计算机存储路径的影响，可通过简单的剪切复制等操作改变其存放位置，直接双击“. rsstn”文件即可调用 RobotStudio 软件打开工作站文件。

“. rspag”文件作为 RobotStudio 专用的压缩文件，有利于工程文件在不同设备之间的交互。双击打开工作站文件压缩包时会自动解压，选择解包的目标文件夹后就会打开工作站文件，用户在软件界面内的任何编辑都是基于释放的文件夹下的文件，而并不会影响到原有“. rspag”打包文件。

软件基本设置和创建一个工作站

3.3.1 创建空工作站

(1) 打开 RobotStudio 后，单击工具栏上的“文件”选项卡，单击“新建”，在菜单中双击“空工作站”按钮或者单击后再单击“创建”，如图 3.3.4 所示。

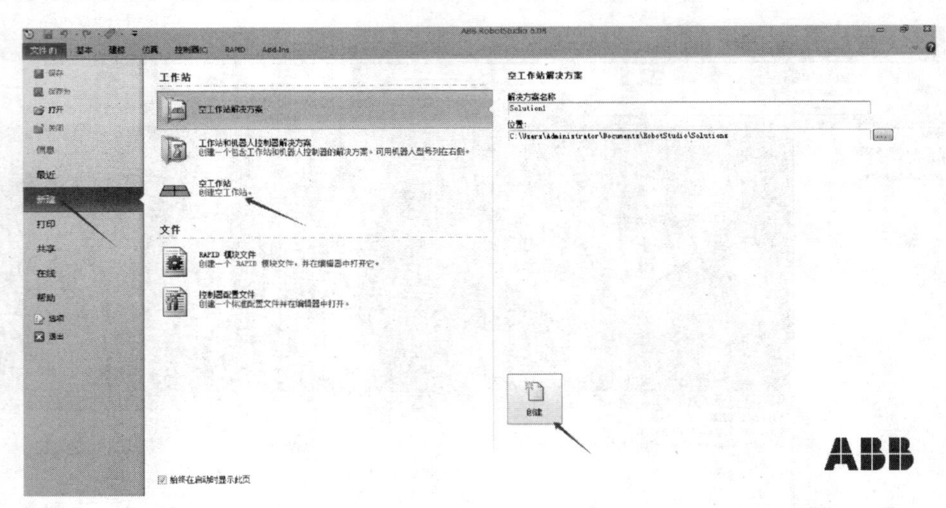

图 3.3.4 创建空工作站

(2) 创建空工作站后，选项卡被激活呈现高亮状态，如图 3.3.5 所示。

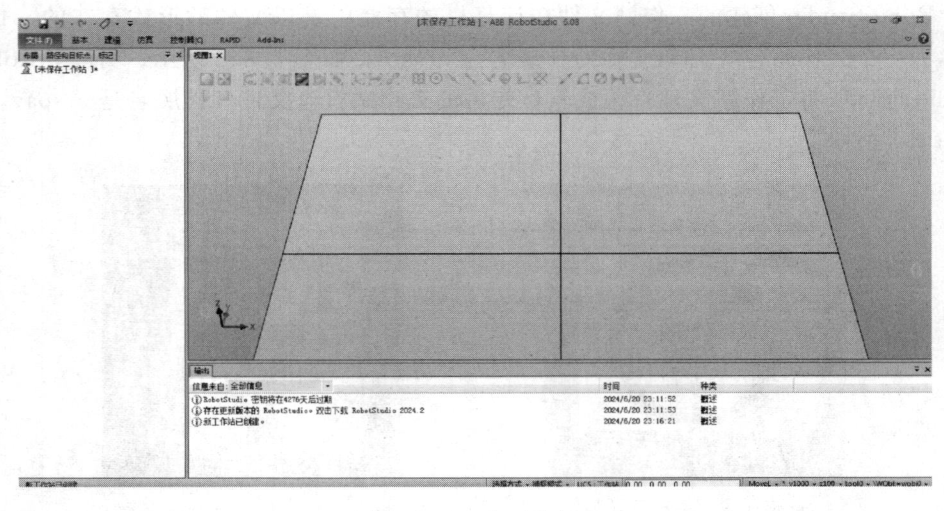

图 3.3.5 空工作站

3.3.2 “.rspag”文件解包

（1）双击打包文件，自动使用 RobotStudio 打开后进入解包向导，如图 3.3.6 所示。

（2）单击“下一个”，进入选择打包文件与解包路径界面，如图 3.3.7 所示。

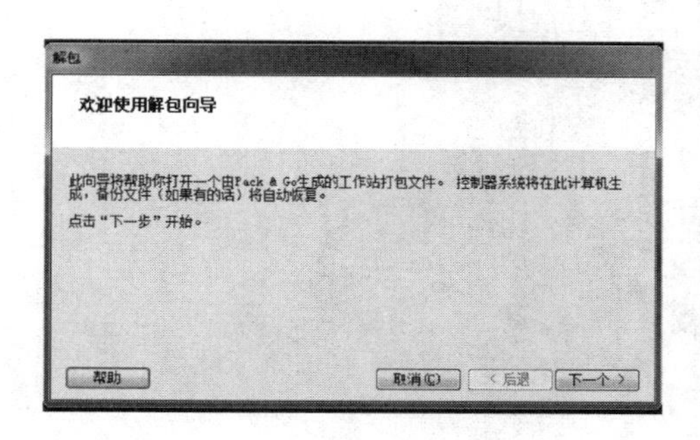

图 3.3.6 解包向导

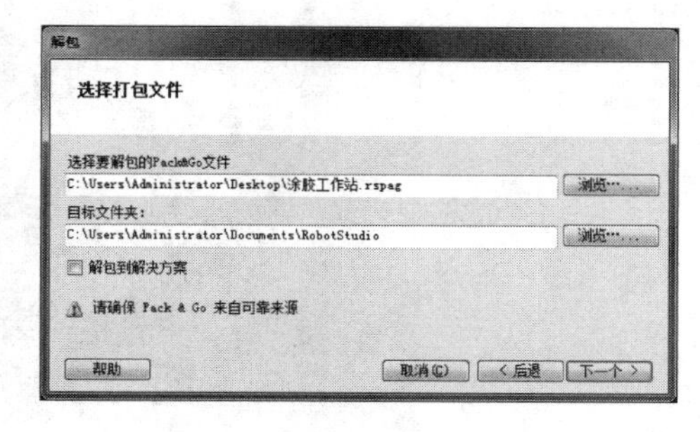

图 3.3.7 选择目标文件

（3）选择完成后，单击“下一个”，选择 RobotWare，如图 3.3.8 所示。

（4）选择完成后，单击“下一个”，确认后单击“完成”开始解包，如图 3.3.9 所示。

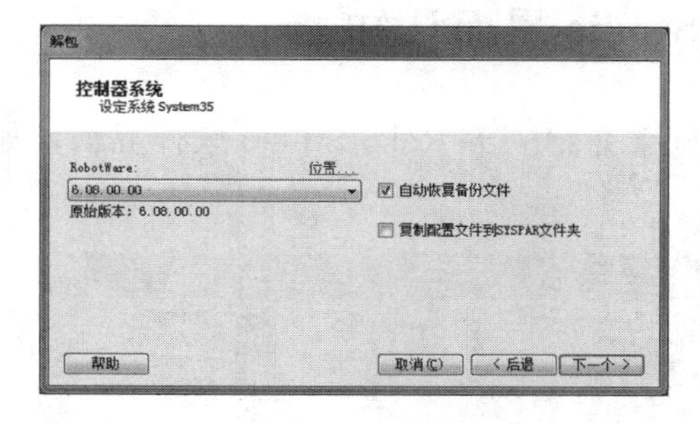

图 3.3.8 选择 RobotWare

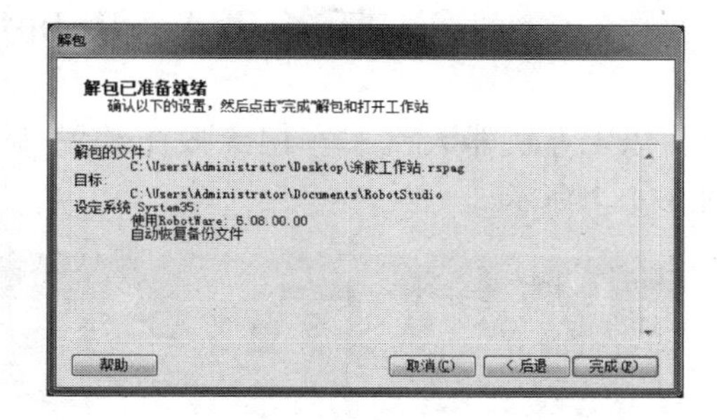

图 3.3.9 解包就绪

（5）解包完成后弹出解包完成界面，单击“关闭”退出解包向导，如图 3.3.10 所示。

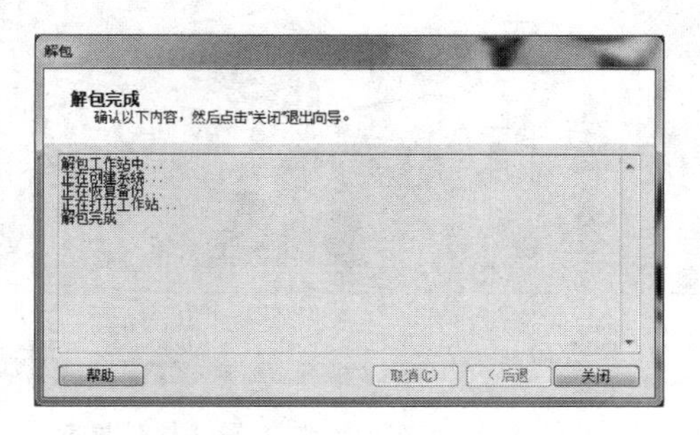

图 3.3.10 解包完成

（6）解包后的最终效果如图 3.3.11 所示。

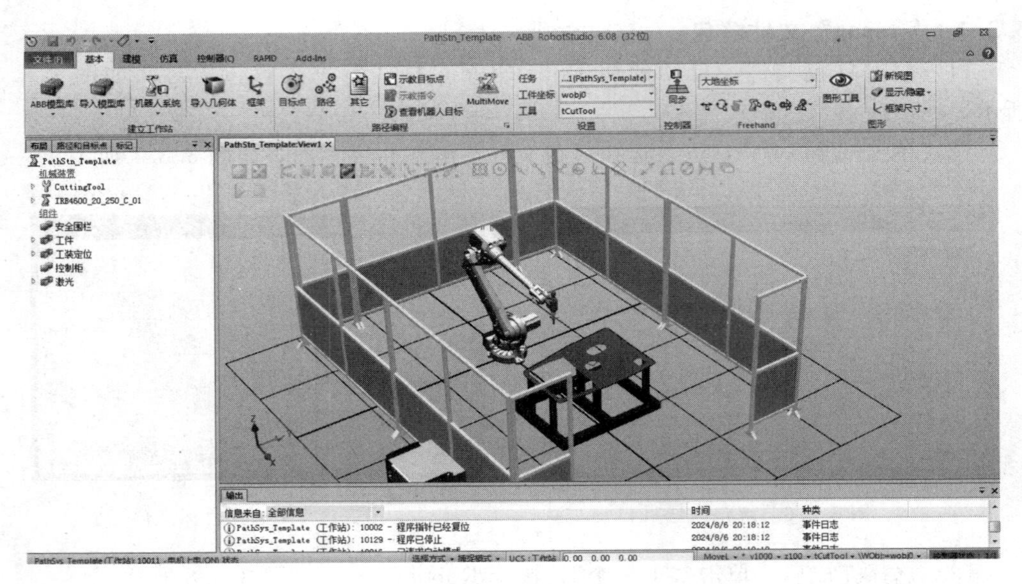

图 3.3.11 工作站文件界面

任务 3.4 RobotStudio 界面认知

以工业机器人汽车车门涂胶工作站为例来介绍一下 RobotStudio 软件界面，如图 3.4.1 所示。

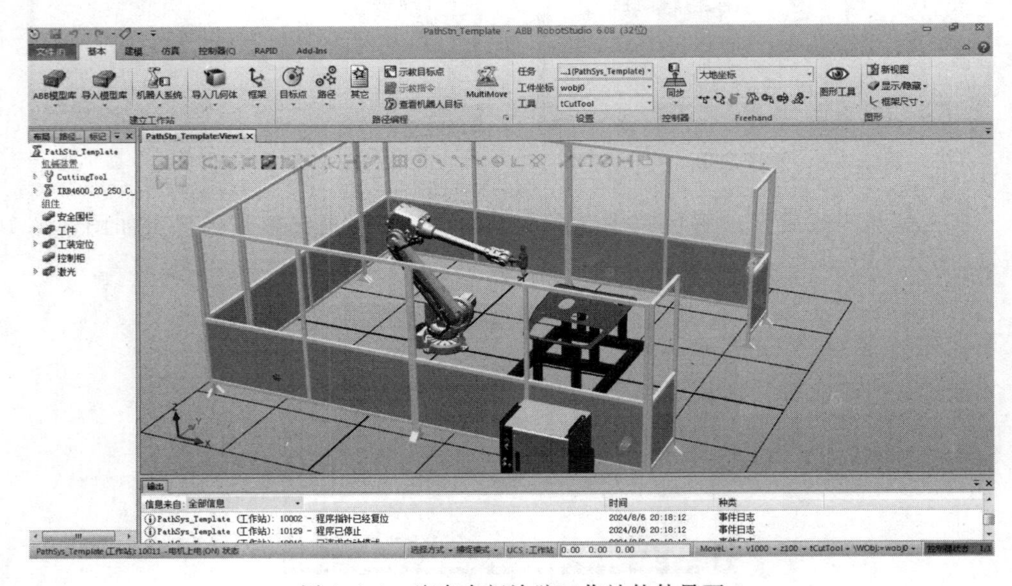

图 3.4.1 汽车车门涂胶工作站软件界面

在界面的上方是功能区，主要有文件、基本、建模、仿真、控制器、RAPID 和 Add-Ins 功能选项，左上角是自定义快速工具栏，点开自定义快速访问可以自行定义快速访问项目和进入窗口布局，如图 3.4.2 所示。

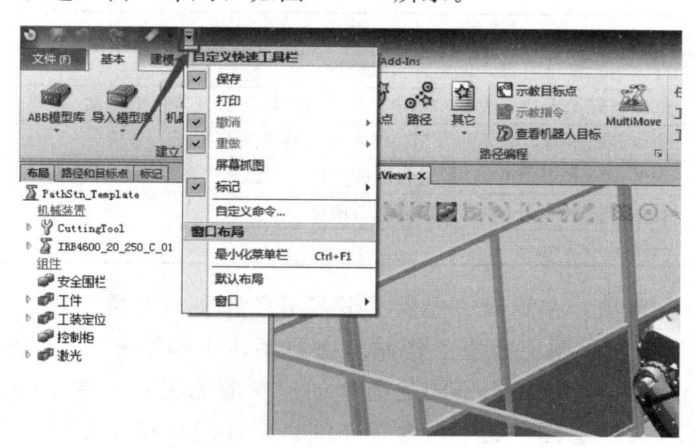

图 3.4.2　功能区菜单栏

界面的左侧是布局浏览器、路径和目标点浏览器和标记浏览器，主要分层显示工作站中的项目和工作站内的所有路径、数据等。

界面中间部分是视图区，整体的工作站布局都会在视图区显示出来。界面右侧是文档窗口，可以搜索和浏览 RobotStudio 文档，例如处于不同位置的大量库和几何体等。也可以添加与工作站相关的文档，作为链接或嵌入一个文件在工作站中。

界面的下方是输出窗口，显示工作站内出现的事件的相关信息，例如启动或停止仿真的时间，输出窗口中的信息对排除工作站故障很有作用。

3.4.1　RobotStudio 软件的各项选项卡功能

RobotStudio 软件的功能区菜单栏有文件、基本、建模、仿真、控制器、RAPID 和 Add-Ins 功能选项卡。

1. 文件

“文件”功能选项，打开软件后首先进入的界面就是“文件”选项界面，单击会打开 RobotStudio 后台视图，显示了当前活动的工作站的信息和数据、列出最近打开的工作站并提供一系列用户选项，包括创建新工作站、连接到控制器、将工作站保存为查看器等。“文件”选项下各种可用选项见表 3.4.1。

表 3.4.1　“文件”选项下各种可用选项

选项	描　述
保存工作站为	保存工作站
打开	打开保存的工作站。在打开或保存工作站时，选择加载几何体选项，否则几何体会被永久删除
关闭	关闭工作站
信息	在 RobotStudio 中打开某个工作站后，点击信息后将显示该工作站的属性，以及作为打开的工作站的一部分的机器人系统和库文件
最近	显示最近访问的工作站和项目
新建	可以创建工作站和文件

续表

选项	描　述
打印	打印活动窗口内容，设置打印机属性
共享	可以与其他人共享数据，创建工作站包或解包打开其他工作站
在线	连接到控制器，导入和导出控制器，创建并运行机器人系统
帮助	提供有关 RobotStudio 安装和许可授权的信息和一些帮助支持文档
选项	显示有关 RobotStudio 设置选项的信息
退出	关闭 RobotStudio

关于“新建”选项，在界面中提供了很多用户选项，主要分为“工作站”和“文件”两种。“工作站”标题下有空工作站解决方案、工作站和机器人控制器解决方案和空工作站三个选项，可以根据不同的需要创建对应的项目。在 RobotStudio 中将解决方案定义为文件夹的总称，其中包含工作站、库和所有相关元素的结构。在创建文件夹结构和工作站前，必须先定义解决方案的名称和位置。“文件”标题下有 RAPID 模块文件和控制器配置文件两个选项，可以分别创建 RAPID 模块文件和标准控制器配置文件，并在编辑器中打开。

2. 基本

“基本”功能选项，包含构建工作站、创建系统、编辑路径以及摆放工作站的模型项目所需要的控件。按照功能的不同将菜单中的功能选项分为建立工作站、路径编辑、设置、控制器、Freehand 和图形六个部分，如图 3.4.3 所示。

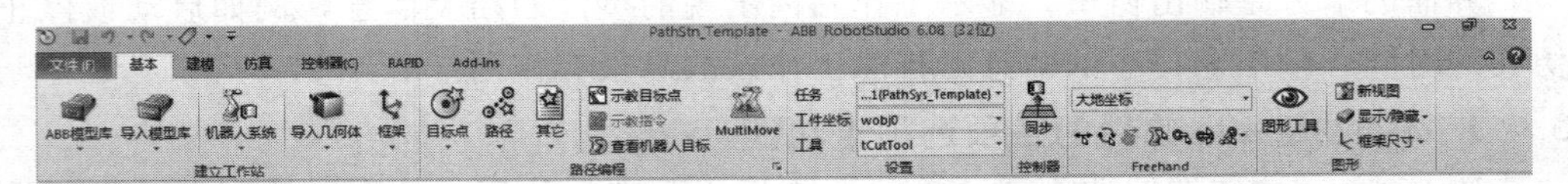

图 3.4.3 “基本”功能选项

在“建立工作站”中单击“ABB 模型库”按钮，可以从相应的列表中选择所需的机器人、变位机和导轨模型，将其导入到工作站中；“导入模型库”使用该按钮，可以导入设备、几何体、变位机、机器人、工具以及其他物体到工作站内；“机器人系统”可以为机器人创建或加载系统，建立虚拟的控制器；“导入几何体”则是可以导入用户自定义的几何体和其他三维软件生成的几何体；“框架”可以用来创建一般的框架和制定方向的框架。

“基本”功能选项中的“路径编辑”主要是进行轨迹相关的编辑功能，其中“目标点”是实现目标点的创建功能，“路径”可以创建空路径和自动生成路径，“其它”是用来创建工件坐标系和工具数据以及编辑逻辑指令。在路径编辑中还有示教目标点、示教指令和查看机器人目标的功能，点开路径编辑下方小箭头还可以打开指令模板管理器，用来更改 RobotSudio 自带的默认设置之外的其他指令的参数设置。

“设置”中“任务”是在下拉菜单中选择任务，所选择的任务表示当前任务，新的工作对象、工具数据、目标、空路径或来自曲线的路径将被添加到此任务中。这里的任务是在创建系统时一同创建的。“工件坐标”是选择当前所要使用的工件坐标系，新的目标点的位置将以工件坐标系为准。“工具”是从工具下拉列表中选择工具坐标系，所选择的表示当前工具坐标系。

“控制器”中的“同步”功能是可以实现工作站和虚拟示教器之间设置和编辑的相互同步。

“Freehand”是选择对应的参考坐标系，然后通过移动、手动控制机器人关节、旋转、手动线性、手动重定位和多个机器人的微动控制，实现机器人和物体的动作控制。

“图形”功能分为视图设置和编辑设置，使用 View（视图）选项可选择视图设置、控制图形视图和创建新视图，并显示/隐藏选定的目标、框架、路径、部件和机构。Edit（编辑）选项则是包含涉及几何对象的材料及其应用的命令。

3. 建模

“建模”功能选项上的功能项可以帮助进行创建 Smart 组件、分组组件、创建部件、创建固体、表面、测量、进行与 CAD 相关的操作以及创建机械装置、工具和输送带等。图 3.4.4 所示是“建模”功能选项中包含的功能项。

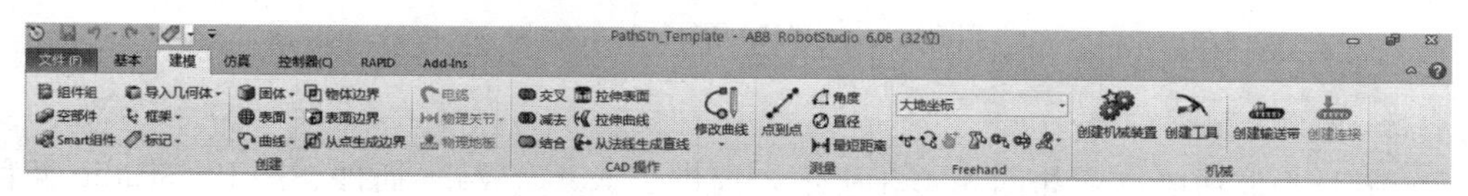

图 3.4.4 “建模”功能选项

4. 仿真

“仿真”功能选项如图 3.4.5 所示，包括创建碰撞检测、配置仿真、仿真控制、监控和记录仿真的相关控件。

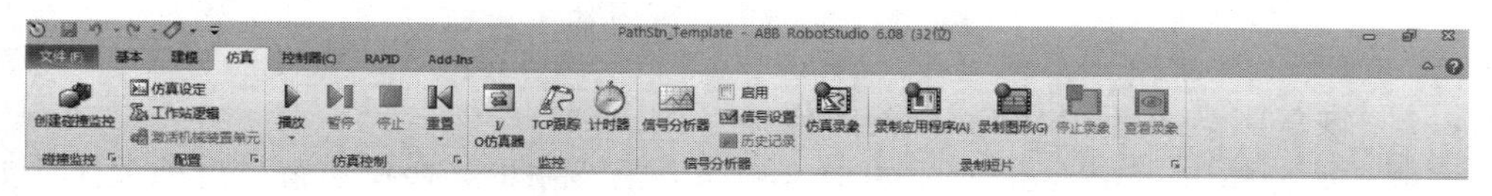

图 3.4.5 “仿真”功能选项

“碰撞监控”可以创建碰撞集，包含两组对象：ObjectA 和 ObjectB，将对象放入其中以检测两组之间的碰撞。点开下方小箭头可以进行碰撞检测的相关设置。

“配置”中“仿真设定”是进行设置仿真时机器人程序的序列和进入点和选择需要仿真的对象等，“工作站逻辑”是进行工作站与系统之间的属性和信号之间的连接设置，点开下方小箭头可以打开“事件管理器”，通过“事件管理器”可以设置机械装置动作与信号之间的连接。

“仿真控制”则是控制仿真的开始、暂停、停止和复位功能。

“监控”可以查看并设置程序中 I/O 信号、启动 TCP 跟踪和添加仿真计时器。

“信号分析器”信号分析功能可用于显示和分析来自机器人控制器的信号，进而优化机器人程序。

“录制短片”可以对仿真过程、应用程序和活动对象进行全程的录制，生成视频。

5. 控制器

“控制器”功能选项如图 3.4.6 所示，包含用于虚拟控制器的配置和分配给它的任务的控制措施，还有用于管理真实控制器的控制功能。RobotStudio 允许使用离线控制器，即在计算机上本地运行的虚拟控制器，这种离线控制器也被称为虚拟示教器。

图 3.4.6 “控制器”功能选项

6. RAPID

RAPID 功能选项如图 3.4.7 所示，提供用于创建、编辑和管理 RAPID 程序的工具和功能。可以管理真实控制器上的在线 RAPID 程序、虚拟控制器上的离线 RAPID 程序或者不隶属于某个系统的单机程序。

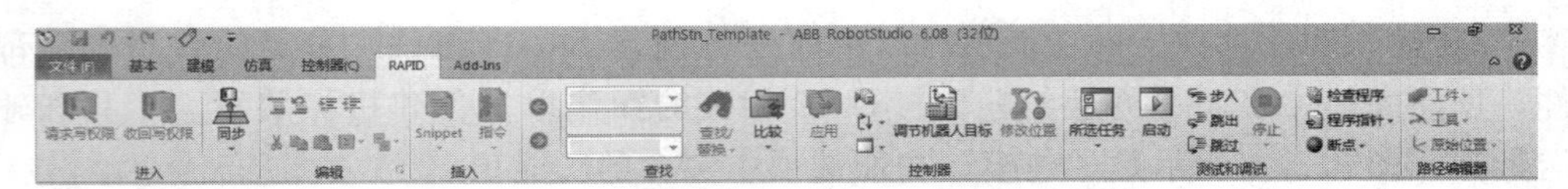

图 3.4.7 “RAPID”功能选项

7. Add - Ins

Add - Ins 功能选项如图 3.4.8 所示，提供了 RobotWare 插件、RobotStudio 插件和一些组件等。

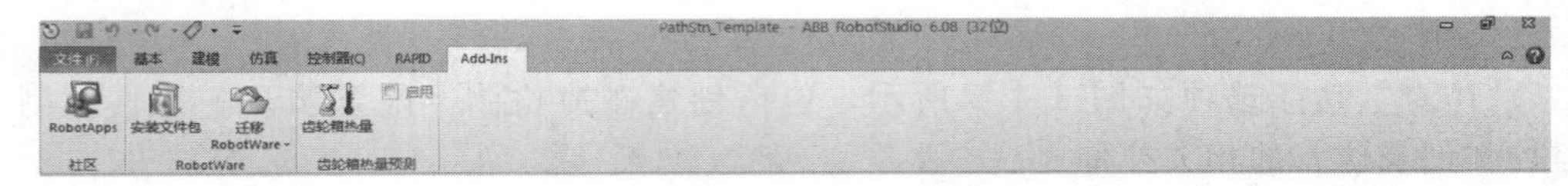

图 3.4.8 “Add - Ins”功能选项

3.4.2 恢复默认 RobotStudio 界面的操作

刚开始操作 RobotStudio 时，有时会不小心误操作将某些操作窗口意外关闭，如

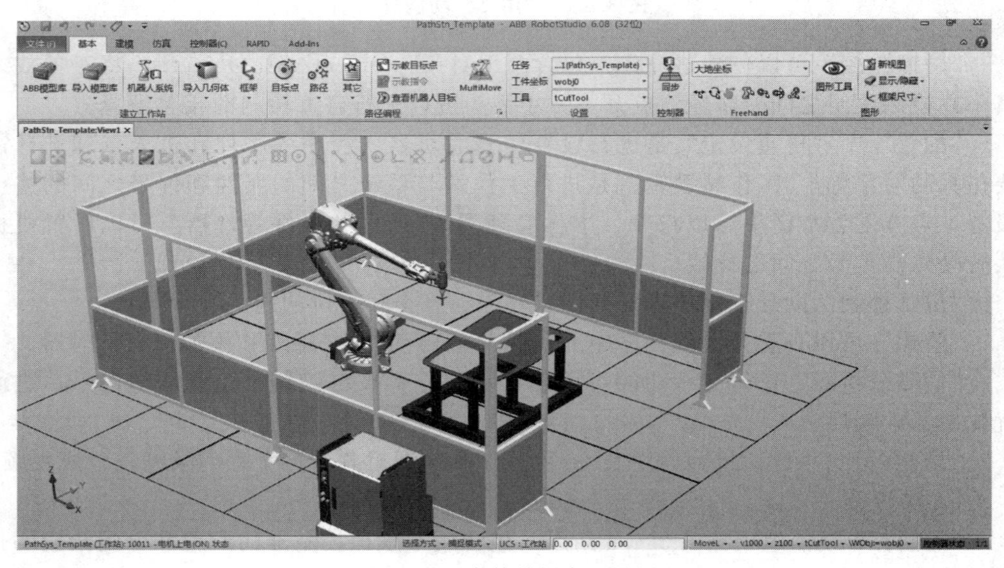

图 3.4.9 意外关闭窗口界面

图 3.4.9 所示，布局、路径与目标点和标记浏览窗口，还有输出信息窗口被关闭了，从而无法找到对应的操作对象和查看相关的信息。这时，可以进行恢复默认 RobotStudio 界面的操作。

（1）单击上方自定义快速工具栏中的下拉按钮，在菜单中选择“默认布局”，如图 3.4.10 所示。

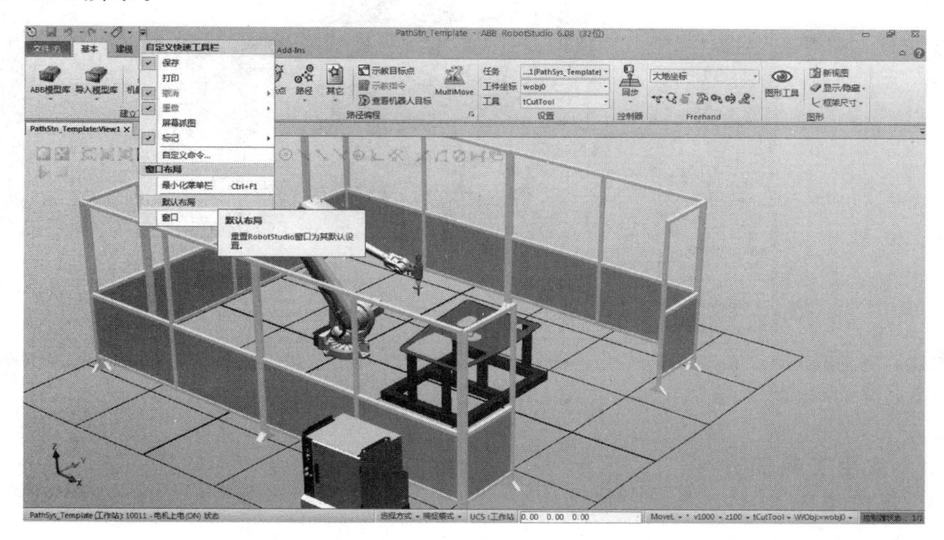

图 3.4.10 选择“默认布局”

（2）选择“默认布局”后，软件界面恢复最小化的默认布局，单击右上角放大界面按钮，如图 3.4.11 所示，恢复了窗口的布局。

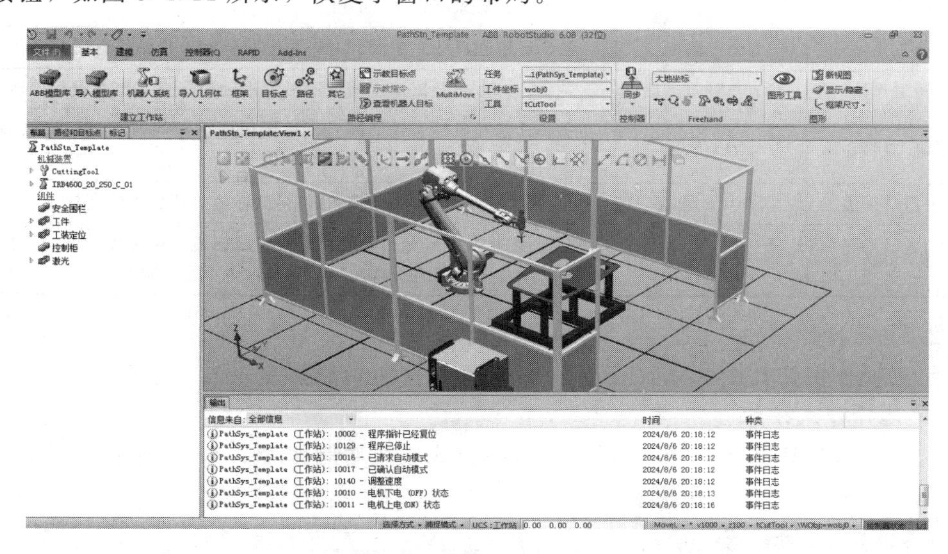

图 3.4.11 “默认布局”窗口界面

也可以在菜单栏中选择“窗口”，在所需要打开的窗口前打钩选中，打开指定的窗口，如图 3.4.12 所示。

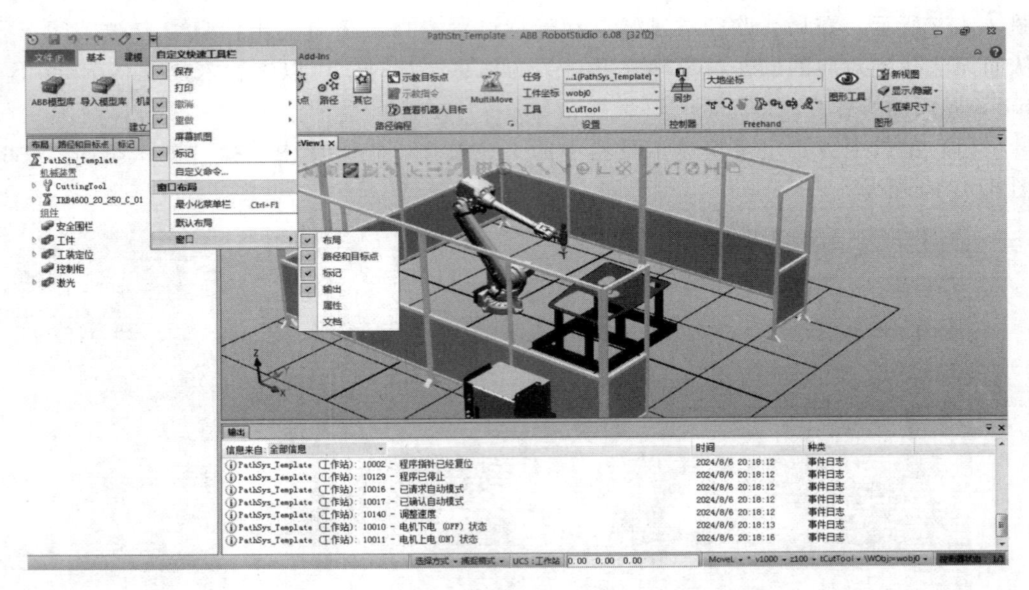

图 3.4.12　选择“窗口”

3.4.3　常用工具简介

1. 视图操作工具

视图操作快捷键如表 3.4.2 所示。

表 3.4.2　　视图操作快捷键

目　的	使用键盘/鼠标组合	说　明
选择项目	鼠标	只需单击要选择的项目即可
平移工作站	Ctrl＋鼠标	按 Ctrl 键和鼠标左键的同时，拖动鼠标对工作站进行平移
旋转工作站	Ctrl＋Shift＋鼠标	按 Ctrl＋Shift 及鼠标左键的同时，拖动鼠标对工作站进行旋转
缩放工作站	Ctrl＋鼠标	按 Ctrl 键和鼠标右键的同时，将鼠标拖至左侧（右侧）可以缩小（放大）
使用窗口缩放	Shift＋鼠标	按 Shift 键及鼠标右键的同时，将鼠标拖过要放大的区域
使用窗口选择	Shift＋鼠标	按 Shift 并点击鼠标左键的同时，将鼠标拖过该区域，以便选择与当前选择层级匹配的所有选项

2. 手动操作按钮

手动操作按钮如图 3.4.13 所示，手动操作按钮功能如表 3.4.13 所示。

3. 选择方式按钮

选择方式按钮如图 3.4.14 所示，选择方式按钮功能如表 3.4.14 所示。

图 3.4.13　手动操作按钮

图 3.4.14　选择方式按钮

表 3.4.3 手动操作按钮功能

按钮	功能	按钮	功能
	移动：在当前的参考坐标系中拖放对象		手动线性：在当前工具定义的坐标系中移动
	旋转：沿对象的各轴旋转		手动重定位：旋转工具的中心点
	拖拽：拖拽取得物理支持的对象		多个机器人手动操作：同时移动多个机械装置
	手动关节：移动机器人的各轴		

表 3.4.4 选择方式按钮功能

按钮	功能	按钮	功能
	选择曲线		选择机械装置
	选择表面		选择目标点或框架
	选择物体		选择移动指令
	选择部件		选择路径
	选择组		

4. 捕捉模式按钮

捕捉模式按钮如图 3.4.15 所示，捕捉模式按钮功能如表 3.4.5 所示。

表 3.4.5 捕捉模式按钮功能

按钮	功能	按钮	功能
	捕捉对象		捕捉边缘点
	捕捉中心点		捕捉重心
	捕捉中点		捕捉对象的本地原点
	捕捉末端或角位		捕捉 UCS 的网格点

5. 测量工具的按钮

测量工具按钮如图 3.4.16 所示，测量工具按钮功能如表 3.4.6 所示。

图 3.4.15　捕捉模式按钮

图 3.4.16　测量工具按钮

表 3.4.6　　测量工具按钮功能

按钮	功　能	按钮	功　能
	点到点：测量视图中两点的距离		最短距离：测量在视图中两个对象的直线距离
	角度：测量两直线的相交角度		保持测量：对之前的测量结果进行保存
	直径：测量圆的直径		

项目 4

ABB 机器人仿真工作站的创建

项目简介

工业机器人仿真工作站是计算机图形技术与机器控制技术的结合体，仿真工作站不仅是模型的展示，还是模拟实际设备的运行，就像机器人涂胶工作站这样，可以完成一项基本的作业。

一个完整的工业机器人仿真工作站包括工程文件和系统文件两部分。离线编程与仿真的前提是在 RobotStudio 的虚拟环境中仿照真实的工作现场建立一个仿真的工作站，如图 4.0.1 所示。这个场景中包括工业机器人本体（涂胶机器人、码垛机器人、焊接机器人、搬运机器人等）、工具（喷涂工具、焊枪、夹爪等）、工件、工作台以及安全围栏等其他的外围设备，其中机器人本体、控制柜、工具、工作台和工件是构成工作站不可或缺的要素。

本项目主要学习如何去创建一个简单的仿真工作站，并对仿真工作站中的对象进行相应的设置。

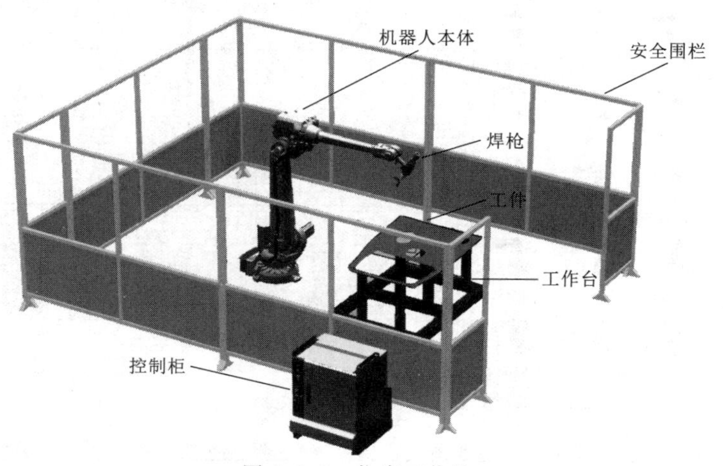

图 4.0.1　仿真工作站

教学目标

【知识目标】

◇ 了解机器人属性设置选项。

◇ 手动功能的应用。
◇ 学会导入与安装工具的步骤。
◇ 掌握调整工具模型位置的方法。
◇ 掌握创建机械装置的步骤

【技能目标】

◇ 具备根据项目要求配置机器人属性的能力。
◇ 具备创建虚拟工具的能力。
◇ 能够独立完成机械装置的创建。

【素质目标】

◇ 培养学生安全操作、规范操作意识。
◇ 激发兴趣，培养学生专业认同。
◇ 科普应用，增强学生四个自信。

任务 4.1　ABB 模型库与导入模型库

4.1.1　ABB 模型库

在“基本”功能选项卡中的“ABB 模型库”中，提供了几乎所有的机器人产品模型来作为仿真使用，如图 4.1.1 所示，结合图片将机器人模型很好地展现出来，方便快速找到需要的机器人型号。

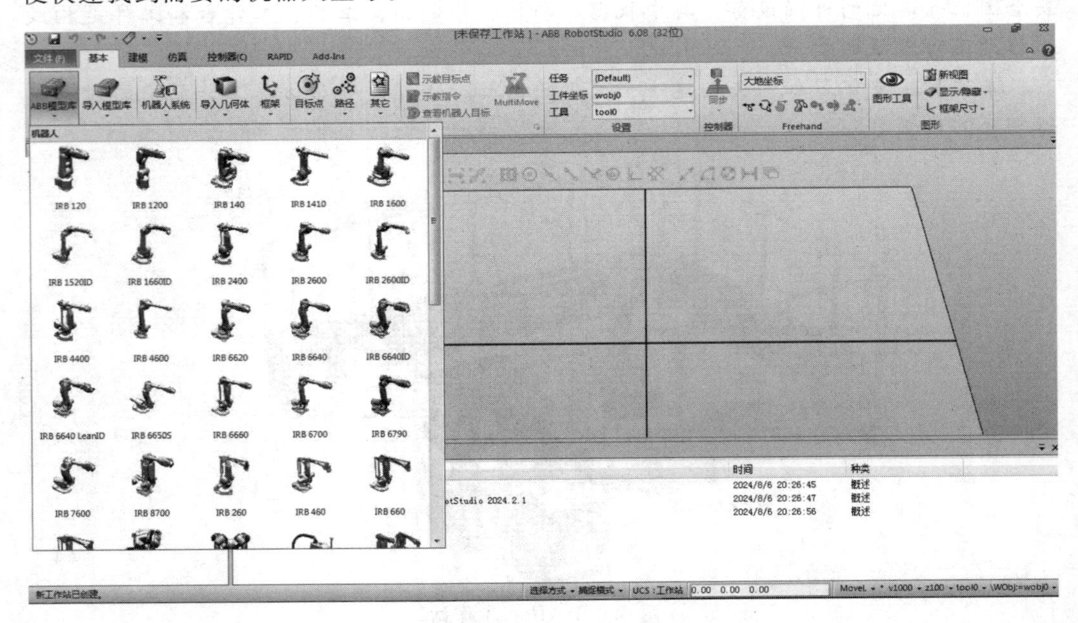

图 4.1.1　ABB 模型库

单击某一款机器人，如：IRB1200，确定好版本，单击“确定”就会添加到工作站中，如图 4.1.2 所示。

将机器人放置到坐标轴中，如图 4.1.3 所示。

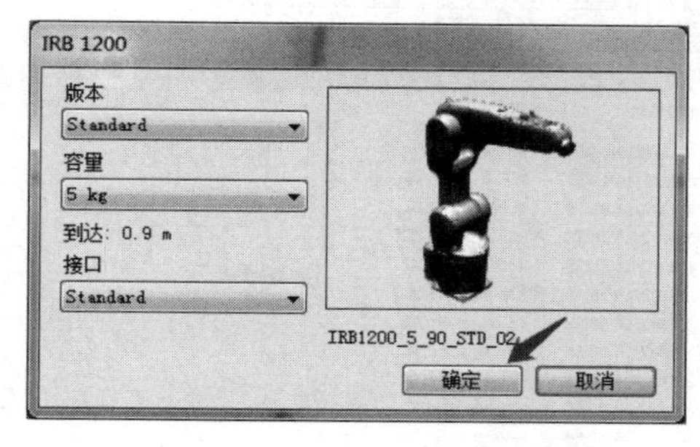

图 4.1.2 机器人模型

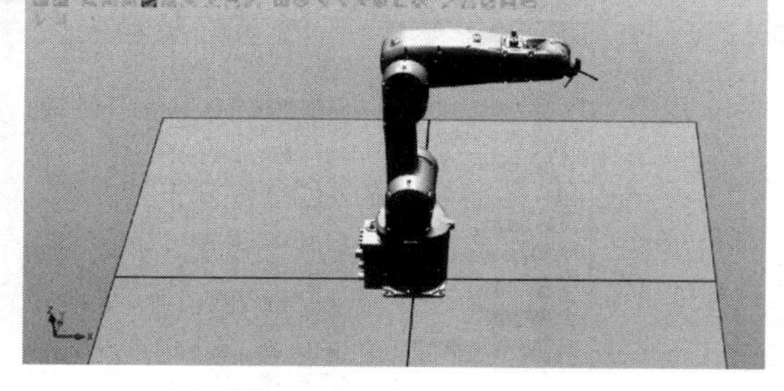

图 4.1.3 机器人放置

还可以单击模型库右下方的“其他”，如图 4.1.4 所示。

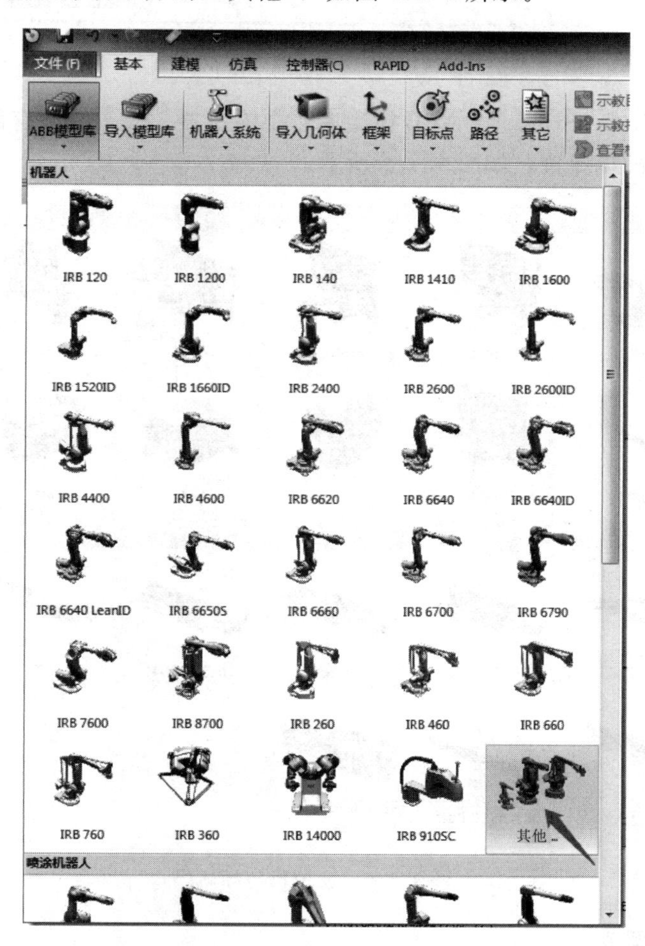

图 4.1.4 模型选择

此时，系统会默认打开安装软件后的“ABB Library”中的“Robots”文件夹，在这个文件夹下几乎包含了全部 ABB 机器人模型，如图 4.1.5 所示。

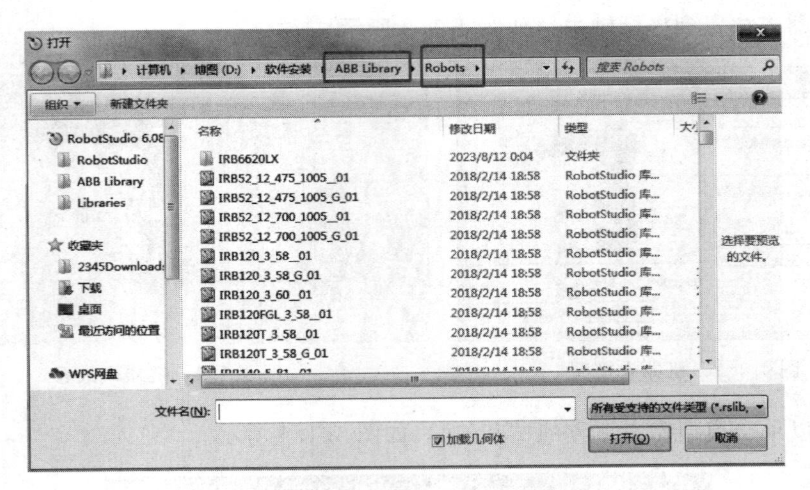

图 4.1.5 ABB机器人库文件

与此同时，RobotStudios“ABB模型库”中除机器人外，还配有部分软件自带的机械装置：变位机与导轨，如图 4.1.6 所示。

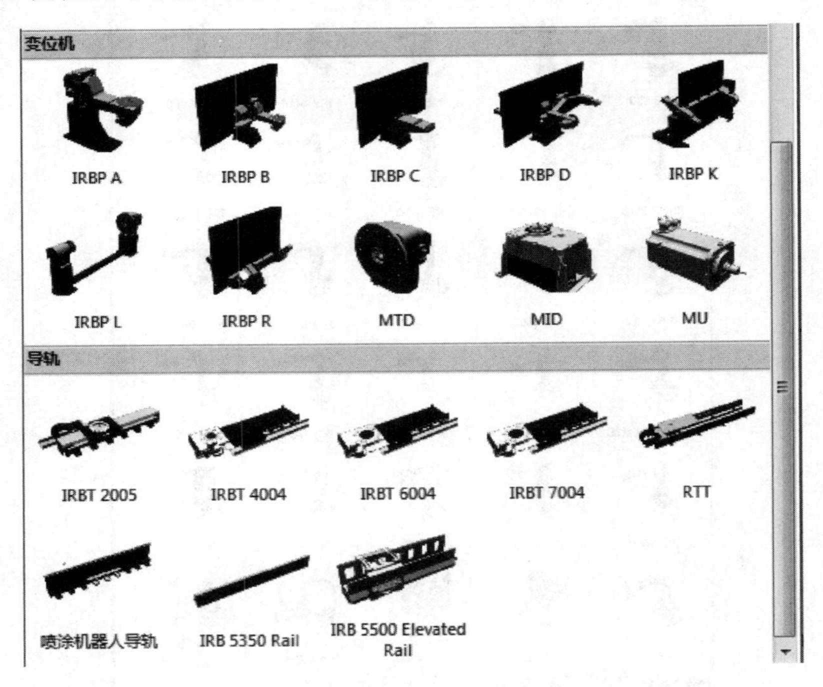

图 4.1.6 变位机与导轨

4.1.2 导入模型库

单击“导入模型库”中的“设备”选项，如图 4.1.7 所示，可以导入软件自带的模型：IRC5控制器、弧焊设备、输送链、其他设备、工具等，如图 4.1.8、图 4.1.9 和图 4.1.10 所示。

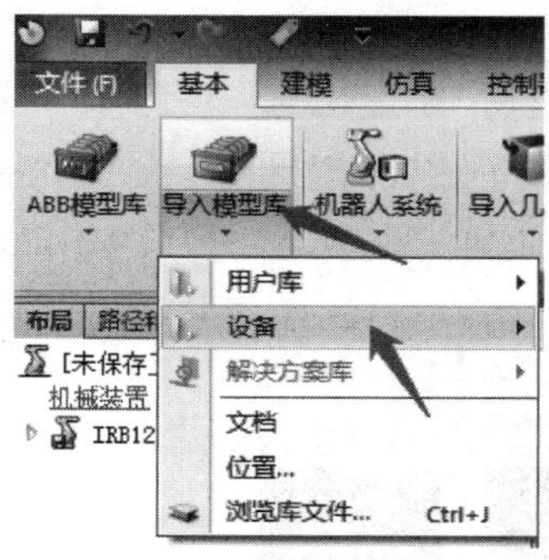

图 4.1.7 单击“设备”

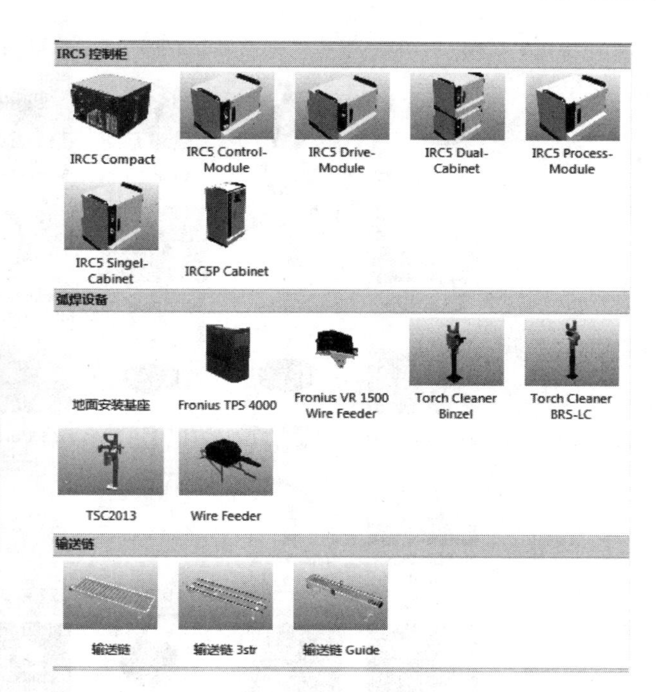

图 4.1.8 设备

图 4.1.9 工具

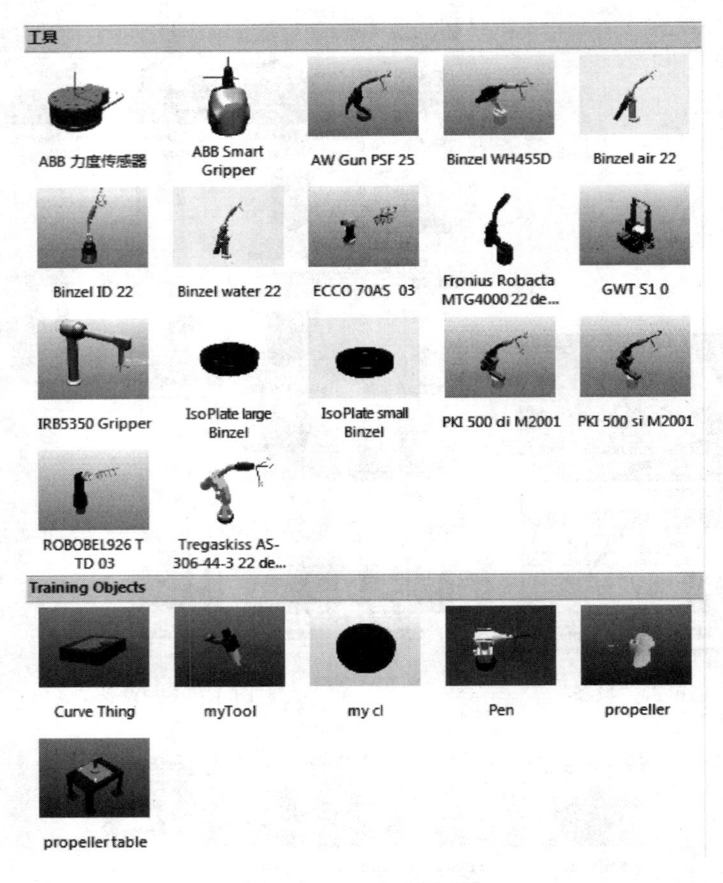

图 4.1.10　导入模型库

任务 4.2　设置 ABB 工业机器人属性

在 RobotStudio 中，属性设置窗口是极其重要的，针对不同的模型提供了相应的设置项目，主要包括模型的显示状态设置、位置姿态设置、重命名等。机器人模组的属性设置项目主要有机器人模型的重命名、机器人显示状态的设置、机器人位置的设置和机器人配置参数的设置等。

在“基本”功能选项卡中插入 IRB1200 后，在“布局”栏中选中 IRB1200，点击鼠标右键，即可看到对该款机器人的属性设置界面，如图 4.2.1 所示。

可见：默认勾选状态，取消勾选后，机器人本体在工作站中不显示。

位置：在位置的菜单中可以设置机器人的位置信息。

机械装置手动关节：可以更改机器人各个轴的角度，如图 4.2.2 所示。

如：使用该设置将机器人第 5 轴由机械原点 30°调整为 90°，如图 4.2.3 所示。

机械装置手动线性：可以使机器人进行线性运动，如图 4.2.4 所示。

回到机械原点：可使机器人 6 个轴回到各自机械原点位置。

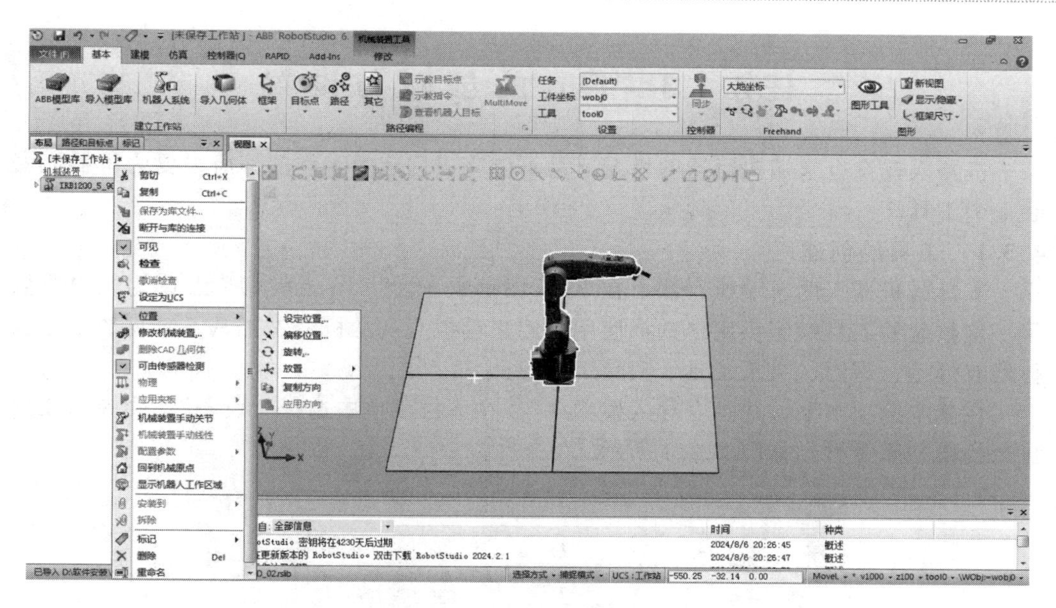

图 4.2.1 机器人属性设置

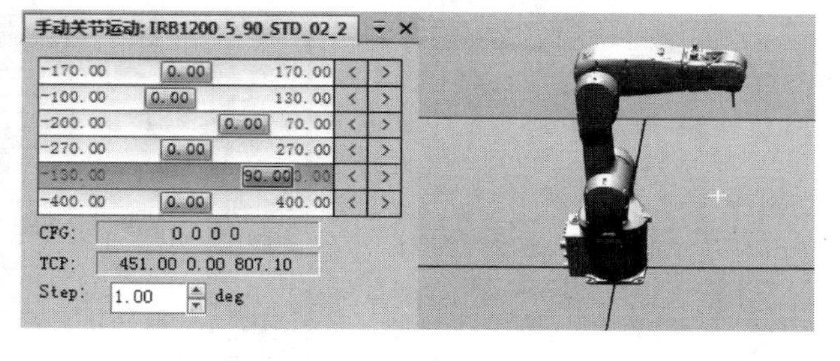

图 4.2.2 机械装置手动关节运动

图 4.2.3 机械原点 30°调整为 90°

显示机器人工作区域：显示机器人 TCP 点的运动范围，如图 4.2.5 所示。

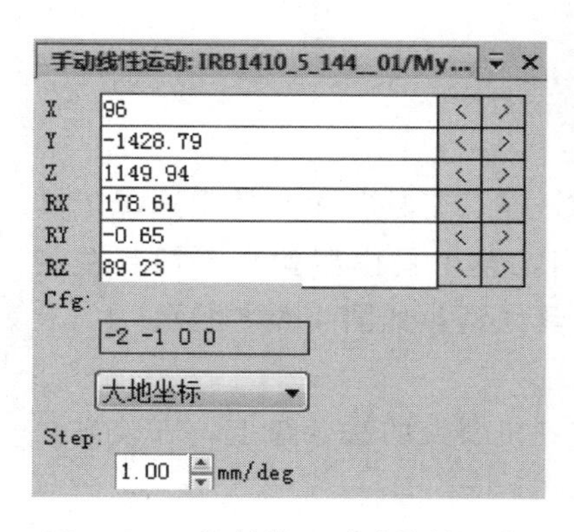

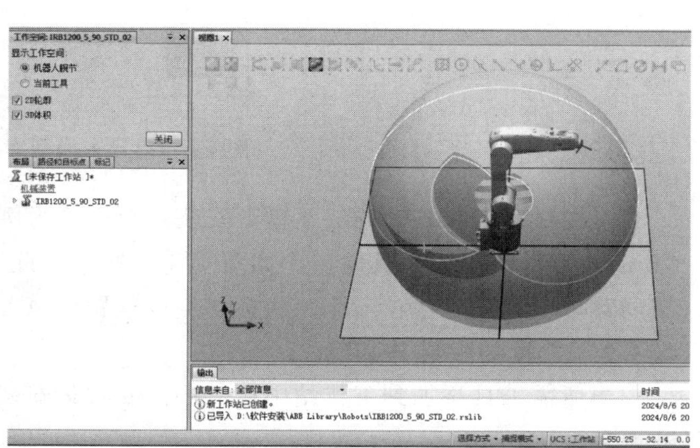

图 4.2.4 机械装置手动线性运动

图 4.2.5 机器人 TCP 点的运动范围

任务 4.3 工具的创建与设置

机器人在没有末端执行器的情况下是不能完成规定的工作的，所以要为机器人安装一个工具。

4.3.1 工具的创建

工具是机器人的末端执行行器，在 RobotStudio 软件“导入模型库”中为用户提供了一定数量的工具模型供用户选择使用，用来模拟真实的机器人工具。常见的末端执行器有焊枪、焊钳、夹爪工具、喷涂工具等。

在基本选项卡下，选择“导入模型库”，在下拉菜单中选择“设备”，会弹出软件自带的模型库文件，如图 4.3.1 所示。

图 4.3.1 导入模型库

以在机器人第 6 轴的法兰盘上安装一个焊枪为例，在“工具”库文件中选择工具“Binzel WH455D”工具模型，如图 4.3.2 所示，此时，该工具模型就会添加到左侧布局菜单中，同时会在工作站坐标原点位置看到该工具模型，如图 4.3.3 所示。

4.3.2 工具的安装与拆除

当所需工具添加到工作站中后，还需要将其安装到机器人的法兰盘上，安装方法有两种。

方法一：在左侧“布局”菜单中直接单击添加的工具模型并拖动到机器人模型上释放，此时会弹出“更新位置”对话框，如图 4.3.4 所示。

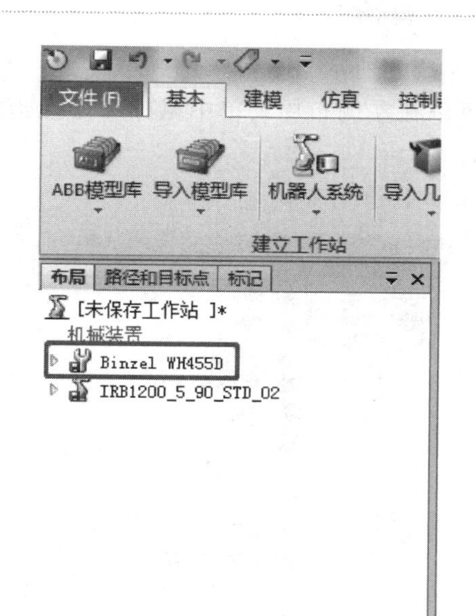

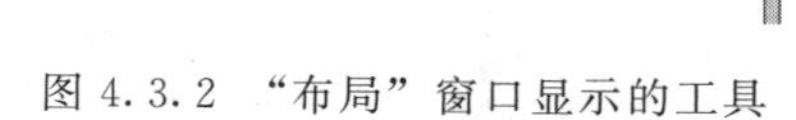
图 4.3.2 “布局”窗口显示的工具

图 4.3.3 工作站坐标原点插入的工具

图 4.3.4 “更新位置”对话框

单击“是”，此时完成了工具的安装，如图 4.3.5 所示。

方法二：在左侧“布局”菜单中右击添加的工具模型，弹出设置界面，单击“安装到”，可以选择安装的位置，这里选择机器人本体，如图 4.3.6 所示。

此时会弹出“更新位置”的对话框，如图 4.3.7 所示。

图 4.3.5 焊枪工具安装成功

图 4.3.7 “更新位置”对话框

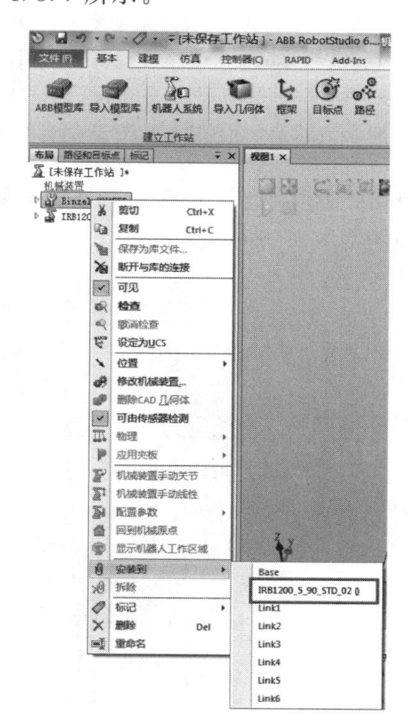

图 4.3.6 安装位置选择

单击“是”，此时完成了工具的安装，如图4.3.8所示。

若想将工具从机器人的法兰盘上拆下，则可以在左侧布局菜单中鼠标右键点击添加的工具模型，选择“拆除”，如图4.3.9所示。

此时会弹出“更新位置”的对话框，如图4.3.10所示。

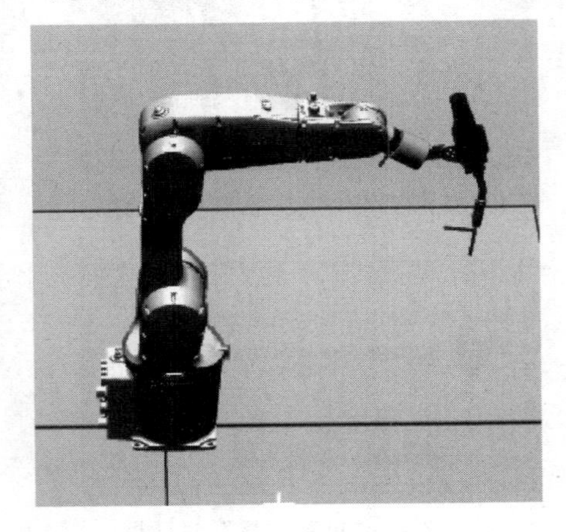

图4.3.8 焊枪工具安装成功

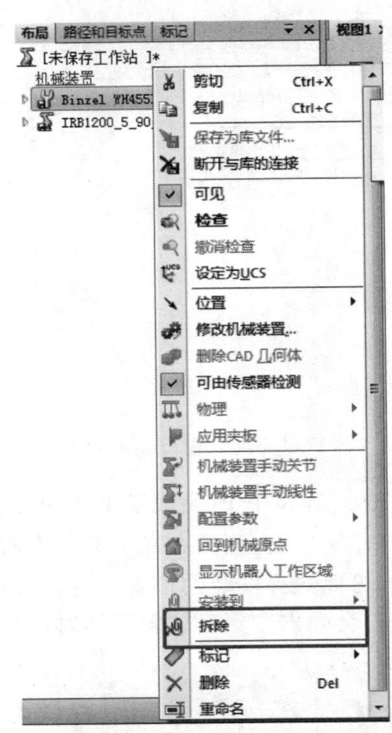

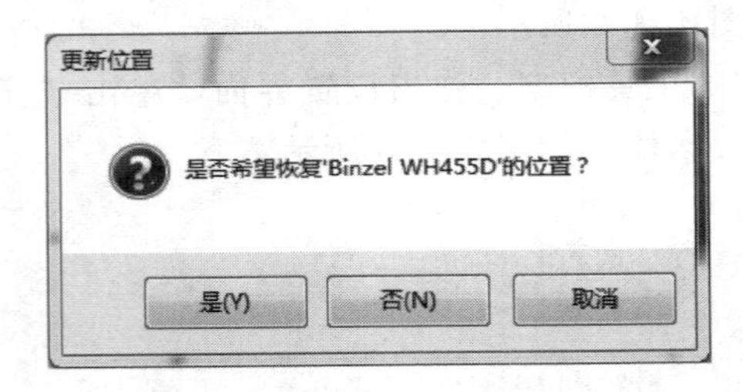

图4.3.10 “更新位置”对话框

图4.3.9 拆除工具

单击“是”，此时完成了工具的拆除，拆除后的工具会放置在工作站空间原点位置，如图4.3.11所示。

图4.3.11 工具拆除成功

4.3.3　工具的重命名

在左侧布局菜单中鼠标右键点击添加的工具模型，弹出设置界面，单击“重命名”，即可更改，这里命名为“焊枪”，如图4.3.12所示。

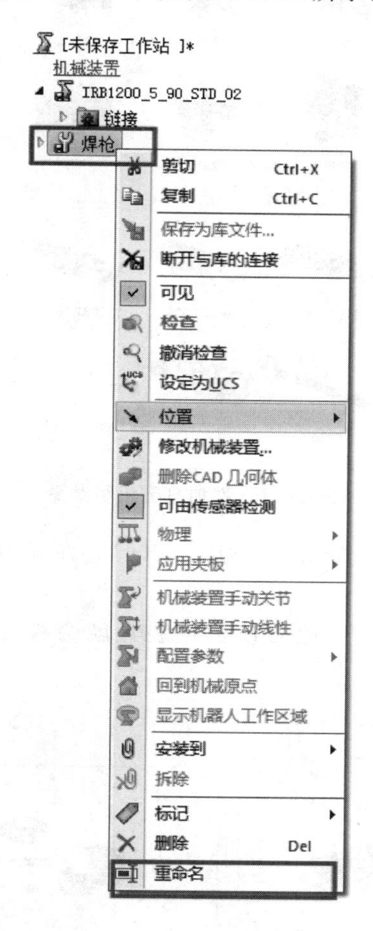

图4.3.12　工具的重命名

任务4.4　创建机器人机械装置

在工业机器人工作站中，为了更好地展示效果，通常会为机器人周边的模型制作动画效果，如输送带、夹具、滑台和活塞等。

通常把需要配合机器人完成工作任务的组件称为机械装置，通过创建机械装置将不可动组件转化成可动组件，再经过设置机械装置的姿态与机器人的信号连接后，使机械装置可以配合机器人完成工作任务。

4.4.1　添加软件自带机械装置

在基本选项卡中，单击“ABB模型库”，在弹出的下拉菜单中，找到变位机与导轨，如图4.4.1所示。

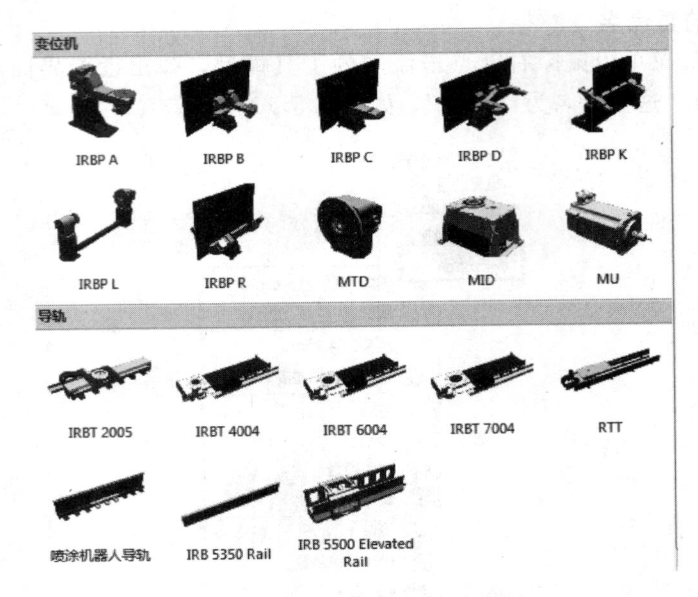

图 4.4.1 添加自带机械装置

单击任意一种机械装置（如导轨 IRBT 6004），在弹出的对话框中设置适合的参数后，如图 4.4.2 所示。

设置好后，单击“确定”，此时该机械装置就会添加到工作站中，如图 4.4.3 所示。

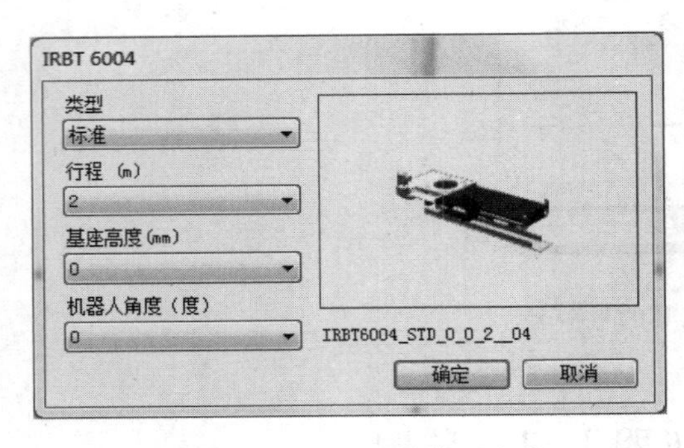

图 4.4.2 设置机械装置参数

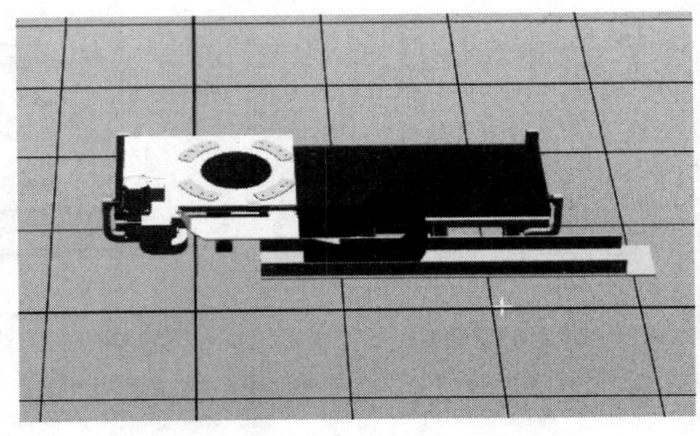

图 4.4.3 添加自带导轨

4.4.2 创建机械装置

利用软件建模的功能，创建滑台机械装置，在建模选项卡下单击“固体”，选择“矩形体”，如图 4.4.4 所示。

按照滑台的数据，在参数输入框中进行参数输入，长度：2000mm，宽度：500mm，高度：100mm，然后单击“创建”，如图 4.4.5 所示。

为方便区分，更改矩形模型的外观，在刚创建的滑台上点击右键，在弹出的菜单中单击“修改”选择“设定颜色”，如图 4.4.6 所示。

选择颜色为黄色后，单击“确定”，如图 4.4.7 所示。

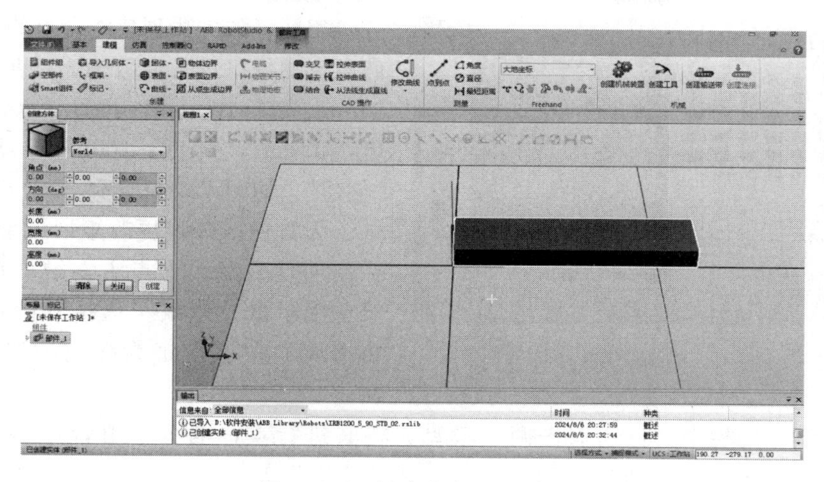

图 4.4.4 创建滑台机械装置

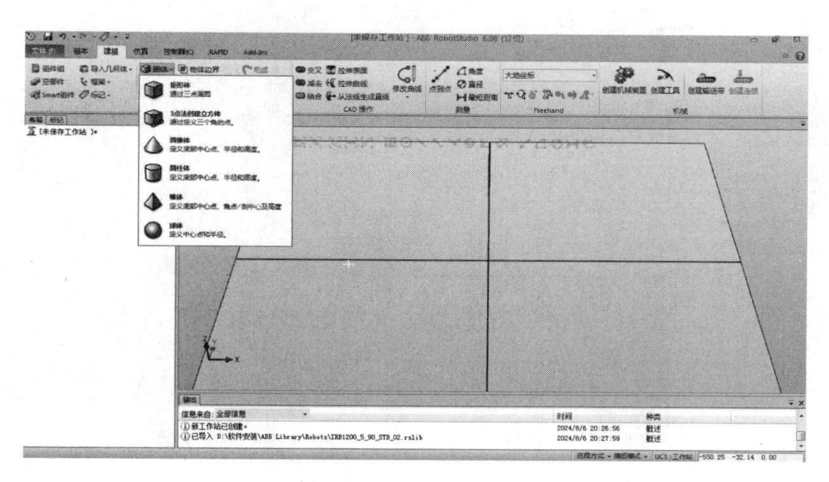

图 4.4.5 创建滑台

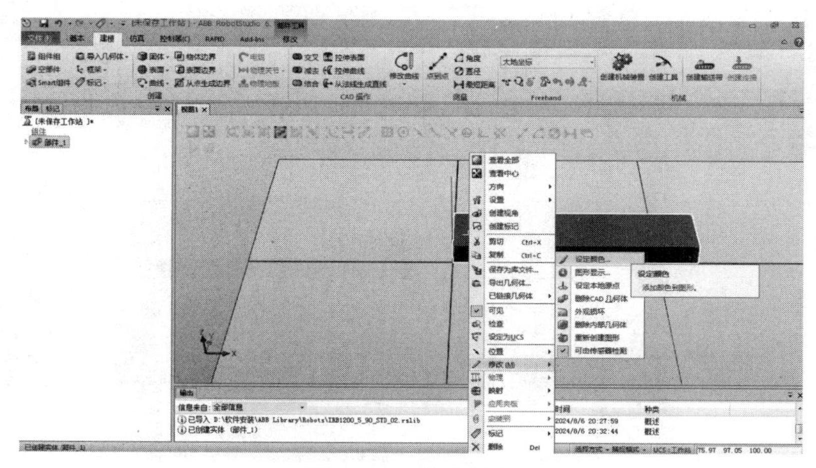

图 4.4.6 设定颜色

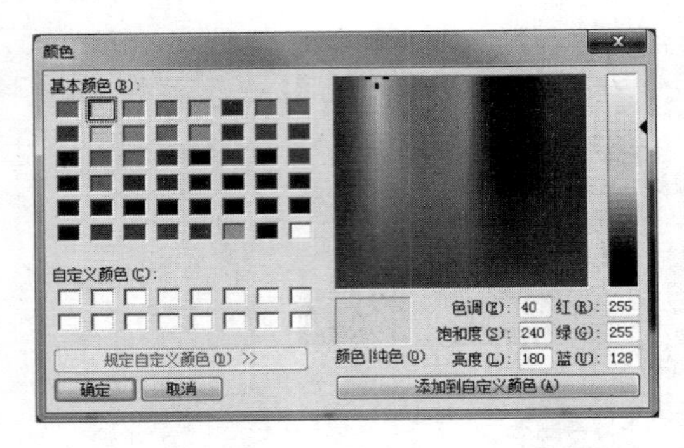

图 4.4.7 颜色选择

用同样的方法创建滑台上的滑块，按照滑块的数据进行参数输入，角点：Y=50mm、Z=100mm，长度：400mm，宽度：400mm，高度：100mm，然后单击“创建”，如图 4.4.8 所示。

为方便区分，更改矩形模型的外观，在刚创建的滑块上点击右键，在弹出的菜单中单击“修改”选择“设定颜色”，将滑块的颜色设定为绿色，如图 4.4.9 所示。

在左侧布局栏中，分别双击两个模型，将其进行重命名为“滑台”和“滑块”，方便识别，如图 4.4.10 所示。

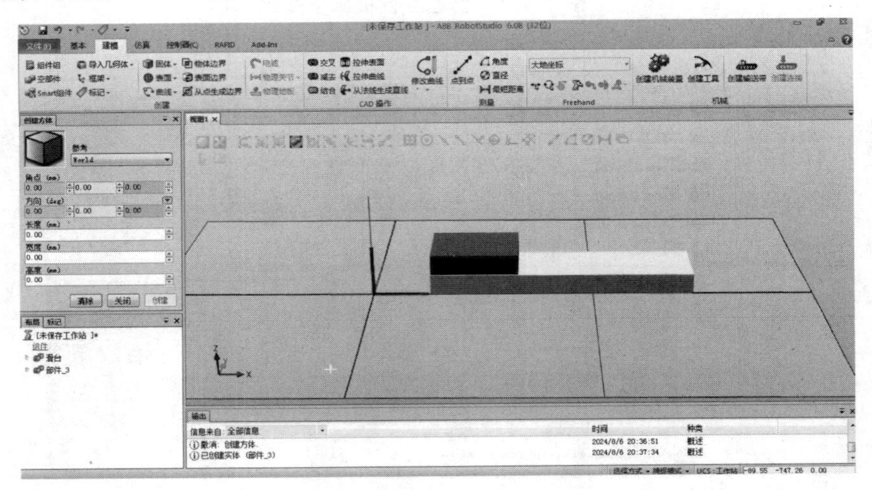

图 4.4.8 创建滑块

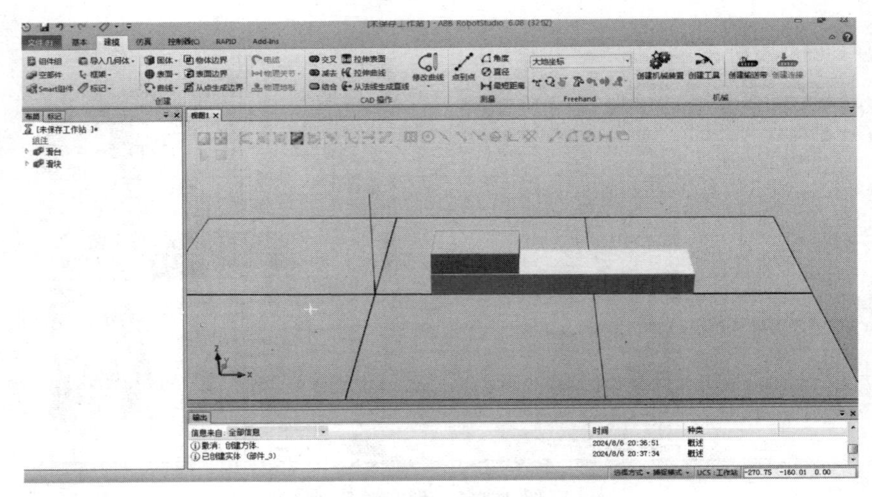

图 4.4.9 设定滑块颜色为绿色

在“建模”选项卡中单击“创建机械装置”，如图 4.4.11 所示。

在弹出的“创建机械装置”窗口的“机械装置模型名称”中输入“滑台装置”，在“机械装置类型”中选择“设备”，如图 4.4.12 所示。

双击“链接”，如图 4.4.13 所示。

在弹出的“创建 链接”对话框中，将 L1“所选组件”选择为“滑块”；并勾选“设置为 BaseLink”，然后单击右侧“添加部件”按钮将其添加到主页中，单击“应用”（BaseLink 是运动链的起始位置。它必须是第一个关节的父关节，一个机械装置只能有一个 BaseLink），如图 4.4.14 所示。

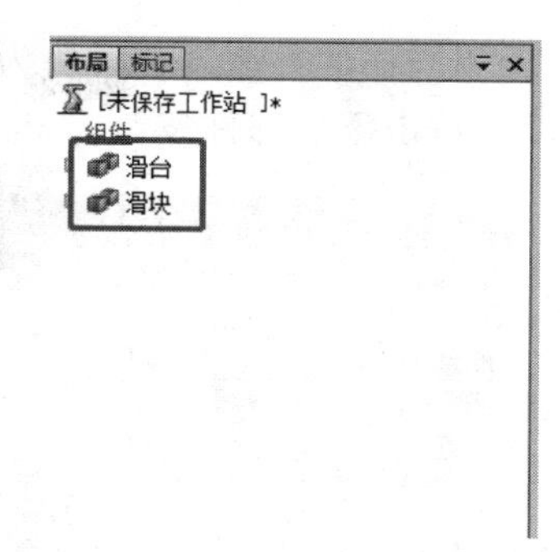

图 4.4.10 重命名模型

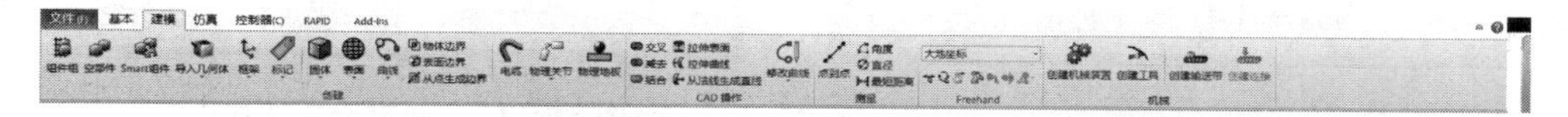

图 4.4.11 创建机械装置

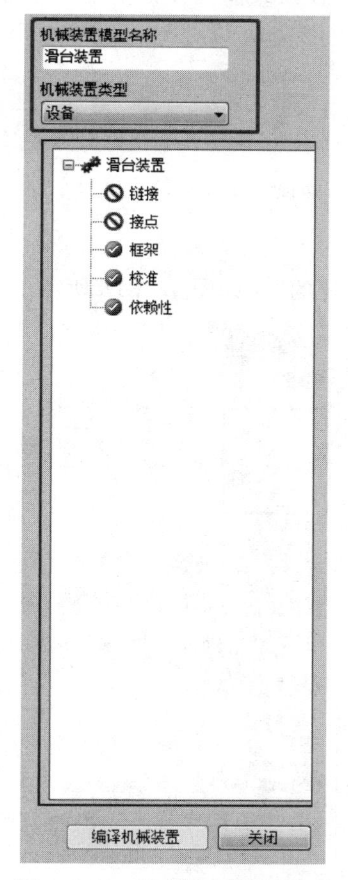

图 4.4.12 选择机械装置类型

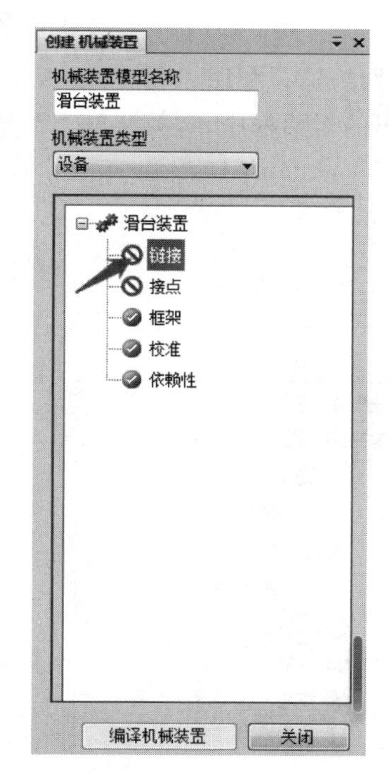

图 4.4.13 链接

用同样的方法设置滑块为 L2，"链接名称设定为 L2，"所选组件"设定为"滑块"，单击添加部件按钮。单击"确定"，完成创建链接，如图 4.4.15 所示。

图 4.4.14　创建滑台链接 L1

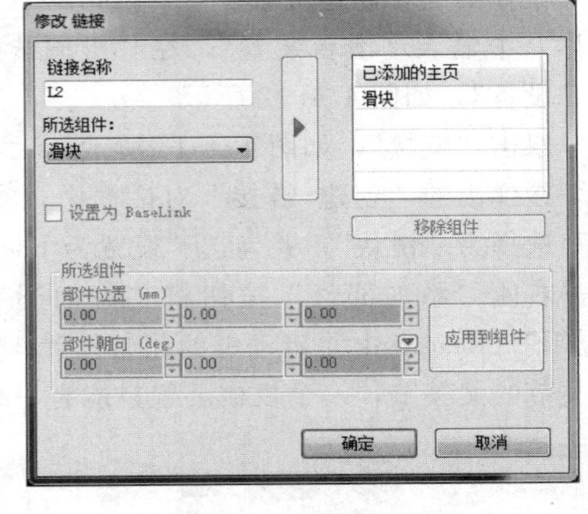

图 4.4.15　创建滑块链接 L2

在选择方式按钮中单击"选择部件"图标，在模式捕捉按钮中单击"捕捉末端"，如图 4.4.16 所示。

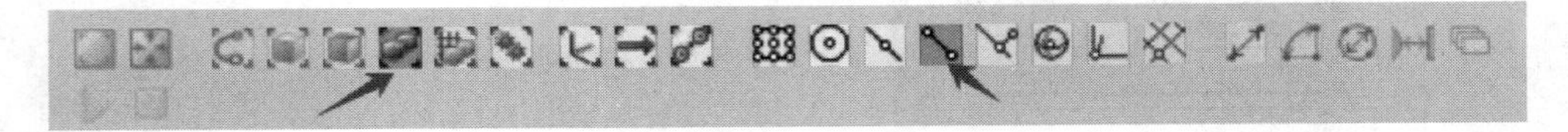

图 4.4.16　选择部件与捕捉末端

双击"接点"，如图 4.4.17 所示。

在弹出的对话框中，"关节类型"选择"往复的"，如图 4.4.18 所示。

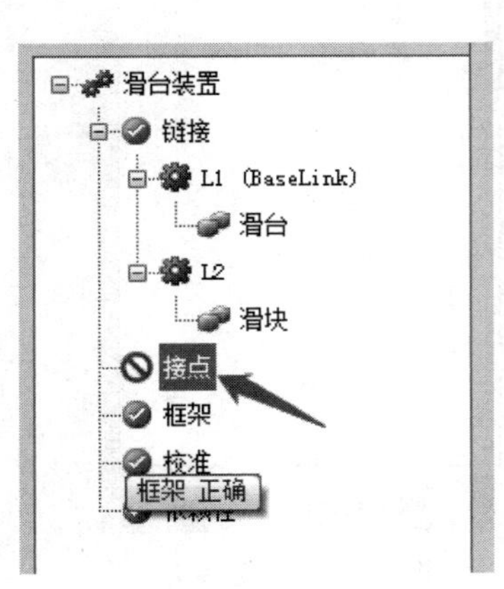

图 4.4.17　接点

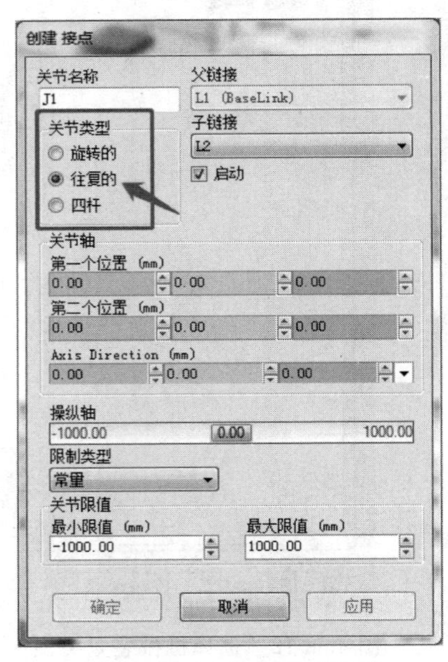

图 4.4.18　关节类型设置

单击“第一个位置”，选中滑台的一角（A 点），单击“第二个位置”选中滑轨另一角（B 点），如图 4.4.19 所示。

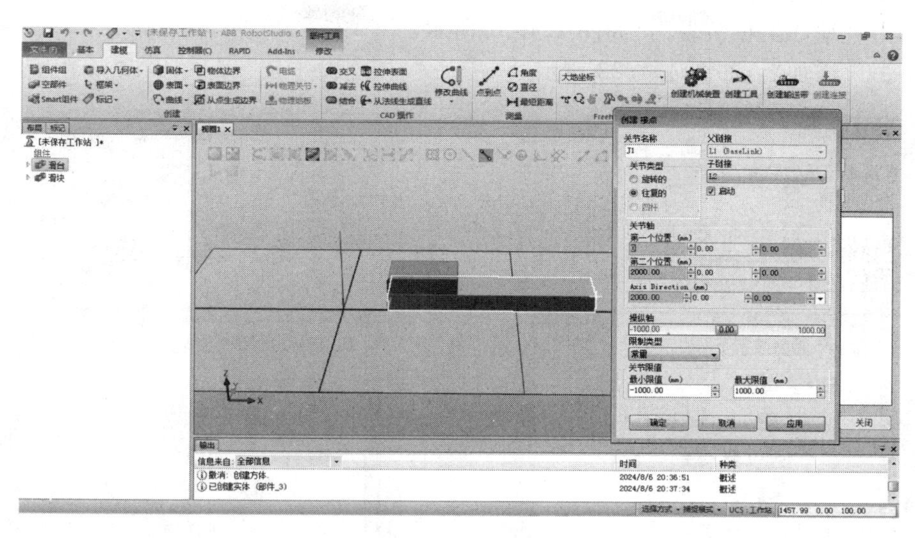

图 4.4.19 关节轴设置

运动的参考方向轴数据（Axis Direction）已添加到这里，如图 4.4.20 所示。

设定“关节限值”，用以限定运动范围，如图 4.4.21 所示。

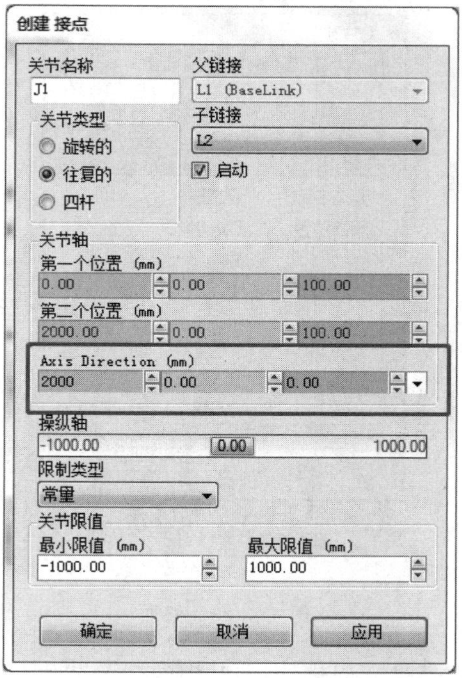

创建 接点
关节名称
J1
父链接
L1 (BaseLink)
关节类型
旋转的
往复的
四杆
子链接
L2
启动
关节轴
第一个位置 (mm)
0.00
0.00
100.00
第二个位置 (mm)
2000.00
0.00
100.00
Axis Direction (mm)
2000
0.00
0.00
操纵轴
-1000.00
0.00
1000.00
限制类型
常量
关节限值
最小限值 (mm)
-1000.00
最大限值 (mm)
1000.00
确定
取消
应用

图 4.4.20 参考方向轴数据（Axis Direction）

创建 接点
关节名称
J1
父链接
L1 (BaseLink)
关节类型
旋转的
往复的
四杆
子链接
L2
启动
关节轴
第一个位置 (mm)
0.00
0.00
100.00
第二个位置 (mm)
2000.00
0.00
100.00
Axis Direction (mm)
2000.00
0.00
0.00
操纵轴
0.00
1500.00
限制类型
常量
关节限值
最小限值 (mm)
0.00
最大限值 (mm)
1500
确定
取消
应用

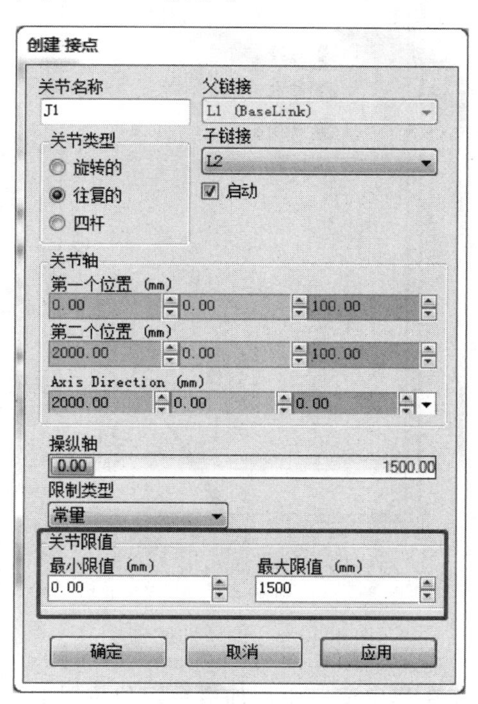

图 4.4.21 关节限值设置

最小限值：0.00mm

最大限值：1500mm

单击“确定”完成“创建接点”设置。

单击“编译机械装置”，如图 4.4.22 所示。

单击“添加”，如图 4.4.23 所示。

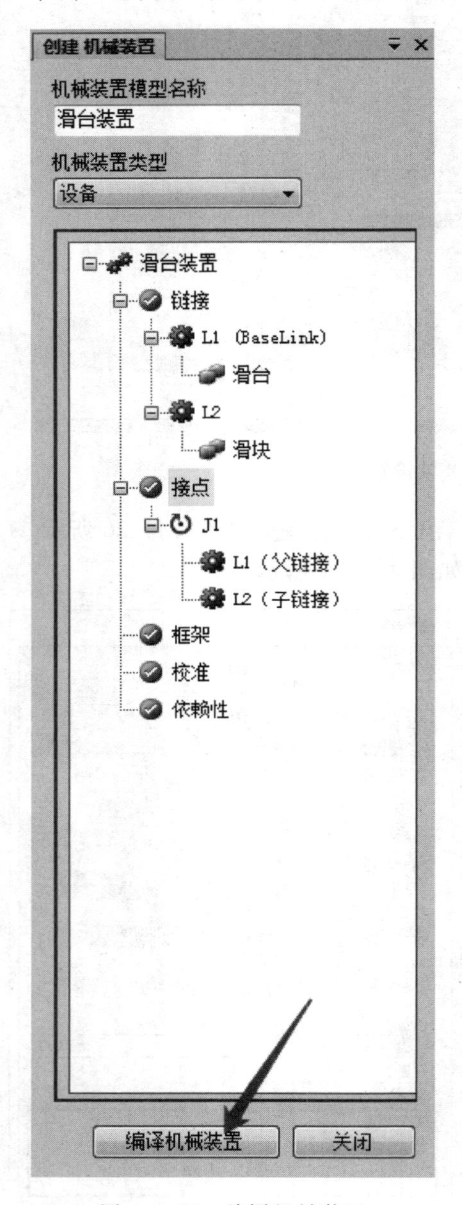

图 4.4.22　编译机械装置

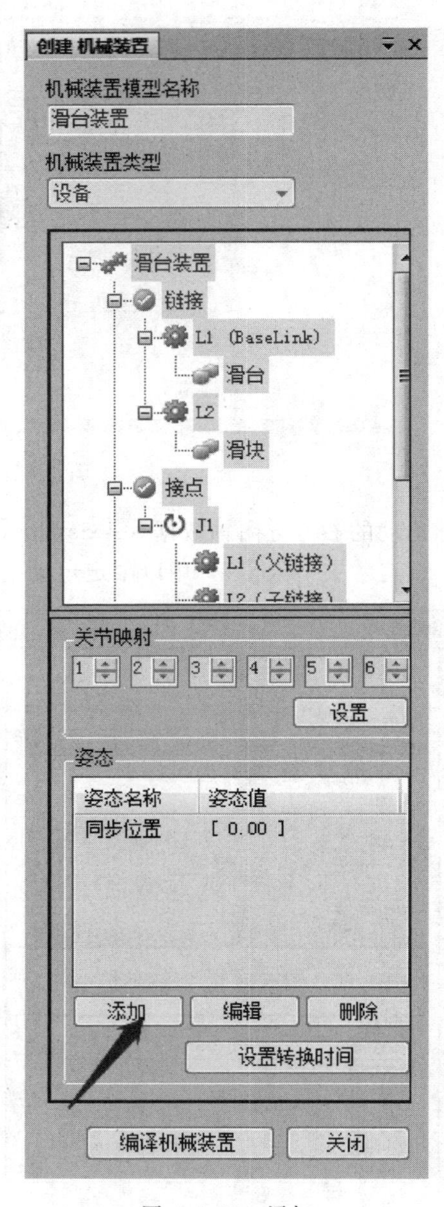

图 4.4.23　添加

在弹出窗口中添加滑台定位位置的数据，通过“创建 姿态”中的“关节值”，将滑块拖动到 1500 的位置后，单击“确定”，如图 4.4.24 所示。

通过单击“设置转换时间”，可以设定滑块在两个位置之间的运动时间，设置完

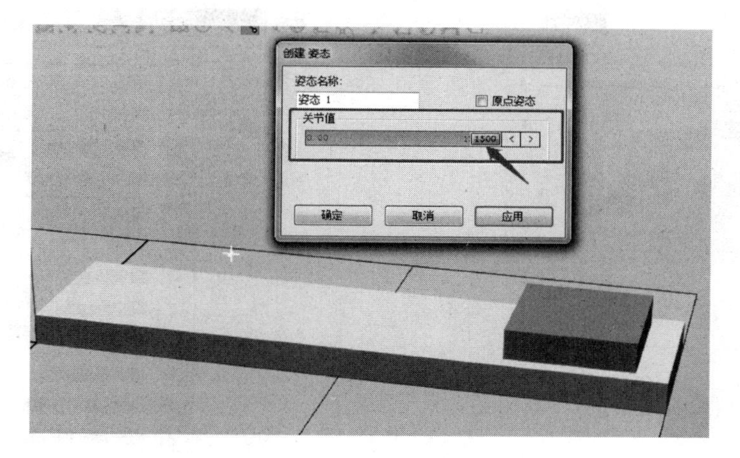

图 4.4.24　滑台定位位置的数据设置

成后单击“确定”，如图 4.4.25 所示。

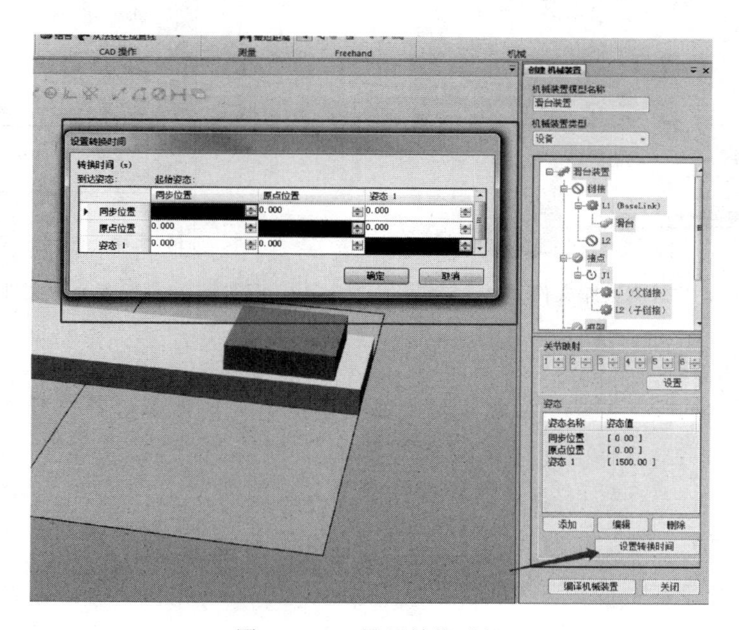

图 4.4.25　设置转换时间

选择“手动关节”，如图 4.4.26 所示，用鼠标拖动滑块就可以使其在滑台上进行运动了。

左侧“布局”中，在“滑台装置”上单击右键，选择“保存为库文件”，以便以后在别的工作站中调用，如图 4.4.27 所示。

在“基本”功能选项卡中，单击“导入模型库”下拉菜单，选择“浏览库文件”来加载已保存的机械装置，如图 4.4.28 所示。

这样机械装置创建完成，可以设置多个姿态便于仿真的配合。

图 4.4.26 手动关节

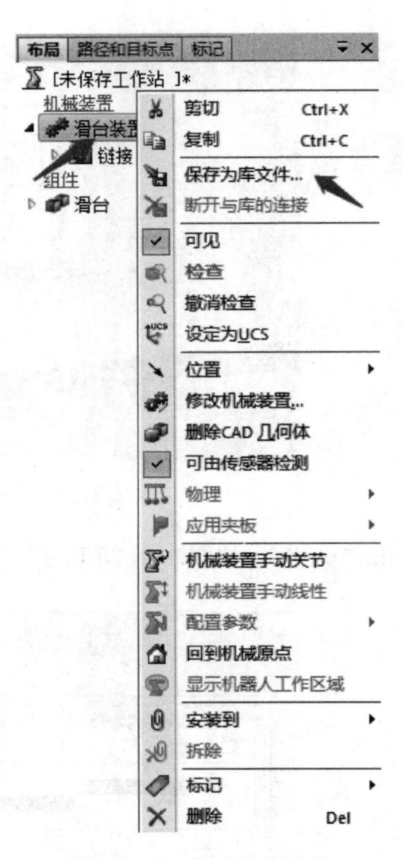

图 4.4.27 保存为库文件

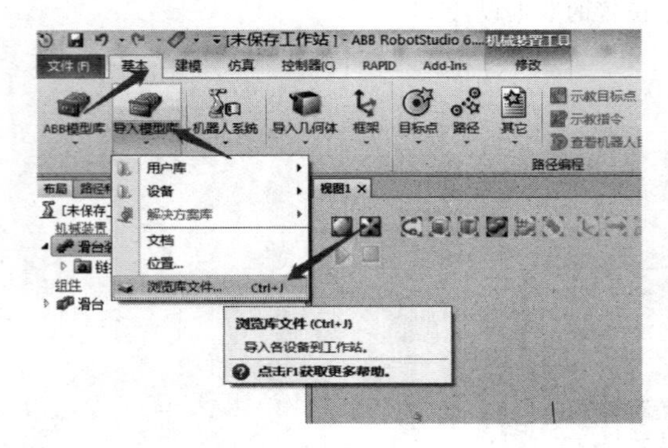

图 4.4.28 浏览库文件

项目 5

创建 ABB 机器人信号

项目简介

ABB 机器人有系统输入和输出信号，外部自动运行就是将数字输入输出信号与系统信号关联，然后就可以通过外部控制机器人启动运行。

本项目主要介绍 I/O 信号的定义、I/O 通信的种类、ABB 常用标准 I/O 板及其配置方法、创建数字输入输出信号、创建 I/O 信号监控与操作并完成系统输入/输出与 I/O 信号的关联操作以及配置示教器可编程按键等相关知识。

教学目标

【知识目标】

◇ 了解 ABB 机器人的 I/O 通信种类。

◇ 掌握常用 ABB 标准 I/O 板的参数规格、常用 ABB 标准 I/O 板的配置。

◇ 掌握 I/O 信号的监控、输入/输出与 I/O 信号的关联等操作方法。

【技能目标】

◇ 具备配置 ABB 常用标准 I/O 板的能力。

◇ 具备创建数字输入/输出信号的能力。

◇ 能够 I/O 信号的关联操作。

◇ 能够根据需要配置示教器可编程按键。

【素质目标】

◇ 培养学生安全操作、规范操作意识。

◇ 激发兴趣，培养学生专业认同。

◇ 科普应用，增强学生四个自信。

任务 5.1　初识 I/O 信号

ABB 机器人的输入和输出，即 I/O，是用于 ABB 机器人系统的信号，该信号用系统参数配置，系统参数用于定义系统配置并在出厂时根据客户的需要定义。可使用 RobotStudio 编辑系统参数。

I/O信号是以下内容的逻辑软件表示：

(1) 连接ABB机器人系统内现场总线I/O单元上的输入或输出（真实I/O信号）。

(2) 任何现场总线I/O单元上没有表示的I/O信息（虚拟I/O信号）。

通过指定I/O信号，可以创建真实或虚拟I/O信号的逻辑表示。例如：I/O信号的配置定义了I/O信号的具体系统参数，而这些参数控制I/O信号的行为。

根据信号的性质与处理方式不同，机器人控制系统的I/O信号分为开关量控制信号DI/DO和模拟量控制信号AI/AO两大类。

1) DI/DO信号。

开关量控制信号用于电磁元件的通断控制，状态可用逻辑状态数据bool或二进制数字量来描述。

开关量控制信号分为两类：一是用来检测电磁器件通断状态的信号，此类信号对于控制器来说属于输入，故称为开关量输入或数字输入（Data Input）信号，简称DI信号；二是用来控制电磁器件通断状态的信号，此类信号对于控制器来说属于输出，故称为开关量输出或数字输出（Data Output）信号，简称DO信号，在RAPID程序中，DI/DO信号可直接利用逻辑运算函数命令处理。

2) AI/AO信号。

模拟量信号用于连续变化参数的检测与调节，状态以连续变化的数值描述。

模拟量控制信号同样可分为两类：一是用来检测实际参数值的信号，此类信号对于控制器来说属于输入，故称为模拟量输入（Analog Input）信号，简称AI信号；二是用来改变参数值的信号，此类信号对于控制器来说属于输出，故称为模拟量输出（Analog Output）信号，简称AO信号。AI/AO信号需要通过算术运算函数命令进行处理。

据信号的功能与用途不同，机器人的辅助控制信号则可分为系统内部信号和外部控制信号两大类。

a. 系统内部信号系统内部信号用于PLC程序设计或机器人作业监控，但不能连接外部检测开关和执行元件。系统内部信号分为系统输入（System Input）和系统输出（System Output）两类；系统输入用于系统的运制，如何服扇动停、主程序动、程序运行/暂停等；系统输出为系统的运行状态信号，如何服已启动、系统色停、程序运行中、系统报警等，系统输入信号的功能，用途一般由系统生产厂家规定而系统输出信号的功能状态则由系统自动生成，用户不能通过程序改变其状态。

b. 外部控制信号。外部控制信号可直接连接机器人，作业具等部件上的检测开关电磁元件或控制装置，信号的地址、功能、用途可由用户定义。外部控制信号的数量、功能、地址在不同的机器人上将有所不同，信号通过系统的I/O单元进行连接。

任务5.2 工业机器人I/O通信的种类

ABB机器人具备丰富I/O通信接口，可以轻松地实现与周边设备进行通信，机器人支持的通信方式见表5.2.1。其中RS232通信、OPC server、Socket Message是与PC通信时的通信协议，PC通信接口需要选择“PC-INTERFACE”选项时才可以使用。Device Net、Profibus、Profibus-DP、Profinet、EtherNet IP则是不同厂商推出的现场总线协议，可用于工业网络中各种外部设备间的通信。但使用何种现场总线，要根据需要进行选配，如果两设备之间支持的总线协议不一致，那么还需要使用网关进行协议的转换。

对于标准的ABB工业机器人I/O板，都具有DeviceNet总线，而其他总线则需要购买时选配。

表5.2.1　ABB工业机器人支持的通信方式

PC	现场总线	ABB标准
RS232通信 OPC server Socket Message	Device Net Profibus Profibus-DP Profinet EtherNet IP	标准I/O板 PLC ….

关于ABB机器人I/O通信接口的说明：

(1) ABB的标准I/O板提供的常用信号处理有数字输入/输出（DI/DO）、模拟输入/输出（AI/AO），以及输送链跟踪，常用的标准I/O板有DSQC651和DSQC652。

(2) ABB工业机器人可以选配标准ABB的PLC，省去了与其他品牌的外部PLC进行通信设置的步骤，在机器人的示教器上就能实现与PLC相关的操作。

本项目中以最常用的ABB标准I/O板DSQC652为例，进行详细的讲解如何进行相关的参数设定。

任务5.3　工业机器人常用标准I/O板

配置工业机器人标准I/O板

常用的ABB标准I/O板主要有DSQC651、DSQC652、DSQC653、DSQC355A和DSQC377A五种，详见表5.3.1。

表5.3.1　ABB工业机器人常用标准I/O板（具体参数以ABB官网最新公布为准）

序号	型　号	参数规格配置说明
1	DSQC651	分布式I/O模块，DI×8，DO×8
2	DSQC652	分布式I/O模块，DI×16，DO×16
3	DSQC653	分布式I/O模块，DI×8，DO×8
4	DSQC355A	分布式I/O模块，AI×4，AO×4
5	DSQC377A	输送链跟踪单元

5.3.1　ABB标准I/O板DSQC651

DSQC651板拥有8个数字输入信号、8个数字输出和2个模拟输出的I/O信号

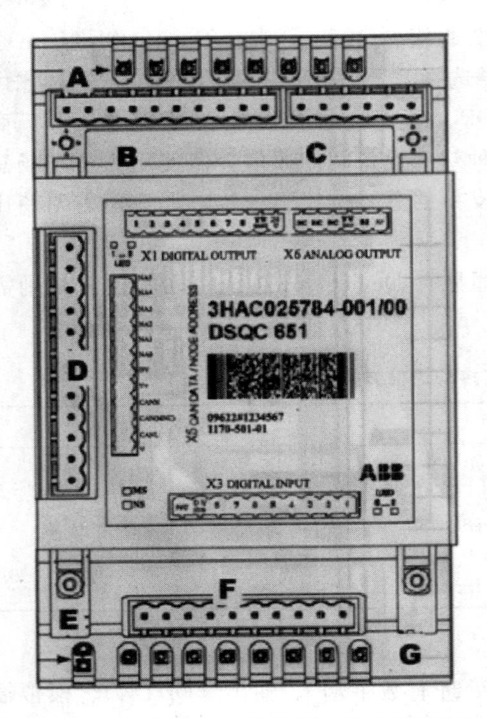

图 5.3.1 DSQC651 模块接口组成示意图

板，如图 5.3.1 所示为 DSQC651 模块接口组成示意图。A 为字输出信号指示灯，B 为数字输出接口 X1，C 为模拟输出接口 X6，D 为 DeviceNet 接口 X5，E 为模块状态指示灯，F 为数字输入接口 X3，G 为数字输入信号指示灯。

(1) X1 端子。

X1 端子定义及地址分配详见表 5.3.2，包括 8 个数字输出。

(2) X3 端子。

X3 端子定义及地址分配详见表 5.3.3，包括 8 个数字输入。

(3) X5 端子。

X5 端子是 DEVICENET 接口，其接口定义详见表 5.3.4（后面介绍其他 I/O 板的 X5 端子定义都相同）。

由于 ABB 标准 I/O 板是挂在 DeviceNet 网络上的，所以要设定模块在网络中的地址。端子 X5 的 6～12 的跳线用来决定模块的地址，地址可用范围为 10～63。

表 5.3.2　X1 端子定义及地址分配表

端子编号（X1 端子）	端子定义	对应地址分配	端子编号（X1 端子）	端子定义	对应地址分配
1	OUTPUT CH1	32	6	OUTPUT CH6	37
2	OUTPUT CH2	33	7	OUTPUT CH7	38
3	OUTPUT CH3	34	8	OUTPUT CH8	39
4	OUTPUT CH4	35	9	0V	
5	OUTPUT CH5	36	10	24V	

表 5.3.3　X3 端子定义及地址分配表

端子编号（X3 端子）	端子定义	对应地址分配	端子编号（X3 端子）	端子定义	对应地址分配
1	INPUT CH1	0	6	INPUT CH6	5
2	INPUT CH2	1	7	INPUT CH7	6
3	INPUT CH3	2	8	INPUT CH8	7
4	INPUT CH4	3	9	0V	
5	INPUT CH5	4	10	未使用	

表5.3.4 X5端子接口定义表

端子编号（X5端子）	使用定义	端子编号（X5端子）	使用定义
1	0V BLACK（黑色）	7	模块ID bit0（LSB）
2	CAN信号线Low BLUE（蓝色）	8	模块ID bit1（LSB）
3	屏蔽线	9	模块ID bit2（LSB）
4	CAN信号线High WHITE（白色）	10	模块ID bit3（LSB）
5	24V RED（红色）	11	模块ID bit4（LSB）
6	GND地址选择公共端	12	模块ID bit5（LSB）

如图5.3.2所示，如果将第8脚和第10脚的跳线剪去，就可以获得10（2+8=10）的地址。

（4）X6端子。

X6端子定义及地址分配详见表5.3.5，包括2个模拟输出（0～+10V）。

表5.3.5 X6端子定义及地址分配表

端子编号（X6端子）	端子定义	对应地址分配	端子编号（X6端子）	端子定义	对应地址分配
1	未使用		4	0V	
2	未使用		5	模拟输出ao1	0－15
3	未使用		6	模拟输出ao2	16－31

5.3.2 ABB标准I/O板DSQC652

DSQC652板拥有16个数字输入和16个数字输出的I/O信号板，如图5.3.3所示为DSQC652模块接口组成示意图。A为数字输出信号指示灯，B为数字输出接口X1、X2，C为DeviceNet接口X5，D为模块状态指示灯，E为数字输入接口X3、X4，F为数字输入信号指示灯。

（1）X1、X2端子。

X1、X2端子定义及地址分配详见表5.3.6，包括16个数字输出。

表5.3.6 X1、X2端子定义及地址分配表

端子编号（X1端子）	端子定义	对应地址分配	端子编号（X2端子）	端子定义	对应地址分配
1	OUTPUT CH1	0	1	OUTPUT CH9	8
2	OUTPUT CH2	1	2	OUTPUT CH10	9
3	OUTPUT CH3	2	3	OUTPUT CH11	10
4	OUTPUT CH4	3	4	OUTPUT CH12	11
5	OUTPUT CH5	4	5	OUTPUT CH13	12
6	OUTPUT CH6	5	6	OUTPUT CH14	13
7	OUTPUT CH7	6	7	OUTPUT CH15	14
8	OUTPUT CH8	7	8	OUTPUT CH16	15
9	0V		9	0V	
10	24V		10	24V	

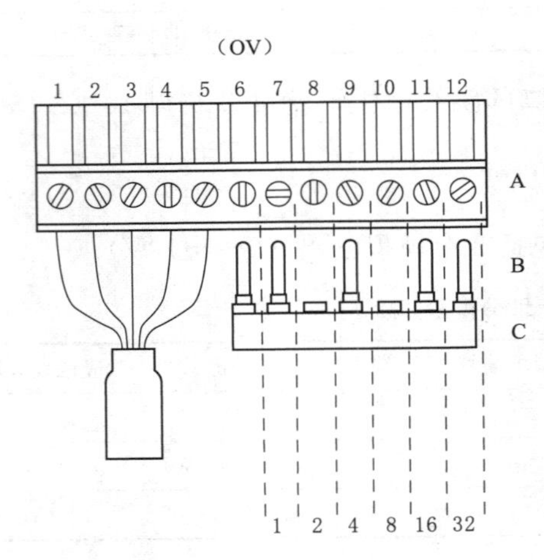

图 5.3.2 X5 端口的接线方式

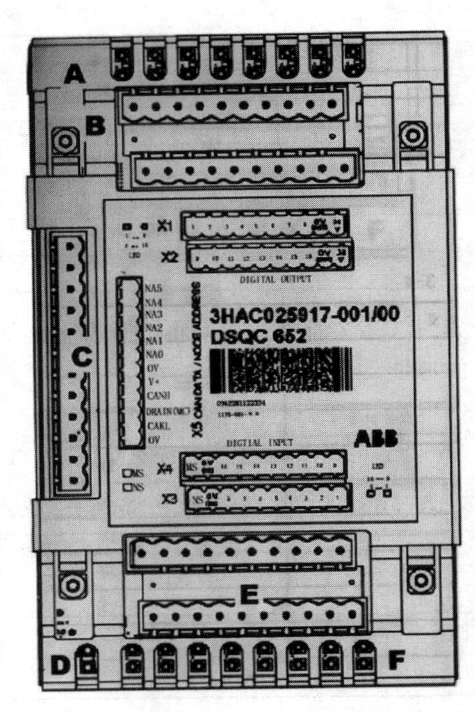

图 5.3.3 DSQC652 模块接口组成示意图

(2) X3、X4 端子。

X3、X4 端子定义及地址分配详见表 5.3.7，包括 16 个数字输入。

表 5.3.7　　　X3、X4 端子定义及地址分配表

端子编号（X3 端子）	端子定义	对应地址分配	端子编号（X4 端子）	端子定义	对应地址分配
1	INPUT CH1	0	1	INPUT CH9	8
2	INPUT CH2	1	2	INPUT CH10	9
3	INPUT CH3	2	3	INPUT CH11	10
4	INPUT CH4	3	4	INPUT CH12	11
5	INPUT CH5	4	5	INPUT CH13	12
6	INPUT CH6	5	6	INPUT CH14	13
7	INPUT CH7	6	7	INPUT CH15	14
8	INPUT CH8	7	8	INPUT CH16	15
9	0V		9	0V	
10	未使用		10	未使用	

(3) X5 端子。

DSQC652 板的 X5 端子详见 ABBI/O 板 DSQC61 中的 X5 端子，见表 5.3.4。

5.3.3 ABB标准I/O板DSQC653

DSQC653板主要提供8个数字输入信号和8个数字继电器输出信号的I/O信号板。如图5.3.4为DSQC653模块接口组成示意图。A为数字继电器输出信号指示，B为数字继电器输出信号接口X1，C为DeviceNet接口X5，D为模板状态指示灯，E为数字输入信号接口X3，F为数字输入信号指示灯。

(1) X1端子。

X1端子定义及地址分配详见表5.3.8，包括8组继电器输出。

表5.3.8 X1端子定义及地址分配表

端子编号(X1端子)	端子定义	对应地址分配	端子编号(X1端子)	端子定义	对应地址分配
1	OUTPUT CH1A	0	9	OUTPUT CH5A	4
2	OUTPUT CH1B		10	OUTPUT CH5B	
3	OUTPUT CH2A	1	11	OUTPUT CH6A	5
4	OUTPUT CH2B		12	OUTPUT CH6B	
5	OUTPUT CH3A	2	13	OUTPUT CH7A	6
6	OUTPUT CH3B		14	OUTPUT CH7B	
7	OUTPUT CH4A	3	15	OUTPUT CH8A	7
8	OUTPUT CH4B		16	OUTPUT CH8B	

(2) X3端子。

X3端子定义及地址分配详见表5.3.9，包括8个数字输入。

表5.3.9 X3端子定义及地址分配表

端子编号(X3端子)	端子定义	对应地址分配	端子编号(X3端子)	端子定义	对应地址分配
1	INPUT CH1	0	6	INPUT CH6	5
2	INPUT CH2	1	7	INPUT CH7	6
3	INPUT CH3	2	8	INPUT CH8	7
4	INPUT CH4	3	9	0V	
5	INPUT CH5	4	10～16	未使用	

(3) X5端子。

DSQC653板的X5端子具体参考表5.3.4。

5.3.4 ABB标准I/O板DSQC355A

DSQC355A板是一款提供4个模拟输入信号和4个模拟输出信号的I/O信号板。如图5.3.5所示为DSQC355A模块接口组成示意图。A为模拟输入端口X8，B为模拟输出端口X7，C为DeviceNet接口X5，D为供电电源端X3。

(1) X3端子。

X3端子是供电电源，其端子定义见表5.3.10。

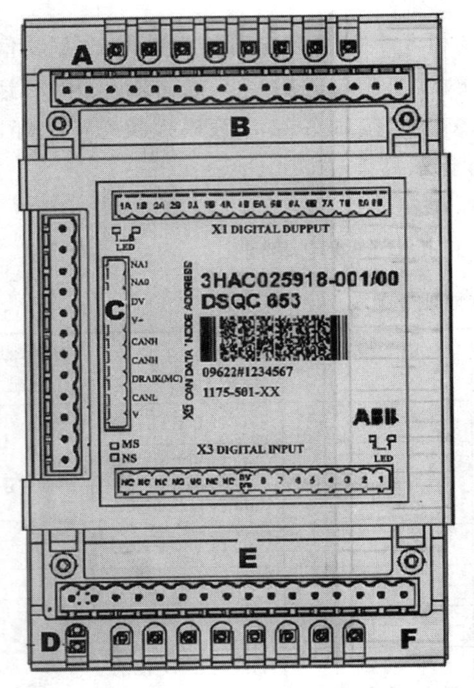

图 5.3.4　DSQC653 模块接口组成示意图

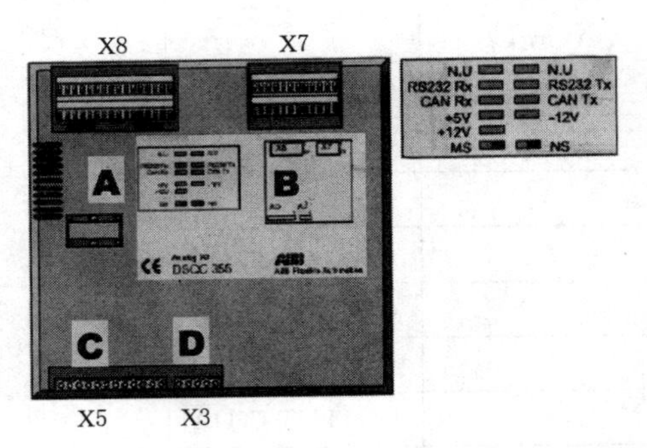

图 5.3.5　DSQC355A 模块接口组成示意图

表 5.3.10　　X3 端 子 定 义 表

端子编号（X3 端子）	端子定义	端子编号（X3 端子）	端子定义
1	0V	4	未使用
2	未使用	5	24V
3	接地		

（2）X5 端子。

DSQC355A 板的 X5 端子具体参考表 5.3.4。

（3）X7 端子。

X7 端子是模拟输出端口，其定义及地址分配详见表 5.3.11。

表 5.3.11　　X7 端子定义及地址分配表

端子编号（X7 端子）	端子定义	对应地址分配	端子编号（X7 端子）	端子定义	对应地址分配
1	模拟输出_1，±10V	0～15	19	模拟输出_1，0V	
2	模拟输出_2，±10V	16～31	20	模拟输出_2，0V	
3	模拟输出_3，±10V	32～47	21	模拟输出_3，0V	
4	模拟输出_4，4～20mA	48～63	22	模拟输出_4，0V	
5～18	未使用		23～24	未使用	

（4）X8端子。

X8端子是模拟输入端口，其定义及地址分配详见表5.3.12。

表5.3.12 X8端子定义及地址分配表

端子编号（X8端子）	端子定义	对应地址分配	端子编号（X8端子）	端子定义	对应地址分配
1	模拟输入_1，±10V	0～15	25	模拟输入_1，0V	
2	模拟输入_2，±10V	16～31	26	模拟输入_2，0V	
3	模拟输入_3，±10V	32～47	27	模拟输入_3，0V	
4	模拟输入_4，±10V	48～63	28	模拟输入_4，0V	
5～16	未使用		29～32	0V	
17～24	+24V				

5.3.5 ABB标准I/O板DSQC377A

DSQC377A板主要提供机器人输送链跟踪功能所需的编码器与同步开关信号的处理。图5.3.6所示为DSQC377A模块接口组成示意图。A为编码器与同步开关的端子X20，B为DeviceNet接口X5，C为供电电源X3。

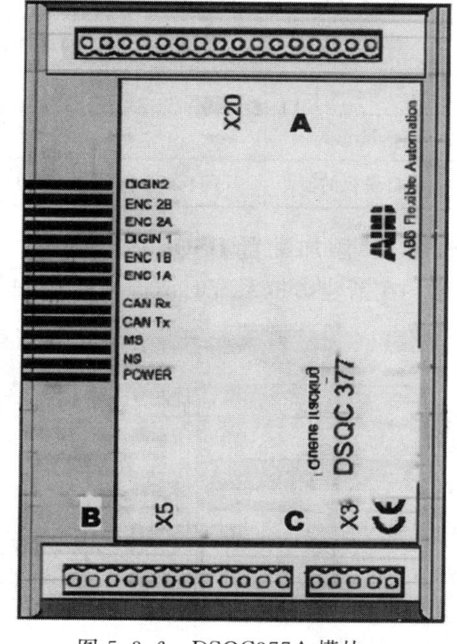

图5.3.6 DSQC377A模块接口组成示意图

（1）X3端子。

X3端子是供电电源，其端子定义与DSQC355A板X3端子相同，参考表5.3.10。

（2）X5端子。

DSQC377A板的X5端子具体参考表5.3.4。

（3）X20端子。

DSQC377A板的X20端子是编码器与同步开关的端子，其端子定义见表5.3.13。

表5.3.13 X20端子定义表

端子编号（X20端子）	端子定义	端子编号（X20端子）	端子定义
1	24V	6	编码器1，B相
2	0V	7	数字输入信号1，24V
3	编码器1，24V	8	数字输入信号1，0V
4	编码器1，0V	9	数字输入信号1，信号
5	编码器1，A相	10～16	未使用

任务5.4 ABB标准I/O板——DSQC652的配置

要完成机器人系统与外界的输入输出信号（I/O信号）交换，除了要在硬件上正确的连接I/O信号板（总线地址的配置和电气接线）外，还需要在软件上对所连接的I/O板的类型及信号进行进一步的配置。在上一个任务中告诉我们，常用的ABB标准I/O板主要有DSQC651、DSQC652、DSQC653、DSQC355A和DSQC377A五种，本任务以ABB标准I/O板DSQC652模块为例，来介绍如何在示教器上对机器人的I/O信号进行配置。

5.4.1 定义DSQC652板的总线连接

ABB标准I/O板都是下挂在DeviceNet现场总线下的设备，通过X5端口与DeviceNet现场总线进行通信。定义DSQC652板的总线连接的相关参数说明见表5.4.1。

表5.4.1 DSQC652板的总线连接参数表

参数名称	设定值	说明
Name	D652	设定I/O板在系统中的名字
Address	10	设定I/O板在DeviceNet总线上的地址
来自模板的值	DSQC652 24VDC I/O DeviceNet	选择DeviceNet设备

5.4.2 添加配置DSQC652板

在新建虚拟系统时请选择709-1 DeviceNet Master/Slave协议，如图5.4.1所示。

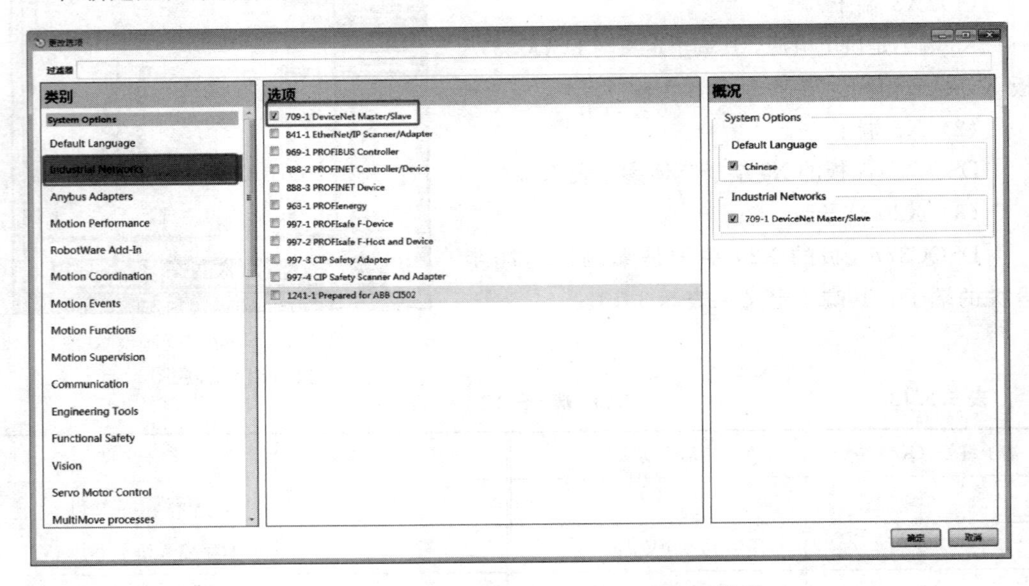

图5.4.1 709-1 DeviceNet Master/Slave协议

总线连接操作步骤如下：

（1）打开主菜单，选择“控制面板”，如图5.4.2所示。

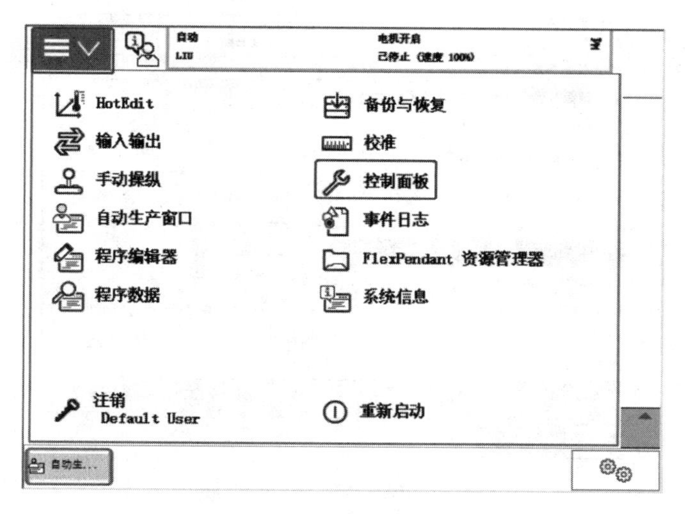

图 5.4.2 选择“控制面板”

（2）选择“配置”，如图 5.4.3 所示。

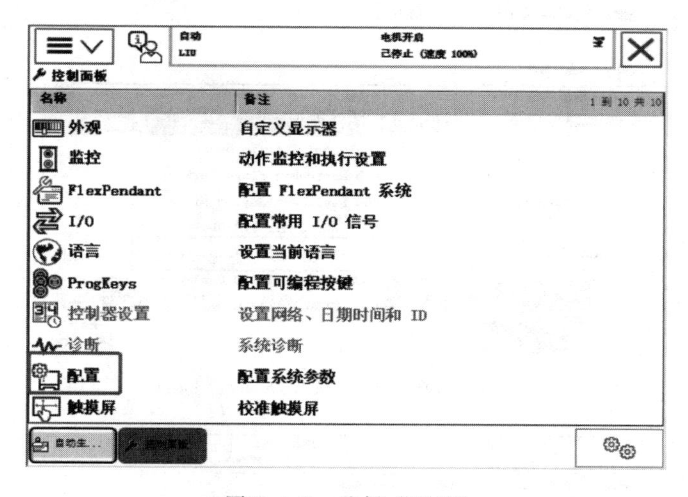

图 5.4.3 选择“配置”

（3）单击“DeviceNet Device”进行 DSQC652 模块的设定，如图 5.4.4 所示。

（4）单击“添加”，在“使用来自模板的值”行的下拉菜单中选择“DSQC652 24 VDC I/O Device”，如图 5.4.5 所示。

（5）按照表 5.4.1 的参数设置，双击“Name”和“Address”（用上、下翻页按钮寻找）进行值的修改，如图 5.4.6 和图 5.4.7 所示。

（6）单击“确定”，至此定义 DSQC652 板的总线连接操作完成，提示“重启”选择“是”，如图 5.4.8 所示。

以上就是 DSQC652 板的配置过程，此过程是后面任务中创建 I/O 信号的前提条件。

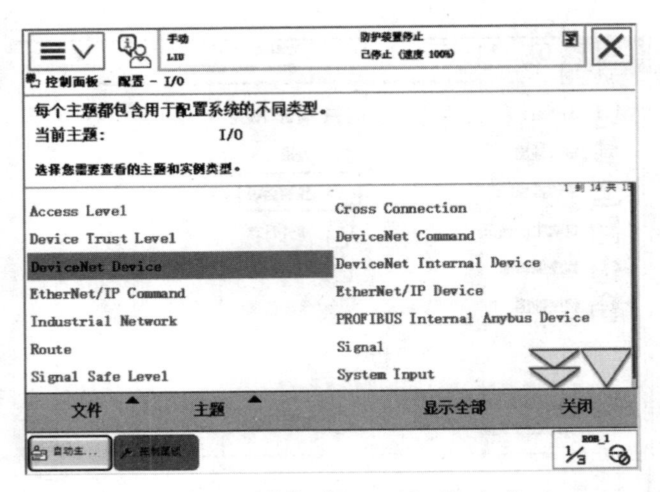

图 5.4.4 单击“DeviceNet Device”

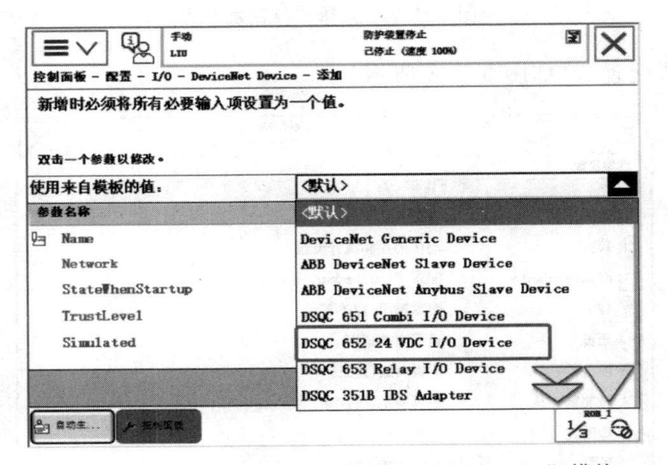

图 5.4.5 添加“DSQC652 24 VDC I/O Device”模块

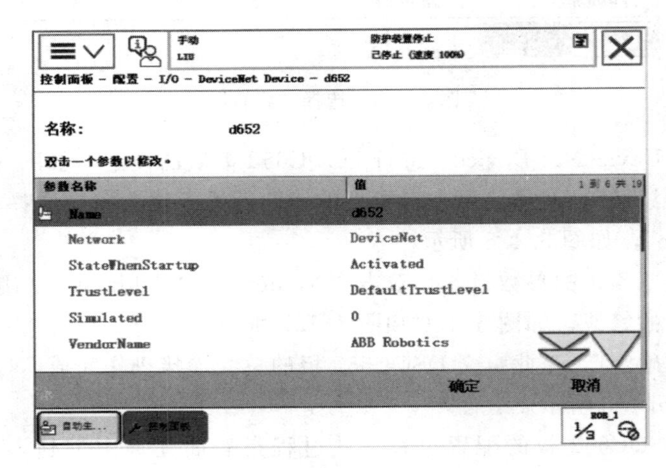

图 5.4.6 修改“Name”

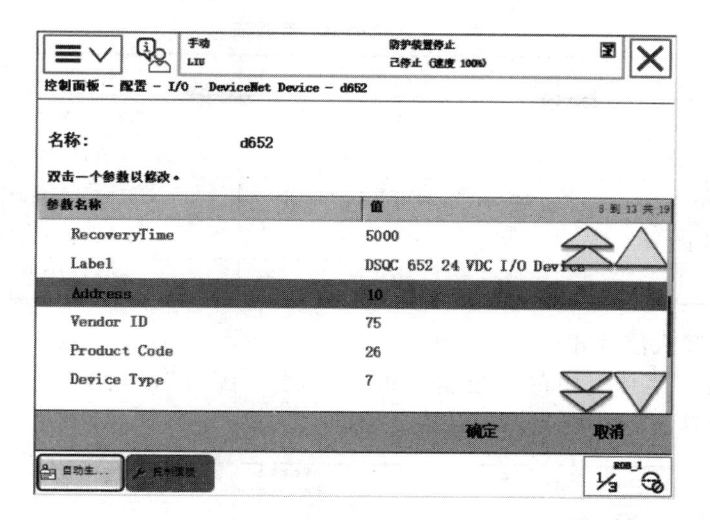

图 5.4.7　修改“Address”

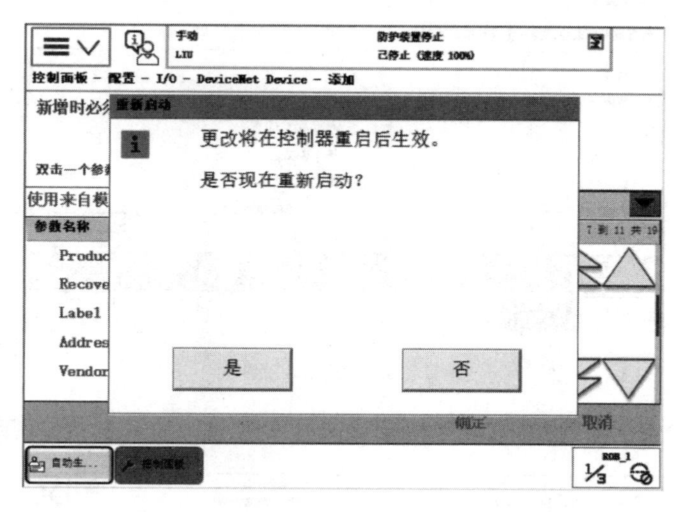

图 5.4.8　控制器重启

任务5.5　创建数字信号

通过上一个任务了解了 ABB 标准 I/O 板 DSQC652 板的总线连接配置过程，有了这个配置，工业机器人才可以通过其自身 I/O 端口来与外部的输入输出（I/O）信号连接通信，从而实现与外部设备的连接控制。一般来讲，工业机器人系统中常用的数字 I/O 信号有数字量输入输出（di/do）、数字量组输入输出（gi/go）。下面分别介绍各数字信号的相关参数和创建配置过程。

5.5.1　创建数字输入信号 di1

数字输入信号 di1 的相关参数见表 5.5.1。

表 5.5.1 数字输入信号 di1 参数表

参数名称	设定值	说明
Name	di1	设定数字输入信号的名字
Type of Signal	Digital Input	设定信号的类型
Assigned to Device	DSQC652 24VDC I/O Device	设定信号所在的I/O模块
Device Mapping	1	设定信号所占用的地址
Invert Physical Value	NO	设定信号是否取反

创建数字输入信号 di1 的步骤如下：

(1) 单击“菜单”中的“控制面板”，单击“配置”，双击“Signal”，进入如图 5.5.1 所示界面。

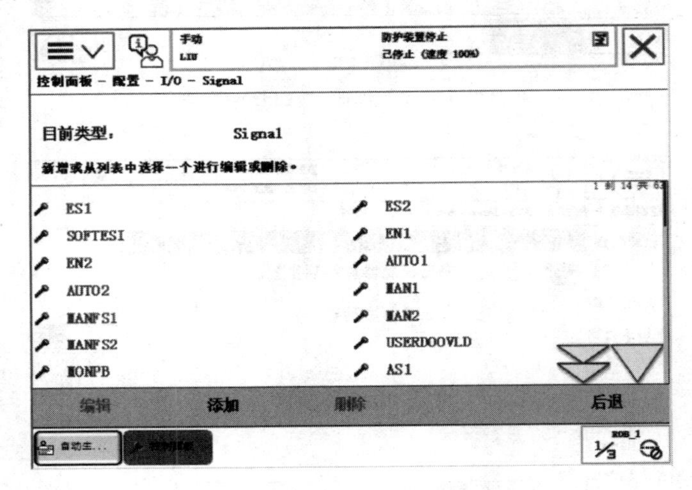

图 5.5.1 “Signal”界面

(2) 单击“添加”，按表 5.5.1 所示修改各个参数，如图 5.5.2 所示。

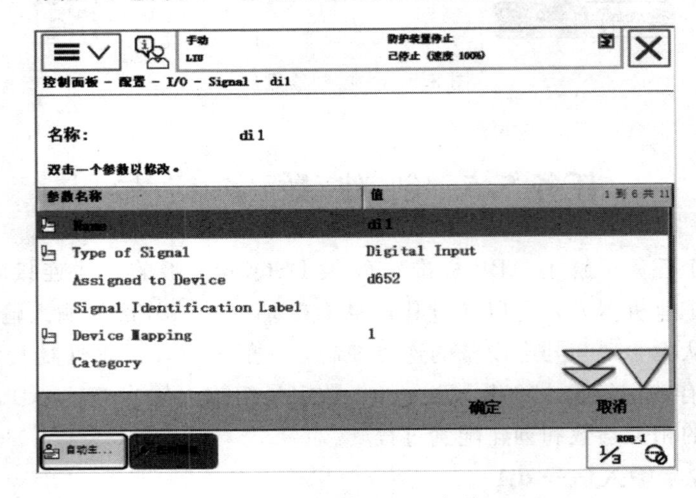

图 5.5.2 修改 di1 参数

说明：由于添加配置DSQC652板的时候命名为“d652”，所以“Assigned to Device”的值均选择“d652”，后面的操作相同。

（3）修改完参数，单击“确定”，提示“重启”选择“是”，完成数字输入信号di1的创建。

5.5.2 创建数字输出信号do1

数字输出信号do1的相关参数见表5.5.2。

表5.5.2 数字输出信号do1参数表

参数名称	设定值	说明
Name	do1	设定数字输出信号的名字
Type of Signal	Digital Output	设定信号的类型
Assigned to Device	DSQC652 24VDC I/O Device	设定信号所在的I/O模块
Device Mapping	1	设定信号所占用的地址
Invert Physical Value	NO	设定信号是否取反

创建数字输出信号do1的步骤如下：

（1）依次单击“控制面板”、选择“配置”、双击“Signal”、单击“添加”进入如图5.5.3所示的界面。

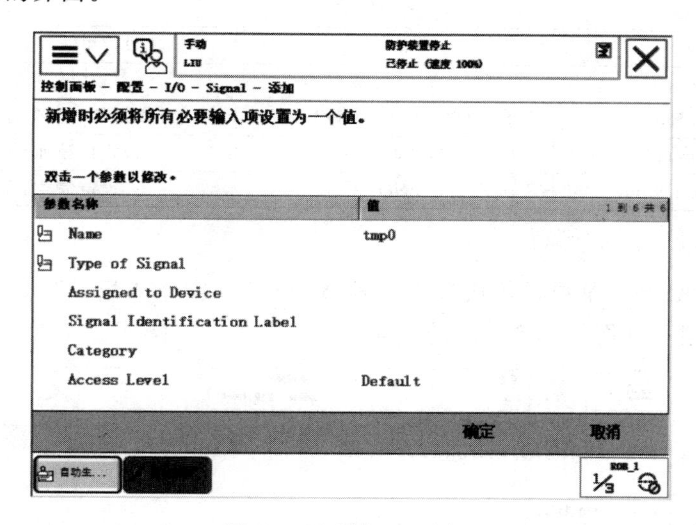

图5.5.3 添加do1界面

（2）按照表5.5.2，将各个对应参数进行修改，如图5.5.4所示。

（3）修改完参数，单击“确定”，提示“重启”选择“是”，完成数字输出信号do1的创建。

5.5.3 定义组输入信号gi1

组输入信号就是将几个数字输入信号组合起来，用于接受外围设备输入的BCD编码的十进制数。

例如：gi1占用地址1～4共4位，可以代表十进制数0～15，以此类推，如果占用地址五位数的话，可以代表十进制数0～31。

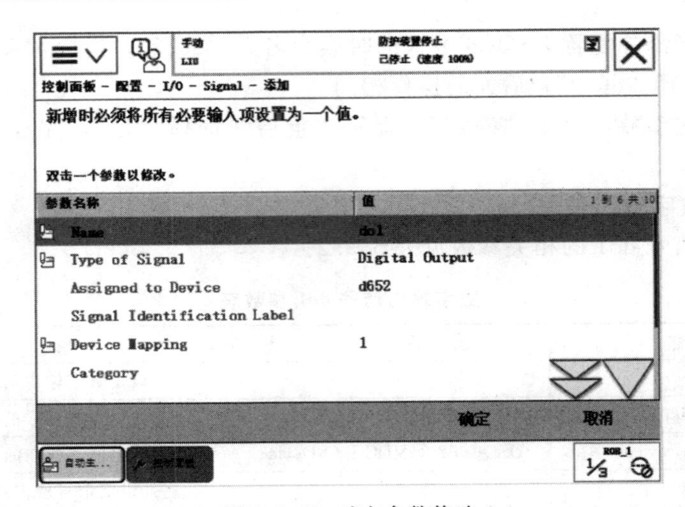

图 5.5.4 对应参数修改

组输入信号 gi1 相关参数说明见表 5.5.3。

表 5.5.3　　组输入信号 gi1 参数表

参数名称	设定值	说　　明
Name	gi1	设定组输入信号的名字
Type of Signal	Group Input	设定信号的类型
Assigned to Device	DSQC652 24VDC I/O Device	设定信号所在的 I/O 模块
Device Mapping	1，2，4－3	设定信号所占用的地址
Invert Physical Value	NO	设定信号是否取反

组输入信号 gi1 的步骤如下：

(1) 进入 ABB 主菜单，依次单击“控制面板”、选择“配置”、双击“Signal”、单击“添加”进入如图 5.5.5 所示的界面。

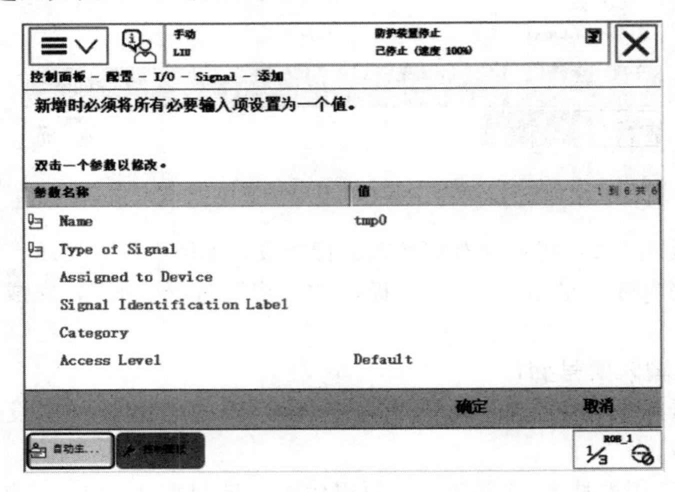

图 5.5.5 添加 gi1 界面

（2）按照表5.5.3，将各个对应参数进行修改，如图5.5.6所示。

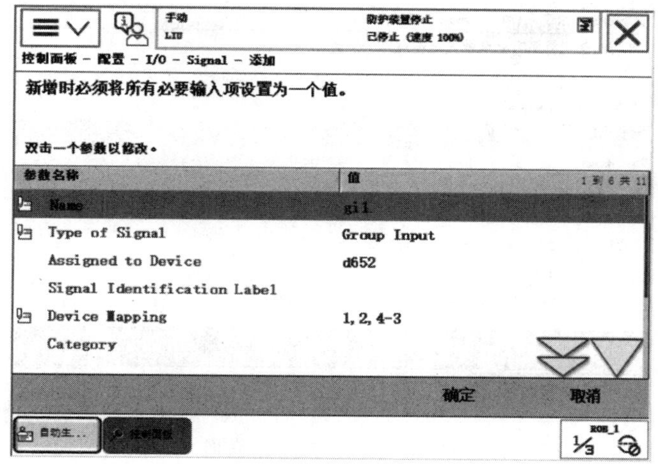

图5.5.6　对应参数修改

（3）修改完参数，单击“确定”，提示“重启”选择“是”，完成组输入信号gi1的创建。

5.5.4　定义组输出信号go1

组输出信号和组输入信号一样，就是将几个数字输入信号组合起来，用于接受外围设备输入的BCD编码的十进制数。

组输出信号go1相关参数说明见表5.5.4。

表5.5.4　　组输出信号go1参数表

参数名称	设定值	说　明
Name	go1	设定组输入信号的名字
Type of Signal	Group Output	设定信号的类型
Assigned to Device	DSQC652 24VDC I/O Device	设定信号所在的I/O模块
Device Mapping	1，2，4－3	设定信号所占用的地址
Invert Physical Value	NO	设定信号是否取反

组输入信号go1的步骤如下：

（1）进入ABB主菜单，依次单击“控制面板”、选择“配置”、双击“Signal”、单击“添加”进入如图5.5.7所示的界面。

（2）按照表5.5.4，将各个对应参数进行修改，如图5.5.8所示。

（3）修改完参数，单击“确定”，提示“重启”选择“是”，完成组输入信号go1的创建。

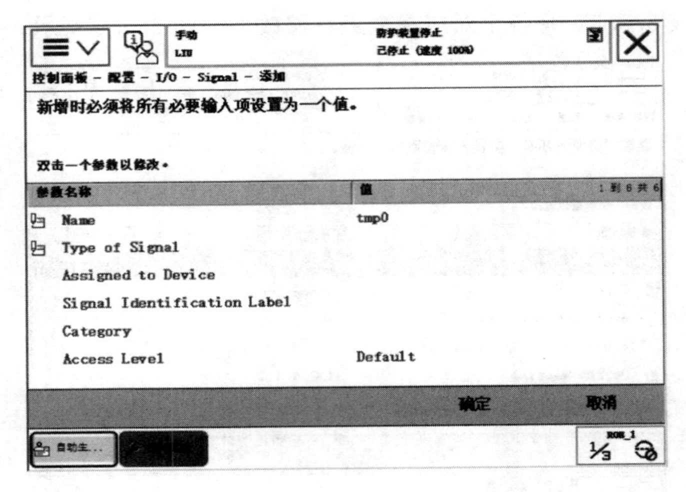

图 5.5.7　添加 go1 界面

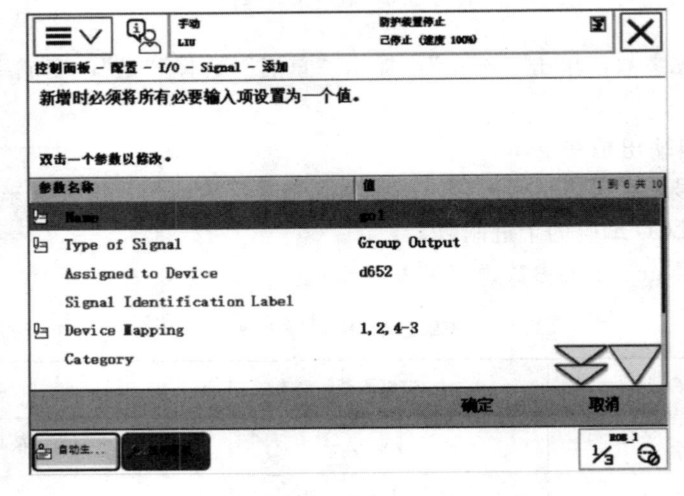

图 5.5.8　对应参数修改

I/O 信号监控与操作

任务 5.6　I/O 信号监控与操作

对 I/O 信号进行监控是为了对所有的输入及输出信号的地址、状态等信息进行掌控。而对 I/O 信号状态或数值进行仿真和强制地操作，以便在机器人调试和检修时使用。

通过上一任务中的学习，我们掌握了各种 I/O 信号的定义和创建。现在就要学习一下如何对 I/O 信号进行监控与操作。

5.6.1　查看“输入输出”信号

查看“输入输出”信号的操作如下：

(1) 打开 ABB 主菜单，选择“输入输出”，进入如图 5.6.1 所示界面。

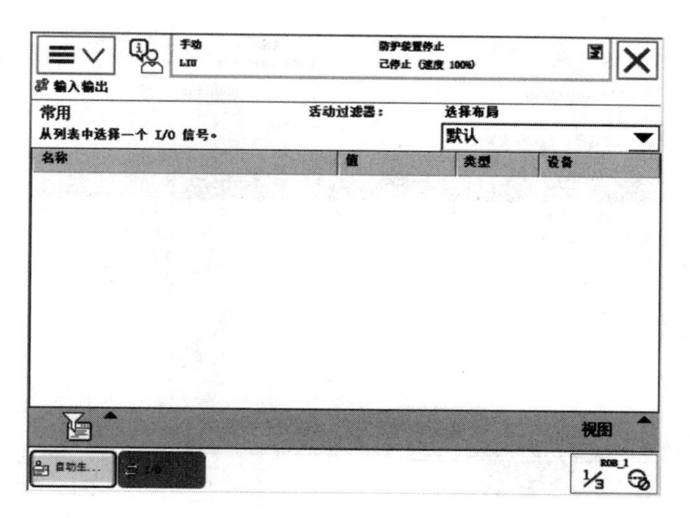

图 5.6.1 “输入输出”界面

（2）单击右下角的“视图”，选择“I/O 设备”进入如图 5.6.2 所示界面。

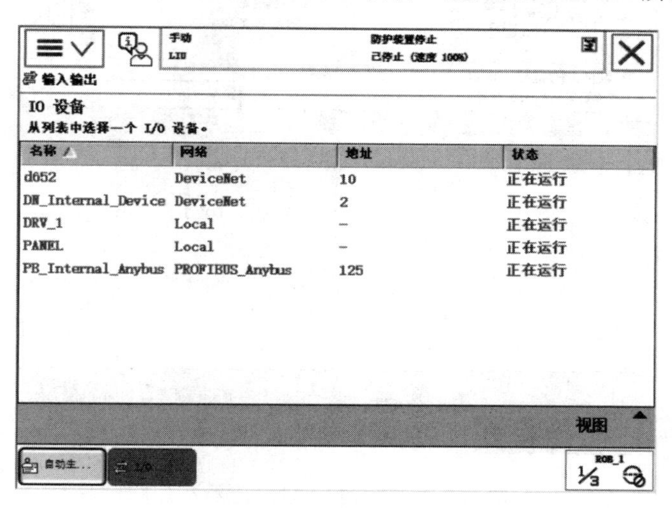

图 5.6.2 “I/O 设备”界面

（3）如图 5.6.3 所示，选择在之前我们配置好的“d652”，单击“信号”，进入 d652 设备的信号界面，即查看输入输出信号界面，如图 5.6.4 所示。

在这个界面中，可看到在上一任务中所定义的信号。可对信号进行监控、仿真和强制地操作。

5.6.2 数字输入信号仿真操作

仿真操作对应输入信号，因为输入信号是外部设备发送给机器人的信号，所以机器人并不能对此信号进行赋值，但是在机器人编程测试环境中，为了方便模拟外部设备的信号场景，使用仿真操作来对输入信号赋值，消除仿真之后，输入信号就可以回到之前的真正的值。

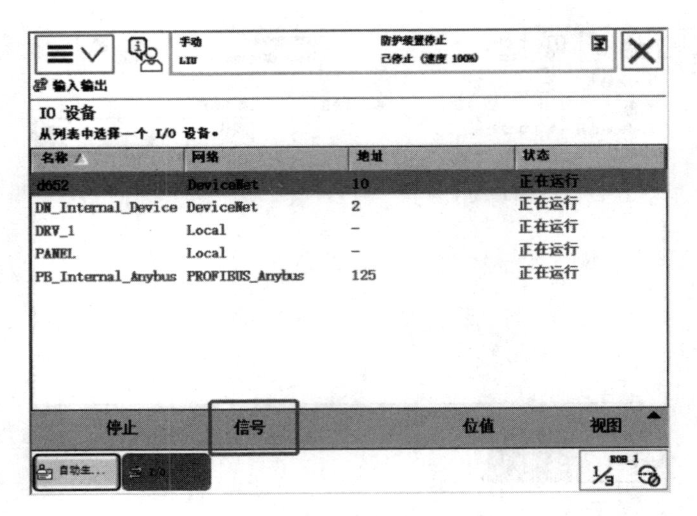

图 5.6.3 选择“d652”界面

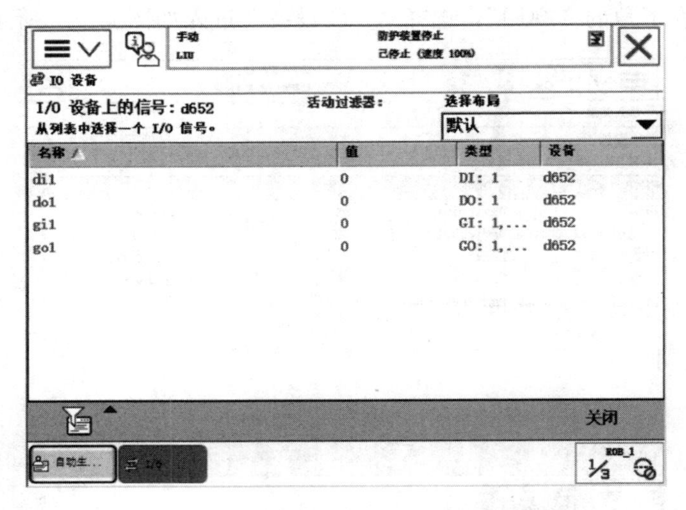

图 5.6.4 查看输入输出信号界面

数字信号 di1 的仿真操作步骤如下：

（1）在图 5.6.4 所示查看输入输出信号界面中选中 di1，并单击“仿真”，进入 di1 的仿真界面，如图 5.6.5 所示。

（2）如图 5.6.6 所示，在仿真界面单击“0”或“1”，可以将 di1 的状态仿真为“0”或“1”，仿真结束后单击“消除仿真”以取消仿真状态。

5.6.3 数字输出信号强制操作

强制操作对应输出信号，就是说机器人的输出信号可以直接进行强制赋值操作。数字输出信号 do1 的强制操作方法如下：

在图 5.6.4 的查看输入输出信号界面中选中 do1，通过单击“0”或“1”，对 do1 的状态进行强制地置“0”或者置“1”，如图 5.6.7 所示。

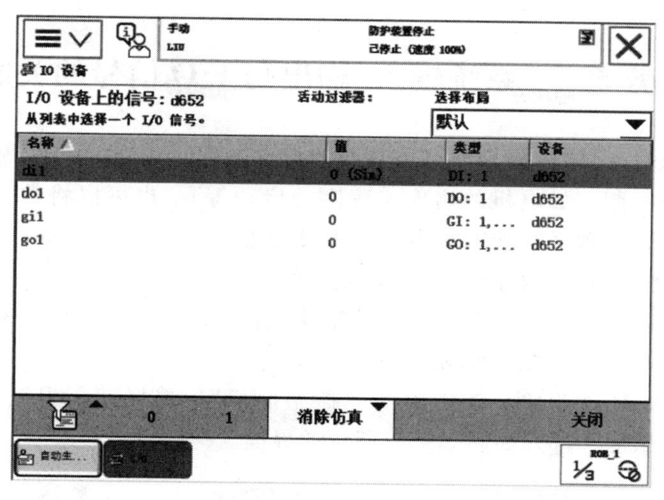

图 5.6.5　数字输入 di1 的仿真界面

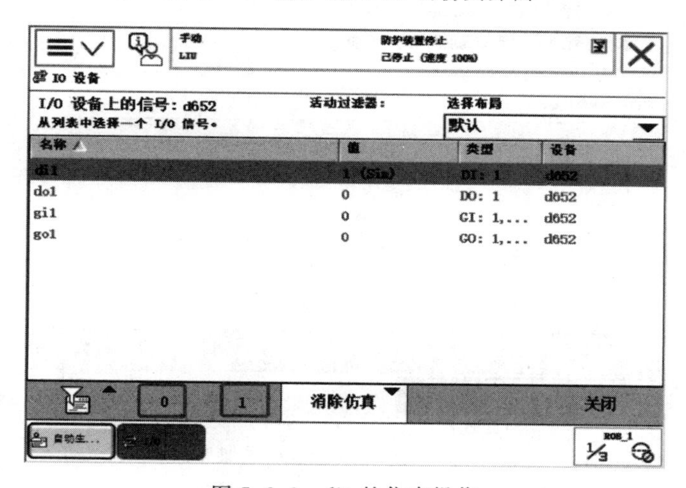

图 5.6.6　di1 的仿真操作

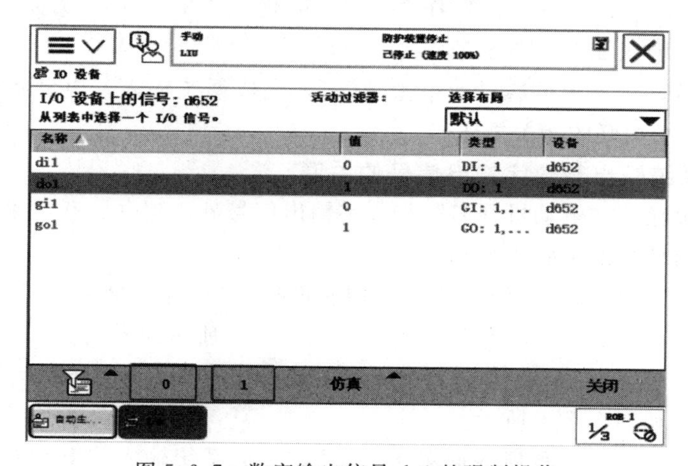

图 5.6.7　数字输出信号 do1 的强制操作

任务 5.7　系统输入/输出与 I/O 信号的关联

通过将系统输入/输出信号与 I/O 信号连接在一起（建立关联），就可以实现对工业机器人系统的控制（如电机的启停、程序的启动等）。也可以将数字输出信号同系统状态信号关联，实现系统状态输出给外围设备进行控制。

5.7.1　建立系统输入与数字输入信号的关联

下面以系统输入“电动机开启”与数字输入信号 di1 建立关联，来介绍建立系统输入与数字输入信号的关联步骤和方法：

（1）进入 ABB 主菜单，依次单击“控制面板”、选择“配置”、双击“System Input”、单击“添加”进入如图 5.7.1 所示的界面。

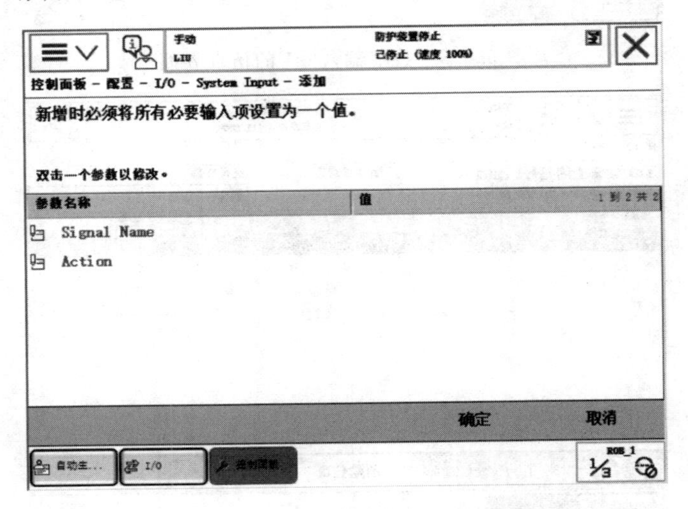

图 5.7.1　System Input 添加界面

（2）单击“Signal Name”，选择“di1”，再双击“Action”，选择“Motors On”，然后单击确定，如图 5.7.2 所示。

（3）确定后，在提示重启界面单击“是”，完成系统输入“电动机开启”与数字输入信号 di1 建立关联的相关操作。

5.7.2　建立系统输出与数字输出信号的关联

下面以系统输出“电动机开启”与数字输出信号 do1 建立关联，来介绍建立系统输出与数字输出信号的关联步骤和方法：

（1）进入 ABB 主菜单，依次单击“控制面板”、选择“配置”、单击下翻页，双击“System Output”、单击“添加”进入如图 5.7.3 所示的界面。

（2）单击“Signal Name”，选择“do1”，再双击“Status”，选择“Motors On”，然后单击确定，如图 5.7.4 所示。

（3）确定后，在提示重启界面单击“是”，完成系统输入“电动机开启”与数字输出信号 do1 建立关联的相关操作。

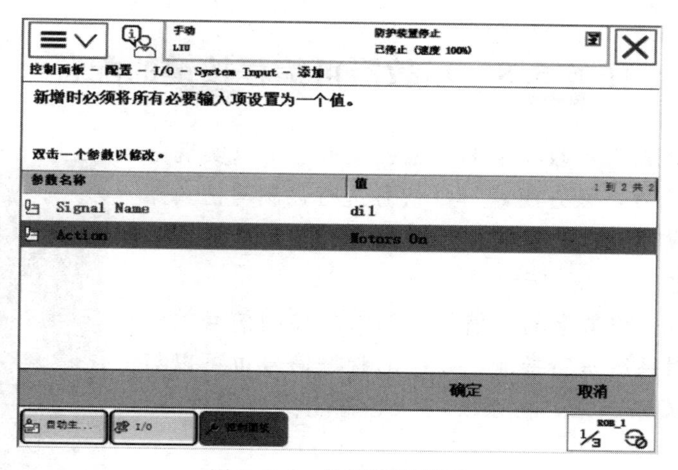

图 5.7.2　关联配置界面

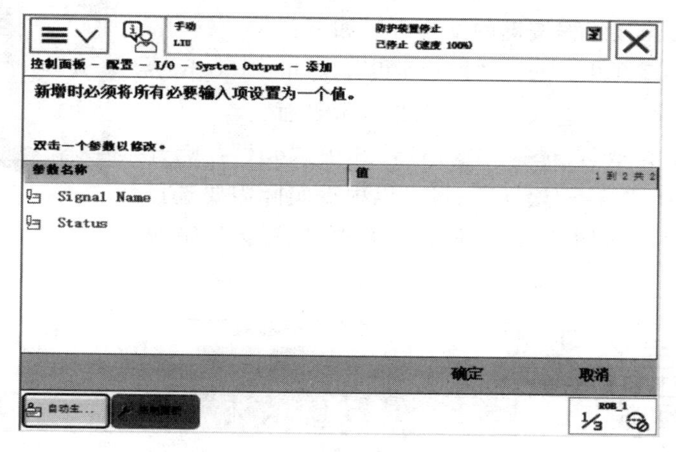

图 5.7.3　System Output 添加界面

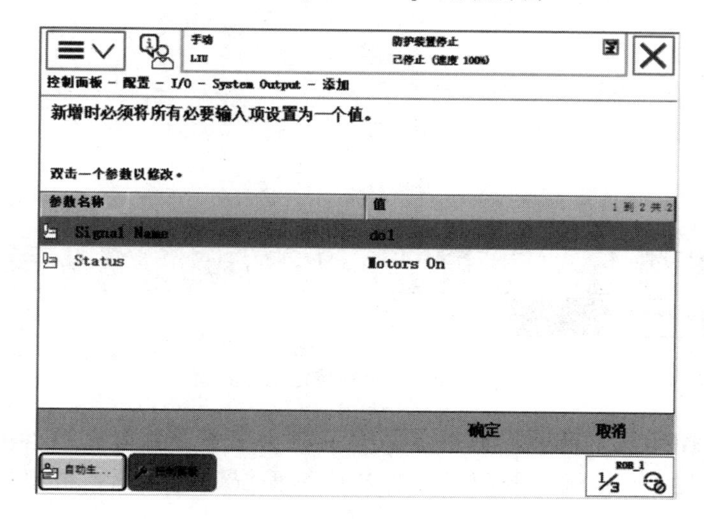

图 5.7.4　关联配置界面

任务 5.8 示教器可编程按键的配置

ABB 工业机器人示教器上的可编程按键，可以实现分配控制的 I/O 信号，以方便对 I/O 信号进行强制与仿真操作。就是说完成可编程按键的配置可以通过按键直接强制输出或输入，如图 5.8.1 所示。

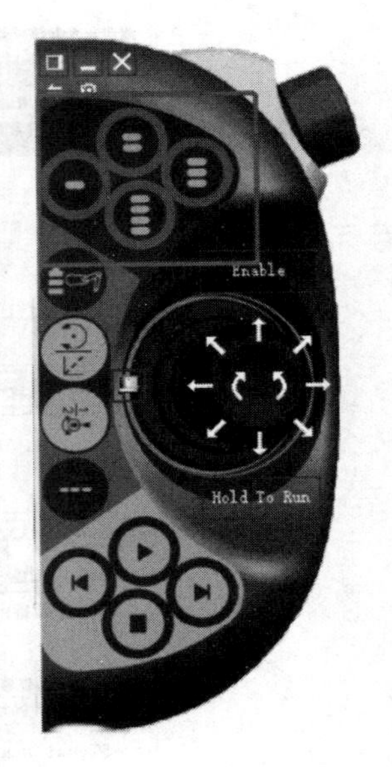

图 5.8.1 可编程按键

其工作原理：将数字输入信号与系统的控制信号关联起来，就可以对系统进行控制；系统的状态信号也可以与数字输出信号关联起来，将系统的状态输出给外围设备，以作控制之用。

下面以对可编程按键 1 配置数字输出信号 do1 的操作为例来说明示教器接编程按键的配置方法如下：

（1）在 ABB 菜单中，选择“控制面板”，单击“ProgKeys（配置可编程按键）”，进入如图 5.8.2 所示界面。

（2）单击“类型”，选择“输出”，选中“do1”，点开“按下按键”选择“按下/松开”（也可以根据实际需要选择其他按键属性），如图 5.8.3 所示，单击“确定”完成设定。

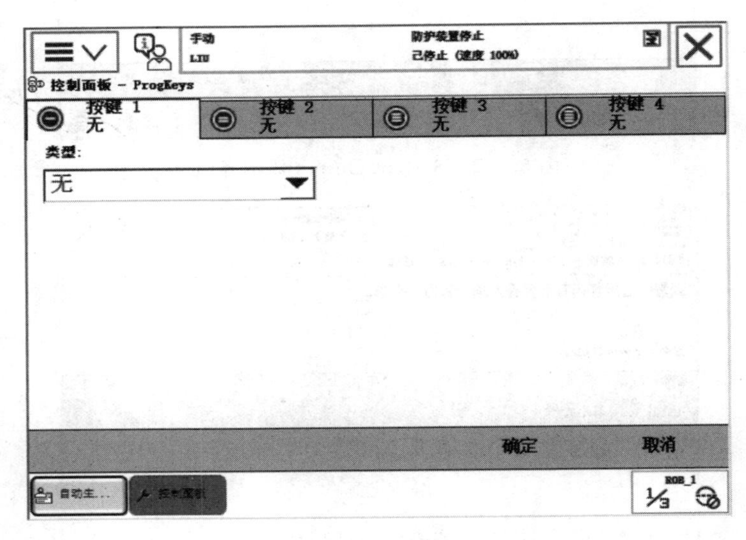

图 5.8.2 可编程按键配置界面

完成上述操作后，就可以通过可编程按键 1 在手动状态下对 do1 进行强制操作。可编程按键 2～按键 4 的配置方法与可编程按键 1 相同，可根据实际需求进行设置。

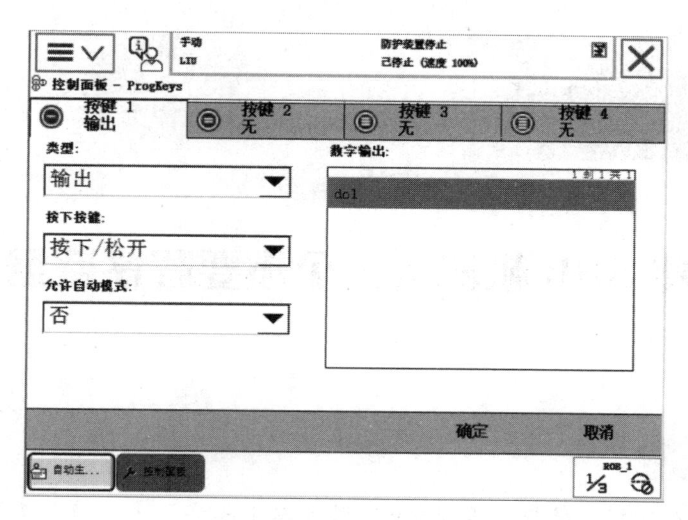

图 5.8.3　ProgKeys 配置界面

项目 6

创建 ABB 机器人三个重要程序数据

项目简介

ABB 机器人的程序数据共有 76 个，还可以根据实际要求来进行程序数据的创建，从而为 ABB 机器人程序的编制带来丰富的可能。在编程之前，需要构建必要的编程环境，其中有三个必需的程序数据（工具数据 tooldata、工件坐标 wobjdata、有效载荷 loaddata）就需要在编程前进行定义。

本项目主要介绍这三个程序数据的创建方法。

教学目标

【知识目标】

◇ 认识 ABB 机器人工具数据 tooldata。

◇ 认识 ABB 机器人工件坐标 wobjdata。

◇ 认识 ABB 机器人有效载荷 loaddata。

【技能目标】

◇ 具备独立创建 ABB 机器人工具数据 tooldata 的能力。

◇ 具备独立创建 ABB 机器人工件坐标 wobjdata 的能力。

◇ 具备独立创建 ABB 机器人有效载荷 loaddata 的能力。

【素质目标】

◇ 培养学生安全操作、规范操作意识。

◇ 激发兴趣，培养学生专业认同。

◇ 科普应用，增强学生四个自信。

任务 6.1 工具数据的认识与设定

工具数据的认识与设定

不同场合的机器人会配置不同的工具，例如搬运板材机器人使用吸盘式夹具，而弧焊机器人使用焊枪作为工具，如图 6.1.1 所示。

不同工具的坐标系原点、重量、重心等不同，所以不同的工具都要通过正确的设置。

6.1.1 认识工具数据 tooldata

工具数据 tooldata 的作用就是描述安装在机器人第六轴上的质量、重心和工具坐标 TCP（工具坐标系原点，即工具中心点）等参数数据。tooldata 会影响机器人的控制算法（例如计算加速度）、速度与加速度监控、力矩监控、碰撞监控和能量监控等，因此机器人的工具数据需要正确设置。

如图 6.1.2 所示，所有工业机器人都有一个预先设定好的默认工具坐标系，该坐标系被称为 tool0，其工具中心点位于机器人安装法兰的中心，图中标注的点就是原始的 TCP 点。安装工具时，可通过设置工具坐标 TPC 与 tool0 的偏移值。当执行程序时，机器人会将 TCP 移至编程位置，如果要更改工具及工具坐标系，机器人的移动将随之更改，以便新的 TCP 到达目标。

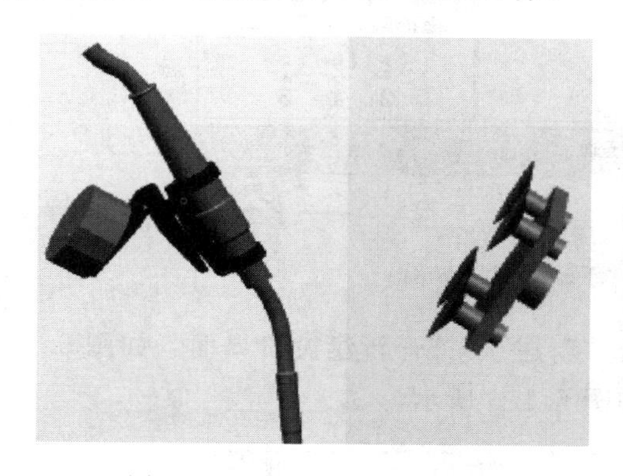

图 6.1.1 不同机器人的工具

图 6.1.2 工具中心点

TCP 的设定方法有三种：

(1) N 点法（要求 N≥3）。机器人的 TCP 通过 N 种不同的姿态同参考点接触，得出多组解，通过计算得出当前 TCP 与机器人安装法兰中心点（tool0）的相应位置，其坐标系方向与 tool0 一致。

(2) TCP 和 Z 法。在 N 点法基础上，Z 点与参考点连线为坐标系 Z 轴的方向。

(3) TCP 和 Z、X 法。在 N 点法基础上，X 点与参考点连线为坐标系 X 轴的方向，Z 点与参考点连线为坐标系 Z 轴的方向。

6.1.2 工具数据 tooldata 的设定

工具数据 tooldata 的设定方法一般采用 TCP 和 Z、X 法，原理如下：

(1) 在机器人工作范围内找一个参考点（非常精确的固定点）。

(2) 在工具上确定一个参考点（工具的中心点最佳）。

(3) 用之前介绍的手动操纵机器人的方法，去移动工具上的参考点，以四种以上不同的机器人姿态尽可能与固定点刚好碰上。前三个点的姿态相差尽量大些这样有利于 TCP 精度的提高。

(4) 机器人通过这四个位置点的位置数据计算求得 TCP 的数据，并保存在程序数据 tooldata 中随时被程序调用。

下面介绍建立一个新的工具数据 tool1（采用 TPC 和 Z、X 方法，N=4）的操作方法：

1）单击 ABB 主菜单，选择“手动操纵”，进入如图 6.1.3 所示界面。

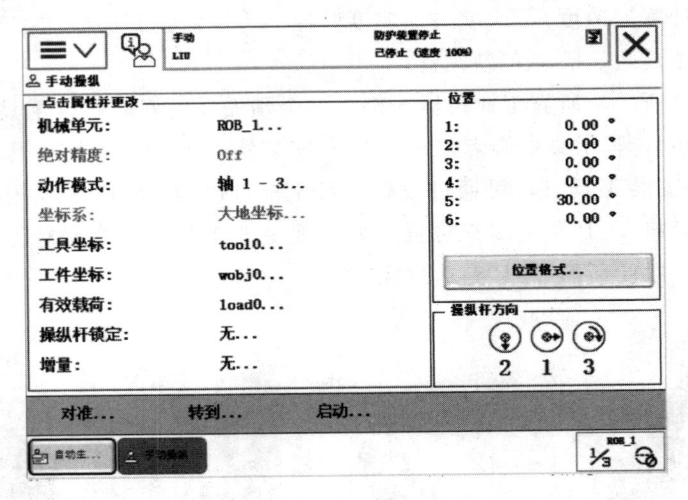

图 6.1.3 “手动操纵”界面

2）在“手动操纵”界面中选择单击“新建”，打开新建窗口界面，如图 6.1.4 所示。对相应属性设置后单击“确定”，如图 6.1.5 所示。

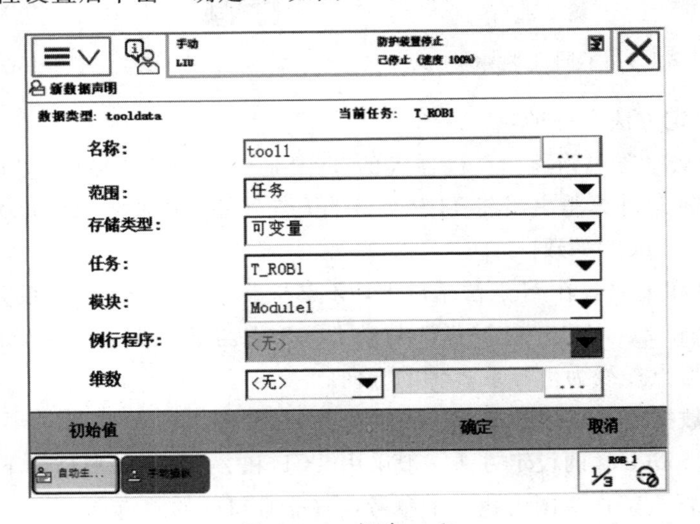

图 6.1.4 新建 tool1

3）选择“tool1”，单击“编辑”，选择菜单中的“定义”选项，方法选择“TPC 和 Z，X”，点数选择 4 点（N=4）来设定 TPC，如图 6.1.6 所示。

4）在手动模式下，操作手柄使工具参照图 6.1.7～图 6.1.10 以 4 种不同的姿态靠近固定点，在图 6.1.6 所示的界面内完成 4 个点的位置修改。图 6.1.11 所示为完成修改界面。

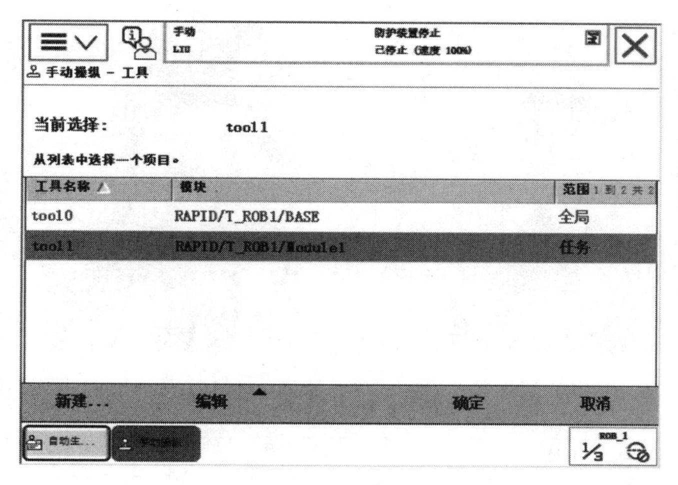

图 6.1.5 编辑 tool1

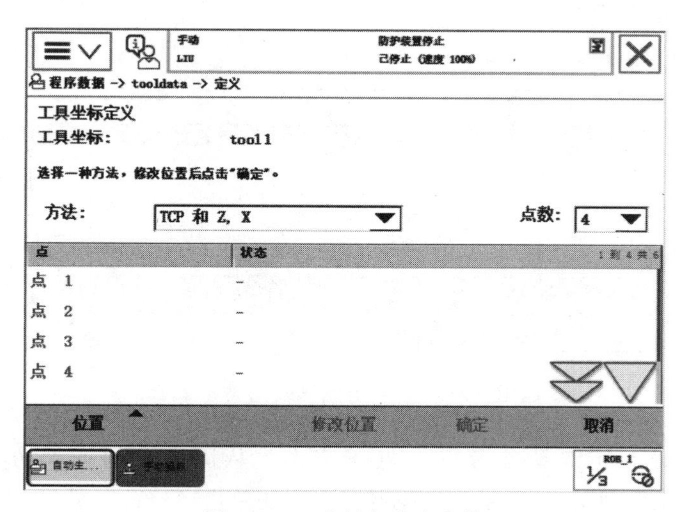

图 6.1.6 选择方法和点数

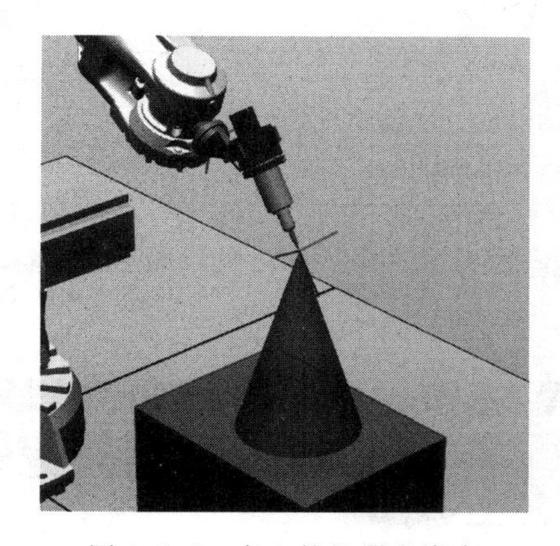

图 6.1.7 点 1 的机器人姿态

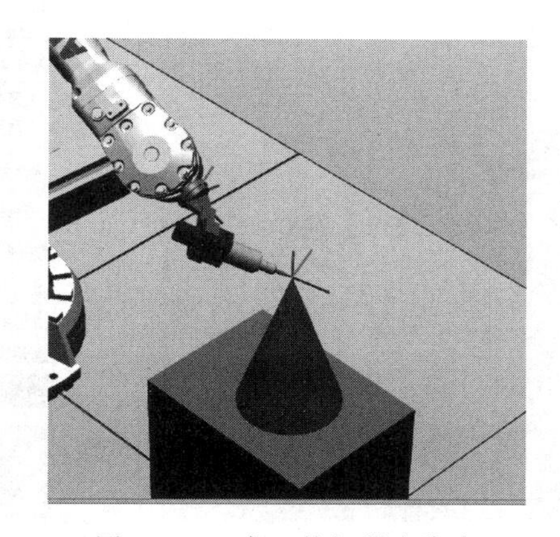

图 6.1.8 点 2 的机器人姿态

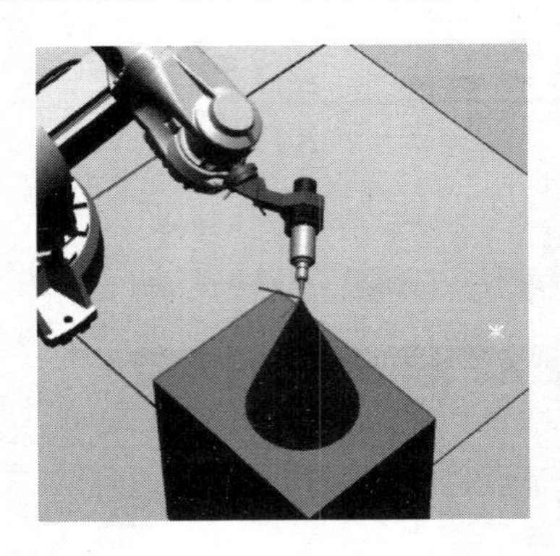

图 6.1.9　点 3 的机器人姿态

图 6.1.10　点 4 的机器人的姿态

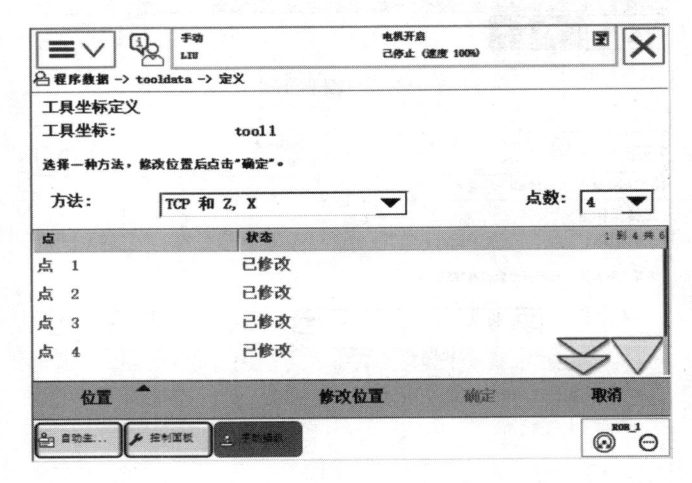

图 6.1.11　4 个点修改完成界面

5）操控机器人使工具参考点在点 4 姿态，从固定点向＋X 方向移动，如图 6.1.12 和图 6.1.13 所示，并在“延伸器点 X”处单击“修改位置”。

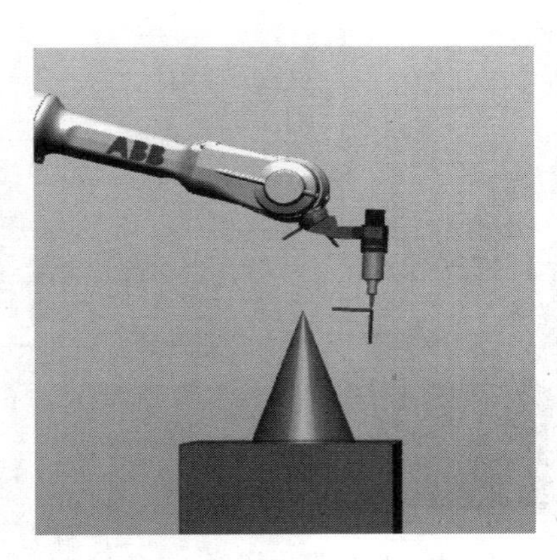

图 6.1.12　TPC 点的＋X 方向

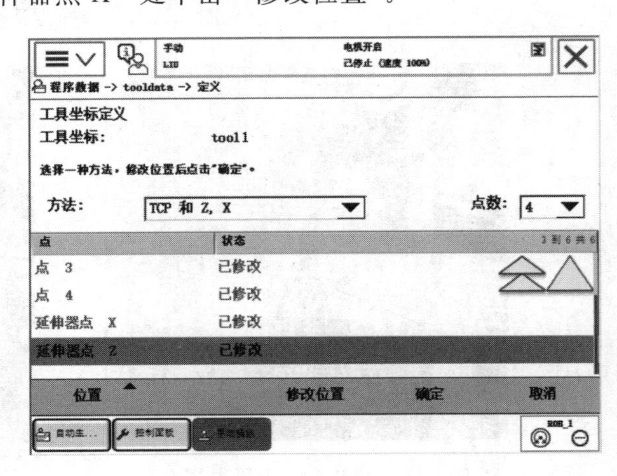

图 6.1.13　Z，X 修改完成界面

ABB

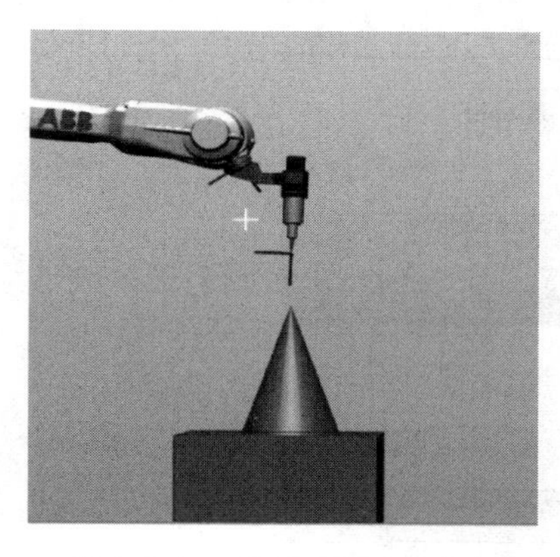

图 6.1.14 TPC 点的＋Z 方向

6）操控机器人使工具参考点在点 4 姿态，从固定点向＋Z 方向移动，如图 6.1.13 和图 6.1.14 所示，并在“延伸器点 Z”处单击“修改位置”。

7）修改完成后，单击“确定”会显示误差界面，如图 6.1.15 所示。误差越小说明越精确（一般小于 1mm 范围），但也以实际验证效果为准。

8）单击“确定”回到工具界面，依次选中“tool1”，单击“编辑”，单击更改值，进入 tool 的更改值菜单，如图 6.1.16 所示。

9）向下翻页，将 mass 的值改为工具的实际重量（kg），编辑工具中心坐标，单击“确定”，完成 tool1 的数据更改，如图 6.1.17 所示。

手动
LIU
电机开启
已停止 (速度 100%)
程序数据 -> tooldata -> 定义 - 工具坐标定义
计算结果
工具坐标: tool1
点击“确定”确认结果，或点击“取消”重新定义源数据。
1 到 6 共 11
方法 ToolXZ
最大误差 0.8296328 毫米
最小误差 0.4775387 毫米
平均误差 0.6900316 毫米
X: 31.68196 毫米
Y: -0.03538786 毫米
确定
取消
ROB_1

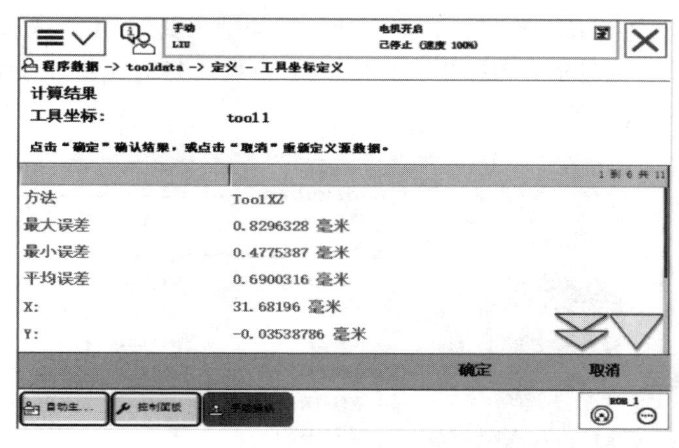

图 6.1.15 误差显示

手动
LIU
电机开启
已停止 (速度 100%)
编辑
名称: tool1
点击一个字段以编辑值。
名称
值
数据类型
1 到 6 共 26
tool1: [TRUE, [[31.682, -0.035... tooldata
robhold := TRUE bool
tframe: [[31.682, -0.0353879, 2... pose
trans: [31.682, -0.0353879, 22... pos
x := 31.682 num
y := -0.0353879 num
撤消
确定
取消
ROB_1

图 6.1.16 tool 的更改值菜单

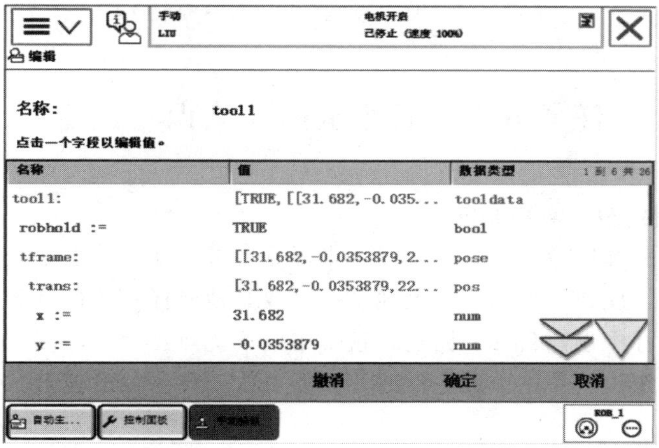

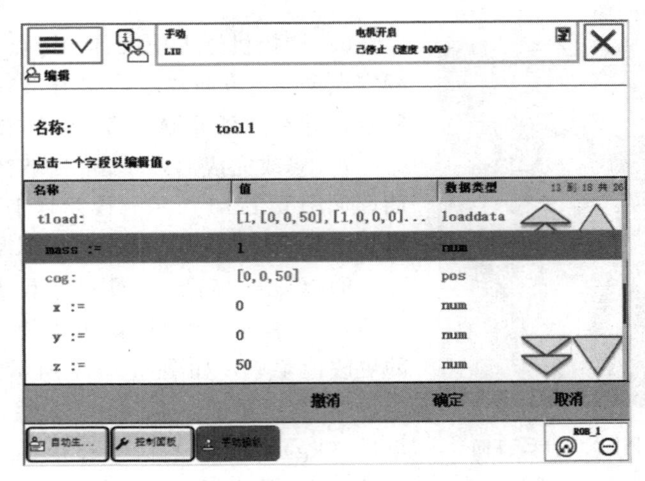

图 6.1.17 完成 tool1 的数据更改

10）按照工具重定位动作模式，把坐标系选为“工具”；工具坐标选为“tool1”，如图 6.1.18 所示。通过示教器操作可看见 TCP 点始终与工具参考点保持接触，而机器人根据重定位操作改变姿态。

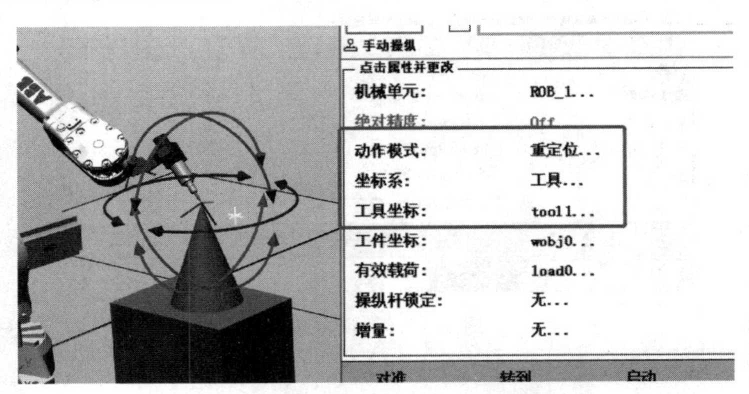

图 6.1.18 TCP 点始终与工具参考点验证

工件坐标的认识与设定

任务 6.2 工件坐标的认识与设定

6.2.1 认识工件坐标 wobjdata

工件坐标系又称用户坐标系，是以基坐标为参考，在工件上建立坐标系。工件坐标对应的是工件，反映工件相对于大地坐标（或其他坐标）的位置。对机器人进行编程就是在工件坐标中创建目标和路径，这带来以下优点：

（1）当重新定位工作站中的工件时，只需更改工件坐标的位置，所有路径将即刻随之更新。

（2）允许操作以外部轴或传送导轨移动的工件，因为整个工件可连同其路径一起移动。

工件坐标系的定义：如图 6.2.1 所示，A 是机器人的大地坐标系，为了方便编程，给第一个工件建立了一个工件坐标 B，并在这个工件坐标 B 中进行轨迹编程。如果台子上还有一个一样的工件需要走一样的轨迹，那只需建立一个工件坐标 C 将工件坐标 B 中的轨迹复制一份，然后将工件坐标从 B 更新为 C，则无须对一样的工件进行重复轨迹编程。

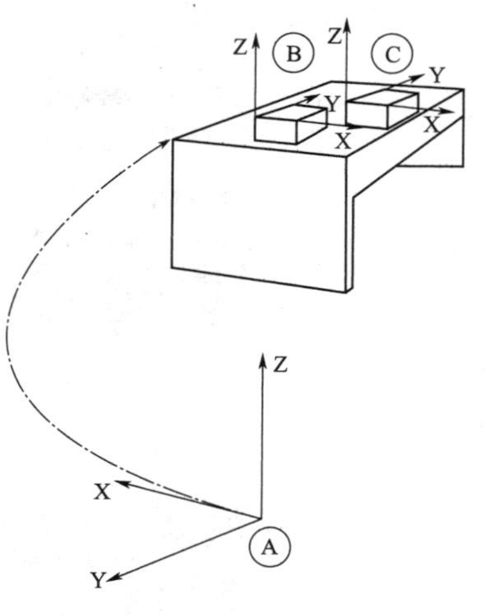

图 6.2.1　工件坐标系的定义

工件坐标系的偏移：如果在工件坐标 B 中对 A 对象进行了轨迹编程，当工件坐标位置变化成工件坐标 D 后，只需在机器人系统重新定义工件坐标 D，则工业机器人的轨迹就自动更新到 C，不需要再次进行轨迹编程，如图 6.2.2 所示。因 A 相对于 BC 相对于 D 的关系是一样的，并没有因为整体偏移而发生变化。

工件坐标系定义原理：在对象的平面上，只需要定义三个点，就可以建立一个工件坐标，如图 6.2.3 所示。其中 X1 点确定工件的原点，X1、X2 确定工件坐标 X 正方向，Y1 确定工件坐标 Y 正方向。

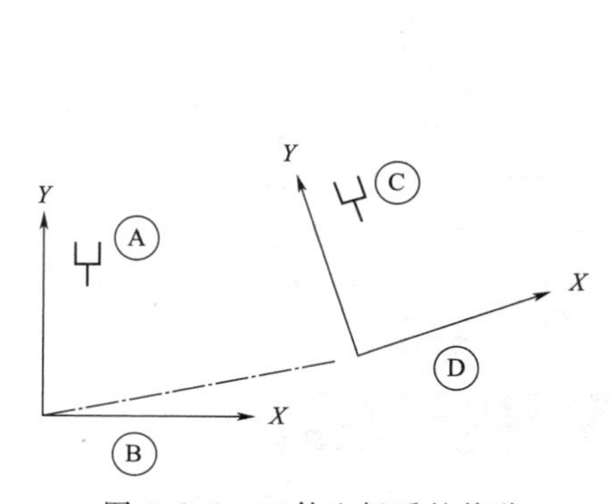

图 6.2.2　工件坐标系的偏移

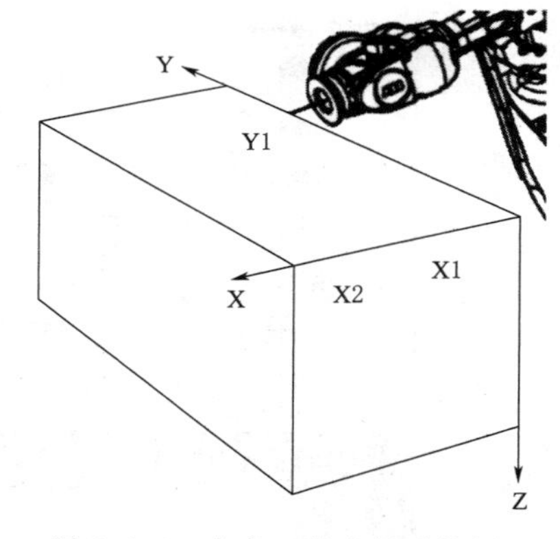

图 6.2.3　定义工件坐标系的原理

6.2.2　工件坐标 wobjdata 的设定

(1) 通过工件坐标系设定原理可知道工件坐标系设定步骤如下：

1) 手动操纵机器人，在工件表面或边缘角的位置找到一点 X1，作为坐标系的原点。

2) 手动操纵机器人，沿着工件表面或边缘找到一点 X2，X1、X2 确定工件坐标系 X 轴的正方向（X1 和 X2 距离越远，定义的坐标系轴向越精准）。

3) 手动操纵机器人，在 XY 平面上并且 Y 值为正的方向找到一点 Y1，确定坐标系 Y 轴的正方向。

(2) 下面以三点法为例创建一个工件坐标系 wobj1 的操作：

1) 单击 ABB 主菜单，选择“手动操纵”，单击“工件坐标”进入工件坐标设定界面，如图6.2.4所示。

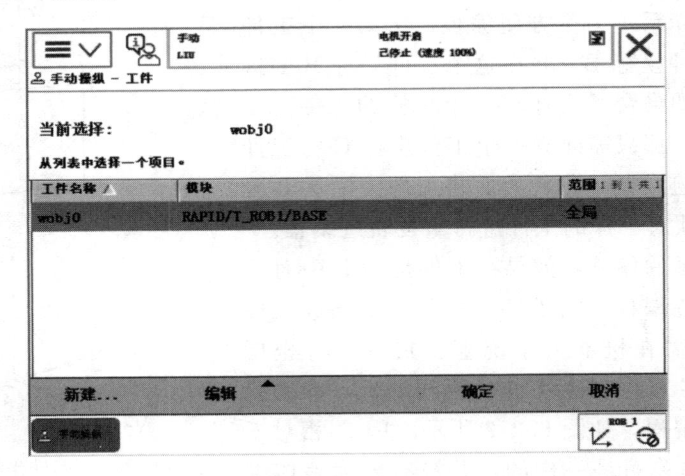

图6.2.4 工件坐标设定

2）单击“新建”，对工件数据属性进行设置后，单击“确定”，如图6.2.5所示。

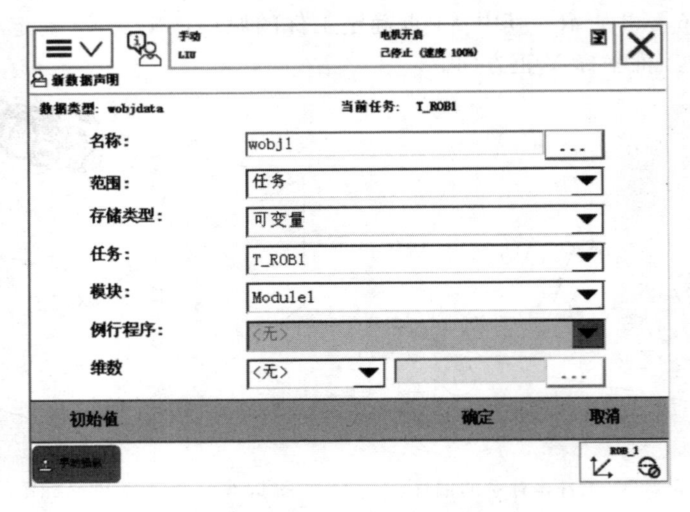

图6.2.5 新建工件数据

3）依次单击“编辑”、单击“定义”，将“用户方法”更改为“3点”，如图6.2.6所示。

4）手动操作机器人的工具参考点，靠近定义工件坐标的X1点，X2点和Y1点，并在工件坐标定义界面依次对应单击“修改位置”，如图6.2.7和图6.2.8所示。

5）修改位置完成后单击“确定”，弹出计算结果界面，对工件坐标数据确认后单击“确定”，如图6.2.9所示。

6）单击“wobj1”，单击“确定”返回，选择坐标系为新创建的工件坐标系，使用线性动作模式，体验新建工件坐标。

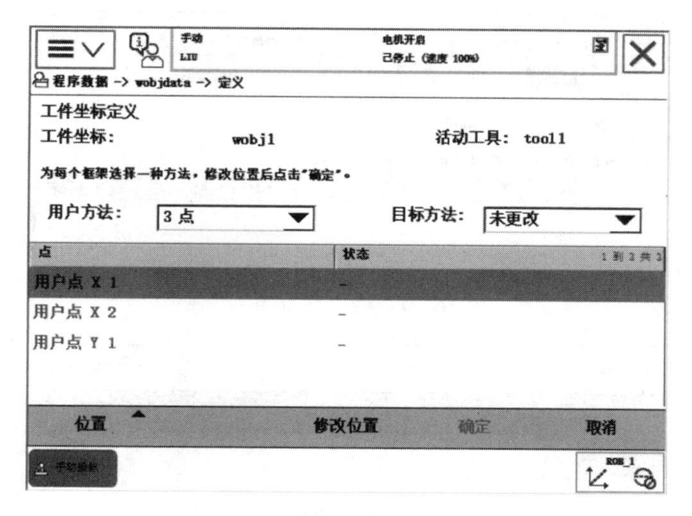

图 6.2.6 工件坐标定义

X1点

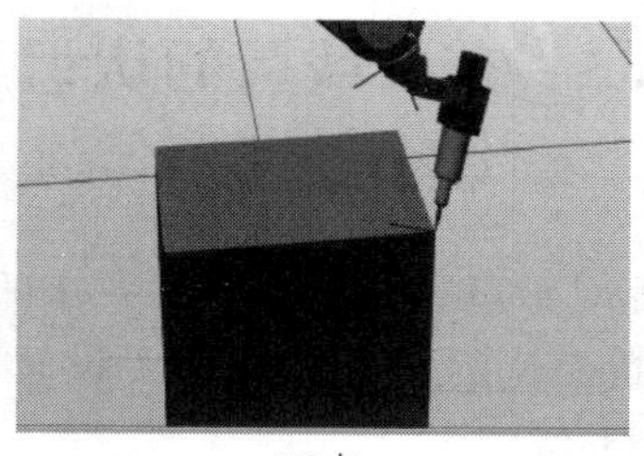
X2点

Y点

图 6.2.7 靠近工件坐标点

手动
LIU
电机开启
已停止（速度 100%）
程序数据 -> wobjdata -> 定义
工件坐标定义
工件坐标: wobj1
活动工具: tool1
为每个框架选择一种方法，修改位置后点击"确定"。
用户方法: 3 点
目标方法: 未更改

点	状态
用户点 X 1	已修改
用户点 X 2	已修改
用户点 Y 1	已修改

位置 修改位置 确定 取消
ROB_1

图 6.2.8 修改位置

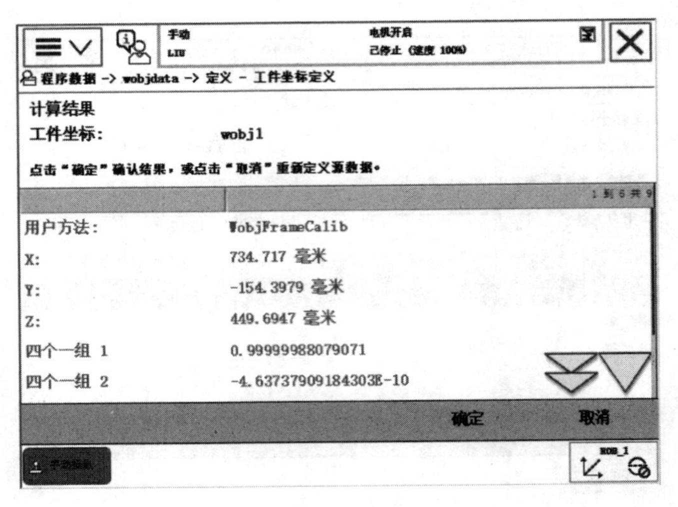

图 6.2.9 计算结果

任务 6.3 有效载荷的认识与设定

6.3.1 认识有效载荷

对于搬运、码垛、装配等对于负重载荷有较高要求的工业机器人来说，由于这类机器人手臂承受的重量是不断变化的，所以除了要设置 tooldata 和 wobjdata 外，还需要设置有效载荷数据（loaddata）。

有效载荷的设定

有效载荷数据的功能：用于定义机器人的最大搬运重量（带工具重量）、该重物的重心位置等属性，从而保证机器人的正常作业。

6.3.2 有效载荷的设定

有效载荷的参数设置主要包括载荷的重量、重心偏移值、力矩轴和转动惯量参数等，其中有效重量和重心偏移值参数是有效载荷的重要参数，如表 6.3.1 所示，直接关系机器人对作业对象的要求，是搬运类机器人作业需设置的重要参数。

表 6.3.1 有效载荷参数

操作	代码示例	单位
输入有效载荷重量	load. mass	千克（kg）
输入有效载荷中心偏移值	load. cog. x	毫米（mm）
	load. cog. y	
	load. cog. z	
输入力矩轴方向	load. aom. q1	
	load. aom. q2	
	load. aom. q3	
	load. aom. q4	

续表

操　　作	代码示例	单　　位
输入有效荷载的转动惯量	ix	千克/平方米（kg/m^2）
	iy	
	iz	

设置有效荷载的步骤如下：

（1）打开 ABB 菜单，选择“手动操纵”，单击“有效荷载”，如图 6.3.1 所示。

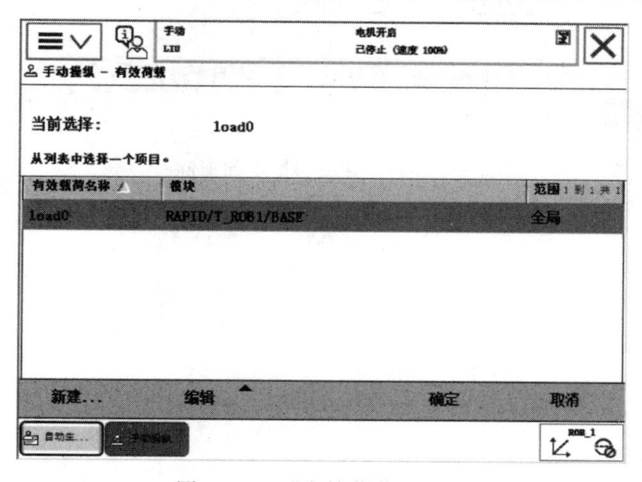

图 6.3.1 “有效荷载”界面

（2）依次单击“新建”、单击“初始值”（或者编辑菜单中的“更改值”），对有效荷载进行实际数据设置，设置完成后，单击“确定”，如图 6.3.2 所示。

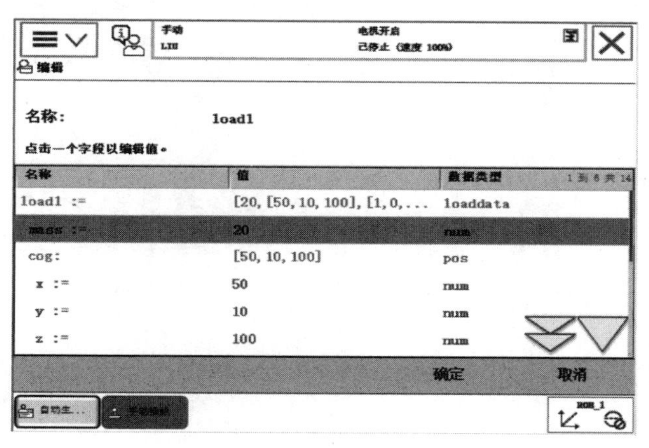

图 6.3.2 设置完成

（3）有效荷载设定完成后，需要在 RAPID 程序中根据实际情况进行实时调整，如图 6.3.3 所示搬运应用程序，do1 为夹具控制信号，搬运时通过 GripLoad 指令指定当前搬运对象的质量和重心 load1，搬运结束将搬运对象清除为 load0。

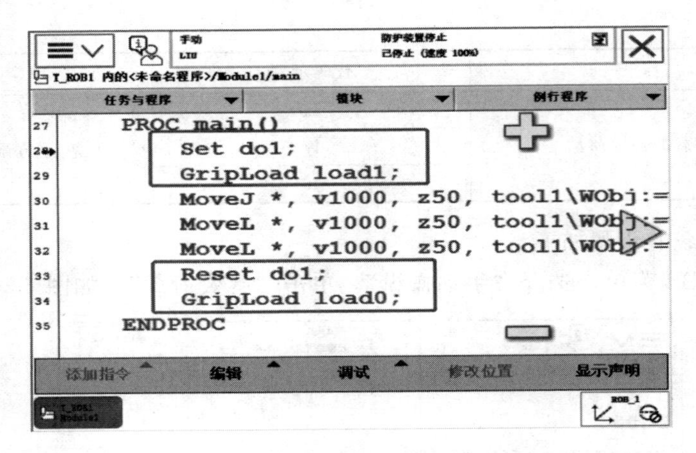

图 6.3.3 搬运对象的指定和清除